产教融合新形态计算机系列教材

深度学习

项目应用开发 微课视频版

简显锐 吴青峰 刘一畅 熊懿 编著

清華大學出版社
北京

内 容 简 介

本书是一本全面深入的深度学习实践指导书，旨在为读者提供从基础概念到高级应用的系统性知识。

本书第1章从基础开始，介绍了PyTorch工具，涵盖了数据的加载与预处理，以及基础网络构建和训练流程。第2章深入图像分类，探讨了CNN架构、数据增强技术，以及模型优化和部署策略。第3章转向创造性图像应用，包括风格迁移、Deep Dream、GAN和超分辨率技术，并讨论了CycleGAN的应用。第4章专注于视觉系统，讲解了目标检测、语义分割以及相关网络结构。第5章和第6章分别探讨了循环神经网络在文本情感分析中的应用，以及NLP领域的预训练模型和注意力机制，包括BERT模型的实践。

全书内容丰富，结构清晰，每章均配有实战案例和习题。通过对本书的学习，读者将能够掌握深度学习的关键技术，并在实际项目中发挥其强大的应用潜力。

本书适合作为高等院校计算机、软件工程、人工智能等相关专业的教材，也可供对深度学习感兴趣的开发人员、科技工作者和研究人员参考。

图书在版编目（CIP）数据

深度学习项目应用开发 ：微课视频版 / 简显锐等编著. -- 北京 ：清华大学出版社，2024.10. --（产教融合新形态计算机系列教材）. -- ISBN 978-7-302-67448-1

Ⅰ. TP181

中国国家版本馆CIP数据核字第2024T5T794号

责任编辑： 温明洁 薛 阳
封面设计： 刘 键
责任校对： 刘惠林
责任印制： 杨 艳

出版发行： 清华大学出版社
网 址： https://www.tup.com.cn，https://www.wqxuetang.com
地 址： 北京清华大学学研大厦A座 **邮 编：** 100084
社 总 机： 010-83470000 **邮 购：** 010-62786544
投稿与读者服务： 010-62776969，c-service@tup.tsinghua.edu.cn
质量反馈： 010-62772015，zhiliang@tup.tsinghua.edu.cn
课件下载： https://www.tup.com.cn，010-83470236
印 装 者： 三河市天利华印刷装订有限公司
经 销： 全国新华书店
开 本： 185mm×260mm **印 张：** 12.75 **字 数：** 309千字
版 次： 2024年12月第1版 **印 次：** 2024年12月第1次印刷
印 数： 1～1500
定 价： 49.90元

产品编号：107631-01

前 言

深度学习技术代表了人工智能领域的最前沿发展水平，深度学习课程不仅是高校计算机及相关专业的核心必修课程，也是其他技术领域的基础课程。随着计算能力的提升和数据量的爆炸式增长，市场对能够高效处理和分析大数据的深度学习系统的需求日益增长，各行业对深度学习理论与技术的需求也变得更加迫切。与此同时，为了适应技术发展、满足行业需求以及培养高端人才，教育领域对课程建设目标和教材内容提出了更高的要求。因此，从适应技术进步、促进专业发展和培养创新人才的角度，编写具有系统性、实用性和推广价值的深度学习的教材，进行新形势下的教材建设显得尤为必要。

本书围绕以"深度学习理论与实践"为中心的课程内容体系和以"面向产出"为理念的实验平台及案例设计两个核心内容进行编写。深度学习理论是指通过构建多层的神经网络模型，学习数据的高层抽象特征，从而实现对复杂数据模式的识别、分类和预测。在算法创新、硬件加速和大数据的共同推动下，深度学习技术历经数十年的发展，从早期的单层感知机到卷积神经网络，再到当前的循环神经网络和强化学习，逐渐形成了多样化的技术形态。在这个发展历程中，深度学习在图像识别、语音处理、自然语言理解等多个领域展现出强大的应用潜力。

因此，本书的编写以"深度学习技术"为重点，理解人工智能的理论和方法，使学习者首先掌握深度学习的基本原理知识；其次理解并掌握理论中所描述的方法，能够根据实际应用场景，分析问题设计解决方案；最后能够在具体的深度学习框架上实现涉及方案中的具体操作，完成理论到实践的转化。

在人才培养和专业发展的推动下，本书在编写过程中注重课程内容与毕业要求的支撑关系，并通过实验和案例强化学生解决复杂工程问题的能力，体现"面向产出"的工程教育理念。本书不仅提供了深度学习的基础知识，还涵盖了最新的研究进展和实际应用案例，旨在培养学生的创新思维和实践能力，使他们能够在未来的工作中运用深度学习技术解决实际问题，推动社会的发展和进步。

本书具有如下特点。

(1) 体系以"深度学习"为核心，既保留了经典的机器学习理论，又融入了深度学习技术发展的新知识。本书不仅系统、全面地介绍了深度学习的基本原理和关键技术，还特别关注了最新研究成果和技术趋势的整合,确保读者能够掌握最前沿的深度学习理论和方法。

(2) 本书可作为教材使用,理论内容、实验及案例设计均以“面向产出”的教育理念为中心,建立了内容与毕业要求及课程目标的对应关系。通过精心设计的实验和案例,本书旨在培养学生的实际动手能力和解决复杂问题的能力,使他们能够在未来的工作中有效地应用深度学习技术。

(3) 突出深度学习理论与实践的紧密结合,结合应用案例及软件环境,强化实践能力的训练。本书选用了广泛使用的深度学习框架,如 PyTorch 和 OpenCV,这些框架因其强大的功能、灵活性和开源社区支持而受到业界和学术界的推崇。书中各章节内容都结合了这些框架的具体应用,旨在提供实际操作的经验和技巧,同时强化解决实际问题的能力。

(4) 案例设计选取了实际深度学习应用系统的开发流程,以需求分析、模型设计、训练与优化为重点,侧重于对深度学习工具的理解和使用、对模型设计方案的分析与评价两方面的能力训练。通过这些案例,读者可以深入了解深度学习项目从概念到实现的全过程,提升项目管理和实施的能力。

本书的内容结构经过精心设计,共分为 6 章,每章都围绕一个核心主题展开。第 1 章“开始深度学习之旅”介绍了深度学习的基础工具 PyTorch,并详细阐述了数据的加载、预处理和可视化分析等基本技能。第 2 章“图像分类的深度探索”深入探讨了卷积神经网络(CNN)的架构和应用,以及数据增强和微调预训练模型的技巧。第 3 章“创造性图像应用”涵盖了风格迁移、Deep Dream、生成对抗网络(GAN)等前沿技术,展示了深度学习在图像处理领域的创新应用。第 4 章“视觉系统应用”聚焦目标检测与语义分割等视觉任务,展示了深度学习在视觉领域的强大能力。第 5 章“循环神经网络”和第 6 章“NLP 预训练与注意力机制”分别介绍了深度学习在序列数据处理和自然语言处理中的应用,进一步拓宽了深度学习的应用视野。

在本书的编写过程中,特别强调了深度学习技术的背景和应用的重要性。深度学习技术的发展背景是多学科交叉融合的产物,它结合了计算机科学、统计学、神经科学等多个领域的最新研究成果。其应用的重要性体现在能够处理和分析大规模数据集,解决传统算法难以克服的问题,从而在提高决策效率、优化业务流程、增强用户体验等方面发挥关键作用。此外,深度学习技术还在不断进化,新的模型、算法和框架层出不穷,为各行各业提供了强大的技术支持和创新动力。

本书适合对深度学习感兴趣的学生、研究人员以及工程技术人员阅读。无论是初学者还是有一定基础的开发者,本书均能提供宝贵的知识和实战经验。通过阅读本书,读者将能够更深入地理解深度学习的原理,掌握其核心技术,并在实际工作中发挥其强大的力量。

在本书的编写过程中,作者参考了众多优秀的深度学习教材和最新的研究成果。在此,对所有为深度学习领域做出贡献的学者和实践者表示衷心的感谢。同时,也欢迎读者提出宝贵的意见和建议,共同推动深度学习技术的发展。希望本书能够成为深度学习之旅的良师益友,助力人们在人工智能的浪潮中乘风破浪,不断探索和创新。

由于作者水平有限,书中难免会存在缺点和错误,敬请读者及各位专家指教。

作　者

2024 年 3 月

教学建议

第 1 章　开始深度学习之旅

知识概括：介绍深度学习的基础工具 PyTorch，包括其核心概念、安装和环境配置和基本操作。

教学要点：重点讲解 PyTorch 的安装过程，确保学生能够顺利搭建实验环境。通过实例演示数据的加载、预处理和可视化分析的基本方法。引导学生理解多层感知器（MLP）的结构和训练循环的重要性。

第 2 章　图像分类的深度探索

知识概括：深入探讨卷积神经网络（CNN）的架构、数据增强技术，以及微调预训练模型的方法。

教学要点：通过图解和案例分析，帮助学生理解卷积层和池化层的工作原理。强调数据增强在提高模型泛化能力中的作用。讲解如何使用预训练模型进行迁移学习，并讨论在复杂数据集上训练的挑战。

第 3 章　创造性图像应用

知识概括：介绍风格迁移、Deep Dream、生成对抗网络（GAN）和超分辨率技术等图像处理的高级应用。

教学要点：通过实例演示如何实现风格迁移和 Deep Dream，使学生理解这些技术的创新之处。详细讲解 GAN 的生成器和判别器的工作原理，以及如何训练稳定的对抗网络。强调超分辨率技术在图像质量提升中的应用。

第 4 章　视觉系统应用

知识概括：介绍目标检测和语义分割的基本概念，以及区域卷积神经网络和 UNet 网络在视觉任务中的应用。

教学要点：通过案例分析，讲解单发多框检测（SSD）和区域卷积神经网络的工作原理。重点介绍 UNet 网络的结构和在语义分割任务中的优势。

第 5 章　循环神经网络

知识概括：介绍循环神经网络（RNN）的基本原理和在序列数据处理中的应用。

教学要点：通过图解和实例，讲解 RNN 的循环结构和在文本情感分析中的应用。强调 RNN 在处理时间序列数据时的优势和挑战。

第 6 章　NLP(自然语言处理)预训练与注意力机制

知识概括：介绍 NLP 中的预训练模型与注意力机制，以及 BERT 模型的应用。

教学要点：讲解预训练机制在 NLP 中的重要性，以及注意力机制如何改善模型对文本的理解。通过案例分析，展示如何使用 BERT 模型进行自然语言推断。

在教学过程中，建议结合理论讲解和实践操作，鼓励学生通过编程作业和项目来巩固所学知识。每章的实战案例和习题可以作为课堂讨论和课后作业的素材，以提高学生的实践能力和解决问题的能力。

目录

第1章

开始深度学习之旅

CHAPTER 1

任务导入：

深度学习是计算机科学领域中备受关注的研究方向，而PyTorch作为一种强大而灵活的深度学习框架，为学习者提供了一个富有创造性的平台。本章将探讨PyTorch的基本概念和设置，为搭建深度学习模型奠定坚实的基础。此外，将深入了解PyTorch的基础知识和设置，了解张量、计算图、自动梯度计算等核心概念。接着，会学习数据的加载、探索和预处理等深度学习模型搭建的基础步骤，并着手搭建、训练基础网络MLP。最后将讨论一些细节，如性能评估和改进策略等。

知识目标：

（1）了解PyTorch。

（2）了解张量、计算图、自动梯度计算等核心概念。

（3）了解基础网络的构成、评估以及改进。

能力目标：

（1）能自主配置PyTorch环境。

（2）能使用PyTorch加载和处理数据并构建和训练基础的网络。

在线视频

1.1 任务导学:什么是深度学习

深度学习是一种机器学习方法,旨在模仿人类大脑的工作原理,通过大量数据训练神经网络,以解决复杂的模式识别、分类和预测等任务。它的核心思想是通过多层次的神经网络结构来自动地学习数据中的特征和模式,从而实现对数据的高效建模和分析。

而下文将要提到的PyTorch则是一种深度学习框架,深度学习框架是一种软件工具,旨在简化和加速深度学习模型的开发、训练和部署过程。这些框架提供了高级的API和函数,允许用户轻松地构建、训练和调试复杂的神经网络模型,同时提供了针对不同硬件平台(如CPU、GPU、TPU等)的优化和加速功能。

在线视频

1.2 PyTorch基础和设置

1.2.1 什么是PyTorch

PyTorch由Python的前两个字母和Torch组成,要了解PyTorch,首先要了解什么是Torch。Torch是一个经典的对多维矩阵数据进行操作的张量(tensor)库,即使用张量来表示数据,由此可以轻松地处理大规模的数据集,在机器学习和其他数学密集型应用领域中有广泛应用。

由于Torch语言采用Lua,导致在国内一直很小众。而PyTorch是一个基于Python的深度学习框架,它提供了一种灵活、高效、易于学习的方式来实现深度学习模型。PyTorch已经成为一个非常流行的深度学习框架之一,被广泛应用于各种领域,如计算机视觉、自然语言处理、语音识别等。PyTorch提供了许多高级的功能,如自动微分(automatic differentiation)、自动梯度计算(automatic gradients)等,这些功能可以帮助我们更好地理解模型的训练过程,并且提高模型的训练效率。

1.2.2 PyTorch的安装和环境配置

以下介绍PyTorch的安装和环境配置,安装和配置将基于Windows环境。

1. Anaconda简介

在机器学习和深度学习领域,广泛使用各种工具包(package)。如果将函数比喻为单一工具,那么工具包就相当于一个装备箱,涵盖了多种功能。逐个安装这些工具包既烦琐又容易遗漏。因此,出现了Anaconda[①],它是一个集成了大量用于科学分析(包括机器学习和深度学习)的工具包的平台。简言之,只需安装Anaconda,便可以轻松获取后续需要使用的众多工具包。

---

① Anaconda的下载地址:https://www.anaconda.com/products/individual。

2. 安装 Anaconda

按照以下步骤安装 Anaconda。

(1) 如图 1-1 所示,单击 Next 按钮。

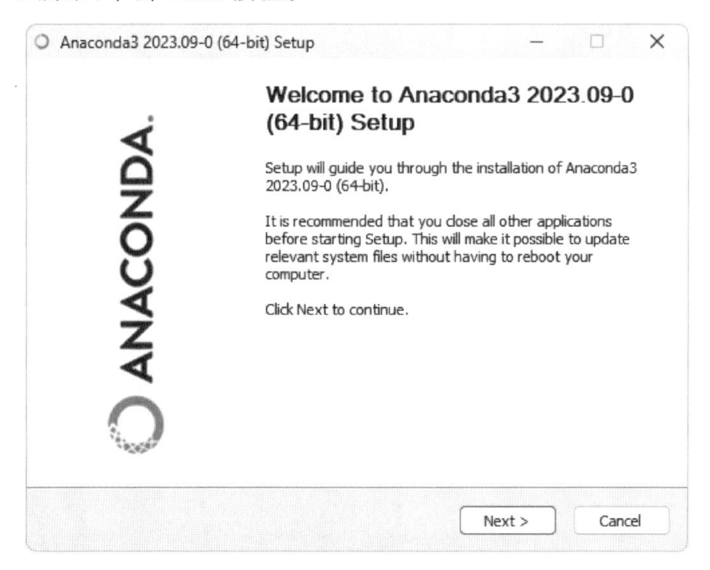

图 1-1 步骤 1

(2) 如图 1-2 所示,单击 I Agree 按钮。

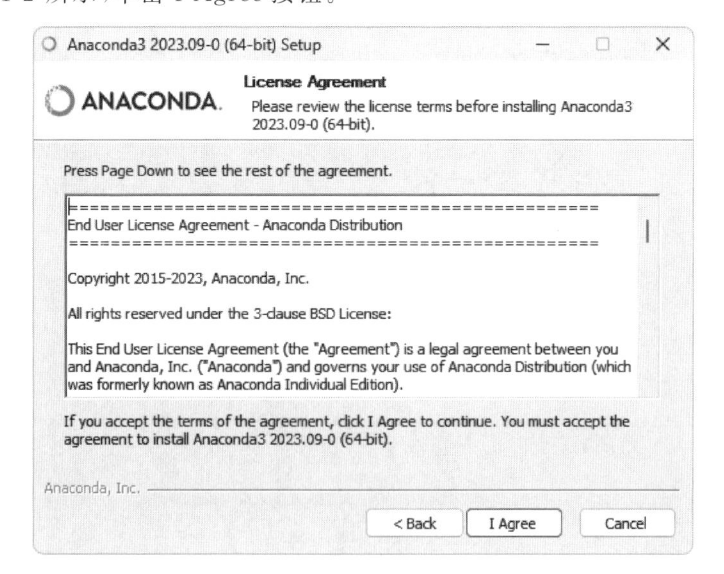

图 1-2 步骤 2

(3) 如图 1-3 所示,选择 Just Me 单选按钮,单击 Next 按钮。

(4) 如图 1-4 所示,选择安装路径后单击 Next 按钮。

(5) 如图 1-5 所示,选择对应复选框后单击 Install 按钮,等待安装结束。

在"开始"菜单中(图 1-6)选择 Anaconda Prompt 命令,窗口显示如图 1-7 所示,表示安装成功。

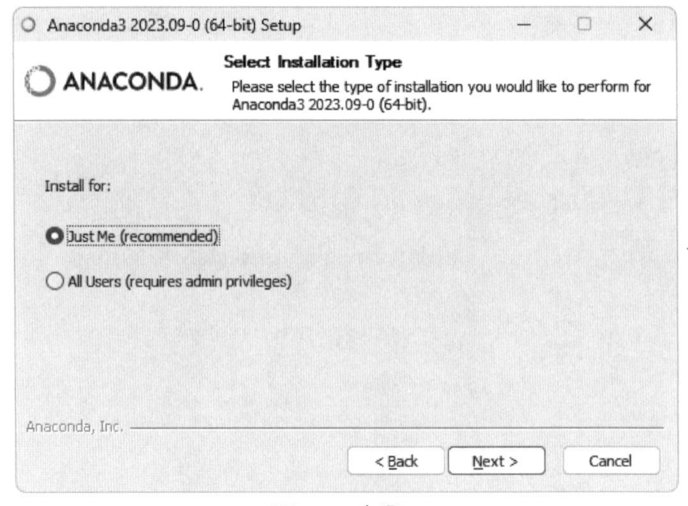

图 1-3　步骤 3

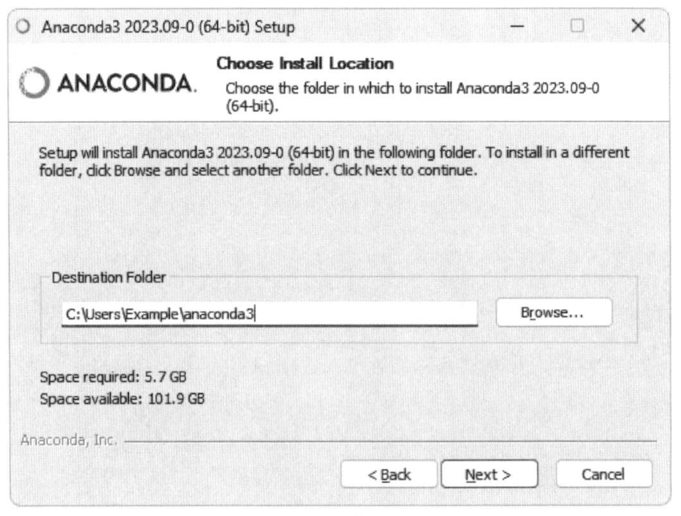

图 1-4　步骤 4

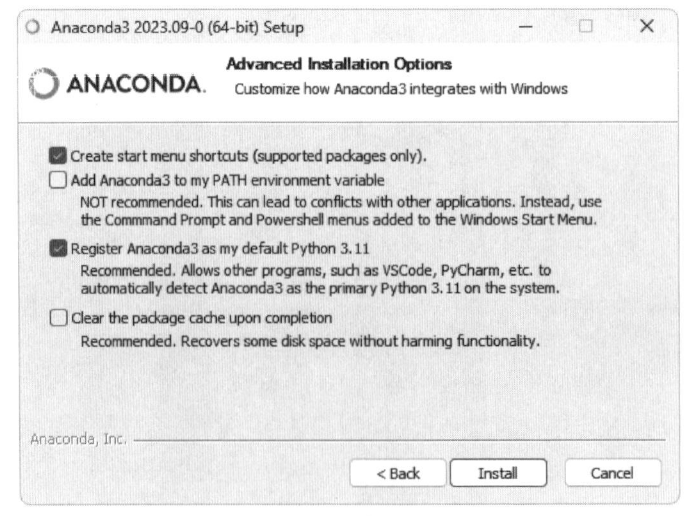

图 1-5　步骤 5

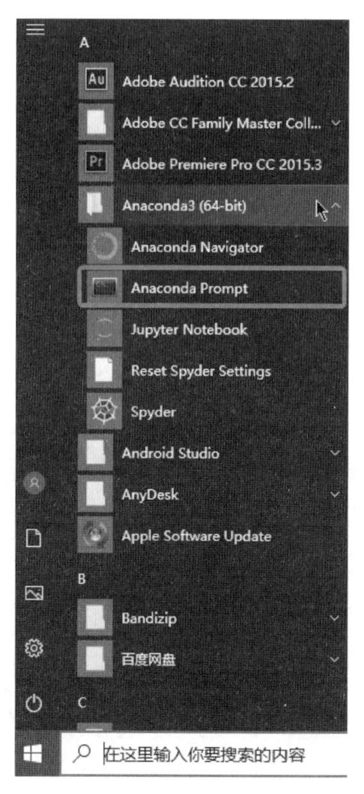

图 1-6 在"开始"菜单中找到 Anaconda Prompt

图 1-7 Anaconda Prompt 界面

3. 安装 PyTorch

1) 创建环境

为了避免进行不同项目时环境配置的混乱,这里通过 conda 命令创建一个独立的环境,将其命名为 pytorch,在 Anaconda Prompt 中输入命令如下:

```
conda create - n pytorch python = 3.7
```

这条命令的作用是创建一个名为 pytorch 的环境,环境的 Python 版本为 3.7。命令的格式为 conda create --name env-name python=XXX,其中-name 可以缩写为-n,也可以自行选择其他版本,但需要考虑兼容问题。下载过程可能由于网络连接问题而失败,因此可以为 Anaconda 添加国内的镜像源,具体配置方法可以自行搜索。

出现如图 1-8 所示的提示时,输入 y 并按 Enter 键。

```
The following NEW packages will be INSTALLED:

  ca-certificates    anaconda/pkgs/main/win-64::ca-certificates-2023.12.12-haa95532_0
  certifi            anaconda/pkgs/main/win-64::certifi-2022.12.7-py37haa95532_0
  openssl            anaconda/pkgs/main/win-64::openssl-1.1.1w-h2bbff1b_0
  pip                anaconda/pkgs/main/win-64::pip-22.3.1-py37haa95532_0
  python             anaconda/pkgs/main/win-64::python-3.7.16-h6244533_0
  setuptools         anaconda/pkgs/main/win-64::setuptools-65.6.3-py37haa95532_0
  sqlite             anaconda/pkgs/main/win-64::sqlite-3.41.2-h2bbff1b_0
  vc                 anaconda/pkgs/main/win-64::vc-14.2-h21ff451_1
  vs2015_runtime     anaconda/pkgs/main/win-64::vs2015_runtime-14.27.29016-h5e58377_2
  wheel              anaconda/pkgs/main/win-64::wheel-0.38.4-py37haa95532_0
  wincertstore       anaconda/pkgs/main/win-64::wincertstore-0.2-py37haa95532_2


Proceed ([y]/n)? y
```

图 1-8 conda create 提示

接着在 Anaconda Prompt 中输入命令如下:

```
conda activate pytorch
```

这条命令的作用是激活刚才创建的名为 pytorch 的环境。命令的格式为 conda activate env-name。执行这条命令后,可以看到 Conda 环境从(base)变为(pytorch),如图 1-9 所示。

```
(pytorch) C:\Users\xy188>
```

图 1-9 Conda 环境发生变化

2) 获取命令

PyTorch 可直接通过官网链接提供的命令进行下载[①],官网下载界面如图 1-10 所示。PyTorch Build 选择 Stable; Your OS 选择 Windows; 对于 Package 选项,Windows 系统推荐 Conda,Linux 系统则推荐 Pip。

NOTE: Latest PyTorch requires Python 3.8 or later. For more details, see Python section below.

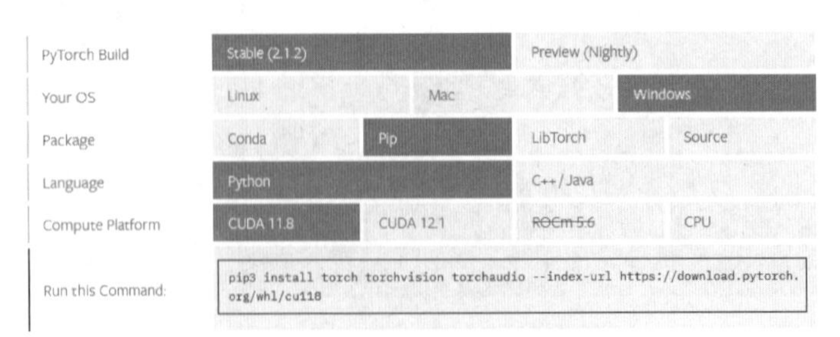

图 1-10 PyTorch 下载界面

---

① PyTorch 的下载地址: https://pytorch.org/get-started/locally/。

Python 版本按照 Anaconda 的版本选择，CUDA 版本则需要根据 GPU 支持的 CUDA 版本确定，如图 1-11 所示，可以在 cmd 命令行中运行 nvidia-smi 查看 Driver Version。

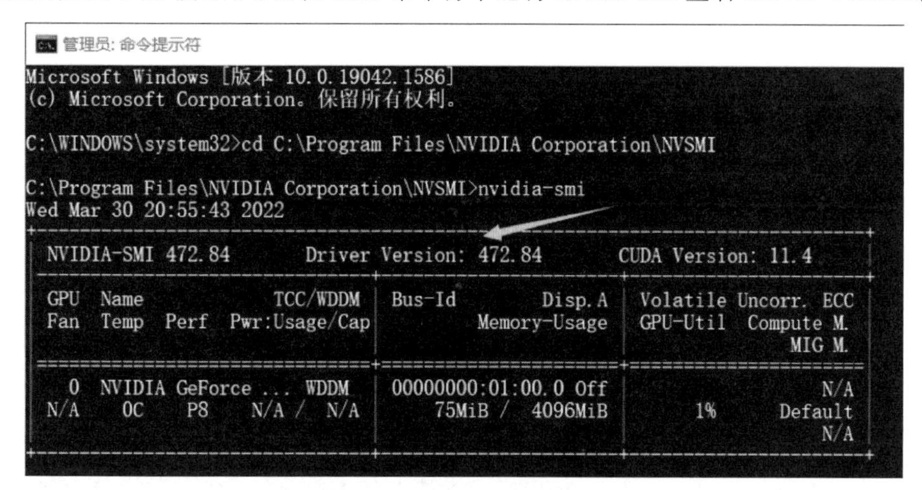

图 1-11　查看 Driver Version

通过 Driver Version 可在官网通过对应表[1]确定支持的 CUDA 版本，如图 1-12 所示。

CUDA Toolkit	Minimum Required Driver Version for CUDA Minor Version Compatibility*	
	Linux x86_64 Driver Version	Windows x86_64 Driver Version
CUDA 12.3.x	>=525.60.13	>=527.41
CUDA 12.2.x	>=525.60.13	>=527.41
CUDA 12.1.x	>=525.60.13	>=527.41
CUDA 12.0.x	>=525.60.13	>=527.41
CUDA 11.8.x	>=450.80.02	>=452.39
CUDA 11.7.x	>=450.80.02	>=452.39
CUDA 11.6.x	>=450.80.02	>=452.39
CUDA 11.5.x	>=450.80.02	>=452.39
CUDA 11.4.x	>=450.80.02	>=452.39
CUDA 11.3.x	>=450.80.02	>=452.39
CUDA 11.2.x	>=450.80.02	>=452.39
CUDA 11.1 (11.1.0)	>=450.80.02	>=452.39
CUDA 11.0 (11.0.3)	>=450.36.06**	>=451.22**

图 1-12　Driver Version 对应的 CUDA Version

如果没有 GPU，则选择 None。

需要注意的是，如果没有对应的 CUDA 版本，则可以单击 Previous version of PyTorch 找到显卡所支持的 CUDA 版本，接着通过 CUDA 版本找到所对应的 PyTorch 版本。

---

① https://docs.nvidia.com/cuda/cuda-toolkit-release-notes/index.html。

3) 执行下载命令

复制图 1-10 框中的安装指令，粘贴到 Anaconda Prompt 中，在已激活的 PyTorch 环境中执行，如图 1-13 所示。

```
(pytorch) C:\Users\xy188>conda install pytorch torchvision torchaudio pytorch-cuda=11.8 -c pytorch -c nvidia
```

图 1-13 执行安装命令

等待安装结束并在出现提示时输入 y 并按 Enter 键。同样地，下载过程可能由于网络连接问题而失败，因此可以为 Anaconda 添加国内的镜像源。如果添加镜像源后依旧失败，可以通过多次执行安装命令进行尝试。

4) 验证是否安装成功

在安装完成后，如图 1-14 所示，可以通过在 PyTorch 环境下输入 python，接着输入 import torch，如果没有报错，则说明安装成功。

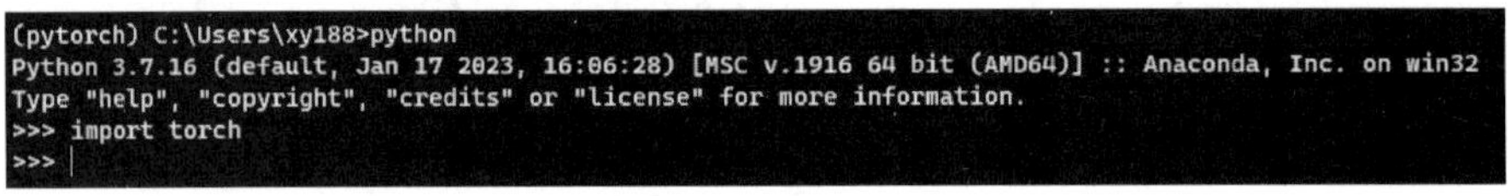

```
(pytorch) C:\Users\xy188>python
Python 3.7.16 (default, Jan 17 2023, 16:06:28) [MSC v.1916 64 bit (AMD64)] :: Anaconda, Inc. on win32
Type "help", "copyright", "credits" or "license" for more information.
>>> import torch
>>> |
```

图 1-14 验证 PyTorch 是否安装成功

环境配置成功后，可以选择 Jupyter Notebook 作为开发环境，并将配置的 PyTorch 环境作为 Jupyter Notebook 的 Kernel，具体的配置方法可以自行搜索。

1.2.3 PyTorch 中的基础概念

1. 张量

1) 张量的基础概念

目前，张量作为基础数据结构，其类似于数组和矩阵，被广泛应用于网络模型的输入、输出以及模型参数的编码中。在 PyTorch 中，张量是一种多维数组，可以是一维、二维，甚至更高维的数组。其中，一维张量对应于向量，二维张量对应于矩阵，而更高维度的张量可以表示更复杂的数据结构。

例如，t=[1,2,3,4]表示一个一维张量，可以通过 t[0]获得第一个元素 1。类似地，t={[1,2,3],[4,5,6],[7,8,9]}是一个二维张量，可以通过 t[0][2]取出元素 3。张量的**秩**就是张量的维度，或者说从张量中获取一个元素所需要的索引数，例如矩阵、二维数组、二维张量，它们的秩都是 2。下列代码创建了一个二维张量。

```
1.  import torch
2.  a = torch.tensor([[1,2,3],[4,5,6]])
```

张量支持不同的数据类型，包括整数、浮点数等。我们可以通过指定数据类型来控制张量中存储的数据的精度和范围。

torch. tensor 的一些常用属性如下。

(1) torch. dtype。torch. dtype 是一个表示张量数据类型的枚举(enumeration)类。torch. dtype 定义了多种数据类型，包括整数、浮点数以及其他类型。每个张量都有一个关联的数据类型，它定义了张量存储的元素类型。例如，一些常见的 torch. dtype 值：torch.

float32 或 torch.float 表示 32 位浮点数；torch.float64 或 torch.double 表示 64 位浮点数。

可以在创建张量时指定数据类型：

```
1.  import torch
2.
3.  # 创建一个张量,数据类型为 32 位浮点数
4.  x = torch.tensor([1.0, 2.0, 3.0], dtype = torch.float32)
```

同样可以通过 dtype 属性获得张量类型：

```
print(x.dtype)
```

更详细的内容可以参见官方文档[①]。

(2) torch.device。device 属性表示张量被分配到的设备(CPU 或者 GPU,或指定的 GPU),张量之间的张量运算必须发生在同一设备上存在的张量之间,使用 device 属性可获得一个张量被分配到的设备。

```
1.  import torch
2.  x = torch.tensor([1.0, 2.0, 3.0])
3.  print(x.device)   # device(type = 'CPU')
```

(3) torch.layout。layout 表示张量在内存中的存储方式,也就是布局。分为 torch.strided (密集张量)和 torch.sparse_coo(稀疏 COO 张量)两种。使用 stride()方法可获得张量的内存布局。

```
1.  import torch
2.  x = torch.tensor([[1,2,3],[4,5,6]])
3.  print(x.stride)   # (3,1)
```

x 是两行三列的矩阵(二维张量),其布局为(3,1)表示在第一个维度(行)上,走 3 个单位可以得到下一个元素(下一行的元素),在第二个维度(列)上,走 1 格可以得到下一个元素(下一列的元素),以此类推。

2) 创建张量的方式

从数据 data 创建张量有以下 4 种方法。

- torch.Tensor(data)：深拷贝。
- torch.tensor(data)：深拷贝。
- torch.as_tensor(data)：浅拷贝。
- torch.from_numpy(data)：浅拷贝,只接收 NumPy 数组。

而创建一些初始张量常用以下几种方法。

- torch.eye()：单位矩阵(一定是矩阵,无法指定维度)。
- torch.ones()：全 1 张量。
- torch.zeros()：全 0 张量。
- torch.rand()：随机张量。

关于张量的创建,在后文中会不断体现。

3) 张量的计算

张量可以进行多种运算,如可以计算张量的平均值、求和、指数/对数运算,两个张量也

---

① https://pytorch.org/docs/stable/tensor_attributes.html。

可以进行加减乘除、矩阵乘法等。

PyTorch的平均值是将张量中所有元素相加,然后除以元素的总数。求和是将张量中所有元素相加。指数/对数运算则是对张量中每个元素进行指数/对数运算。可以通过下面代码进行简单验证。

```
1.  import torch
2.
3.  # 创建张量
4.  x = torch.tensor([1.0, 2.0, 3.0])
5.
6.    # 平均值
7.    average_value = torch.mean(x)
8.    print("Average Value:", average_value.item()) # 使用 item() 取出标量值
9.
10.   # 求和
11.   sum_value = torch.sum(x)
12.   print("Sum Value:", sum_value.item())
13.
14.   # 指数运算
15.   exponential_result = torch.exp(x)
16.   print("Exponential Result:", exponential_result)
17.
18.   # 对数运算
19.   logarithm_result = torch.log(x)
20.   print("Logarithm Result:", logarithm_result)
```

PyTorch张量的加减乘除通常是按元素(element-wise)进行操作,也就是对应位置的元素进行相应的操作。因此,参与这些运算的张量必须具有相同的形状。例如,x=[1.0,2.0,3.0],y=[4.0,5.0,6.0],则 x/y=[1.0/4.0,2.0/5.0,3.0/6.0]=[0.25,0.4,0.5]。可以通过以下代码进行简单验证:

```
1.  import torch
2.
3.  # 创建张量
4.  x = torch.tensor([1.0, 2.0, 3.0])
5.  y = torch.tensor([4.0, 5.0, 6.0])
6.
7.  # 加法
8.  result_add = x + y
9.  print("Addition Result:", result_add)
10.
11. # 减法
12. result_subtract = x - y
13. print("Subtraction Result:", result_subtract)
14.
15. # 乘法
16. result_multiply = x * y
17. print("Multiplication Result:", result_multiply)
18.
19. # 除法
20. result_divide = x / y
21. print("Division Result:", result_divide)
```

2. 计算图

计算图是代数计算中的一种基础处理方法，被定义为一种有向图结构，其中节点表示变量，边表示数学操作。图形化地表示计算过程，能够使我们轻松地查看各个变量之间的关系和数据流向。通过构建一个有向图，能够有效地表示给定数学表达式，并根据图的结构快速、方便地进行变量求导，有助于更直观地理解和分析复杂的数学运算过程。

例如：$\begin{cases} x=a+b+5 \\ u=b\times c \\ v=d/e \\ y=u+v \\ z=x\times y \\ s=a+z \end{cases}$。

图 1-15 直观地表示了式子的计算图。

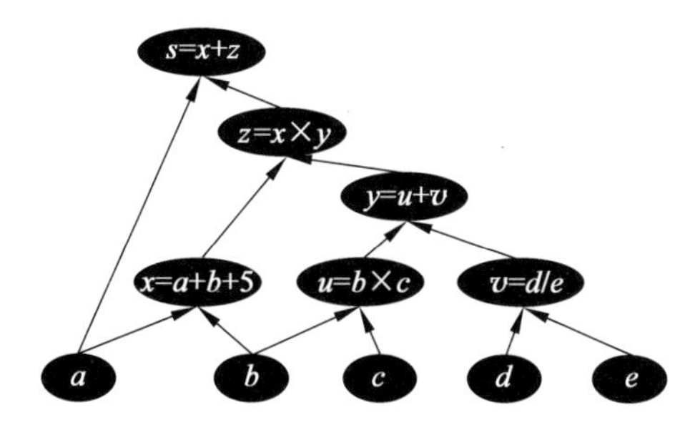

图 1-15　计算图简单示例

PyTorch 中的计算图是由张量之间的运算操作构建而成的图结构，用于表示数学计算的依赖关系和流程。在深度学习中，计算图是实现自动梯度计算和反向传播算法的关键。

通过在张量上设置 requires_grad＝True，PyTorch 将追踪对该张量的所有运算，从而构建计算图。在计算完成后，可以通过调用 .backward() 方法计算梯度，该过程利用了链式法则：

```
1.  import torch
2.  x = torch.tensor([2.0], requires_grad = True)
3.  y = x* *2 + 3
4.  y = backward()       # 计算梯度
```

3. 自动梯度计算

正如上文所述，可以通过设置 requires_grad＝True 来告诉 PyTorch 需要追踪该张量的梯度信息，通过调用 .backward() 方法，PyTorch 会自动计算张量 y 对于 x 的梯度，梯度计算完成后，可以通过张量的 .grad 属性获取梯度值。继续上文的例子：

```
print(x.grad)          # 计算梯度
```

输出 y 对于 x 的梯度，即 4.0。这是因为 y＝x ** 2＋3，对 x 求导得到 dy/dx＝2x，在 x＝2 处的梯度值为 4.0。

在线视频

1.3　数据的加载、预处理和可视化分析

1.3.1　数据的加载

在 PyTorch 中，数据加载通常使用 torch. utils. data 模块，该模块提供了一些类，如 Dataset 和 DataLoader。

1. Dataset

Dataset 可以是各种类型的数据，如图像、文本、音频、视频等。Dataset 是一个抽象类，可以继承它并定义自己的数据集类。它需要实现两个方法。

- __len__(self)：返回数据集的大小。
- __getitem__(self, index)：根据给定的索引返回一个数据样本。

```
1.  import torch
2.  from torch.utils.data import Dataset
3.
4.  class MyDataset(Dataset):
5.     def __init__(self, data, labels):
6.         self.data = data
7.         self.labels = labels
8.
9.     def __len__(self):
10.            return len(self.data)
11.
12.        def __getitem__(self, index):
13.            x = self.data[index]
14.            y = self.labels[index]
15.            return x, y
16.
17.    if __name__ == "__main__":
18.        data = torch.randn(100, 3, 32, 32)
19.        labels = torch.randint(0, 10, (100,))
20.        dataset = MyDataset(data, labels)
21.        x, y = dataset[0]
22.        print(x, y)
```

上述代码的主要功能如下。

第 1～2 行是模块的导入。第 1 行 import torch 表示导入 PyTorch 库。第 2 行表示从 PyTorch 中的 torch. utils. data 模块中导入 Dataset 类，这是用于自定义数据集的基类。

第 4～15 行是类的定义。其中第 4 行 class MyDataset(Dataset)：定义一个新的类 MyDataset，它继承自 Dataset 类，表示要创建一个 PyTorch 数据集。接下来是两个方法的重写。

第 17～22 行是类的应用。data＝torch. randn(100,3,32,32)：创建一个形状为(100,3,32,32)的随机张量作为输入数据。这里的数据是一个包含 100 个样本的张量，每个样本有 3 个通道，每个通道的大小为 32×32。这个张量表示一个具有 100 个样本的图像数据集，在这个例子中，有 100 个图像样本，对于彩色图像而言，通常有 3 个通道(红、绿、蓝)，分别表示图像中不同颜色的信息。所以,这个维度的大小为 3 表示每个图像有 3 个通道。后面两个 32 则表示图像的水平和垂直方向上的像素数。labels＝torch. randint(0,10,(100,))：创建一个形状为(100,)的张量,其中包含 100 个随机整数,每个整数取值范围为[0,10),作为相应的标签。x,y＝dataset[0]：通过索引访问数据集中的第一个样本,即图像的第一个像素点,并将像素值和对应的标签分别赋值给 x 和 y,最后进行打印。

2. DataLoader

DataLoader 是 PyTorch 中用于加载数据的实用工具,它能够自动将数据集分批次地提供给训练过程。DataLoader 封装了一个数据集,并提供了对数据的迭代访问,以及可选的数据随机打乱、并行加载等功能。

```
1.  import torch
2.  from torch.utils.data import Dataset
3.  from torch.utils.data import DataLoader
4.
5.  class MyDataset(Dataset):
6.     def __init__(self, data, labels):
7.         self.data = data
8.         self.labels = labels
9.
10.        def __len__(self):
11.           return len(self.data)
12.
13.        def __getitem__(self, index):
14.           x = self.data[index]
15.           y = self.labels[index]
16.           return x, y
17.
18.    if __name__ == "__main__":
19.        data = torch.randn(100, 3, 32, 32)
20.        labels = torch.randint(0, 10, (100,))
21.        dataset = MyDataset(data, labels)
22.        batch_size = 64
23.        dataloader = DataLoader(dataset, batch_size = batch_size, shuffle = True)
24.        for inputs, labels in dataloader:
25.           # 在这里进行模型训练或其他操作
26.           pass
```

这里对上述例子中的代码增加了一些内容(第 3、22～26 行)。首先导入模块。在获得了 Dataset 后,使用 DataLoader 将数据集包装起来。batch_size 参数指定每个批次的样本数量,shuffle 参数指定是否在每个 epoch 时打乱数据。使用 for 循环迭代 DataLoader 对象,从而逐批次获取数据。在每次迭代中,inputs 和 labels 就是一个数据批次的输入和对应的标签。

更详细的数据加载会在下文中体现。

1.3.2　数据预处理：归一化、数据转换

1. 数据归一化

数据归一化是将输入数据缩放到一个标准范围的过程,常用的方法是将数据缩放到

[0, 1] 或使用 z-score 标准化(z-score normalization)。归一化有助于模型更稳定地学习,避免某些特征的权重过大而影响模型性能。

一些常用的归一化如下。

- 最大最小标准化:

$$x' = \frac{x - \min(x)}{\max(x) - \min(x)}$$

- z-score 标准化:

$$x' = \frac{x - \mu}{\sigma}$$

- 对数函数归一化:

$$x' = \frac{\lg x}{\lg \max(x)}$$

```
1.  from torchvision import transforms
2.
3.  normalize = transforms.Normalize(mean = [0.5, 0.5, 0.5], std = [0.5, 0. 5, 0.5])
4.  transform = transforms.Compose([
5.    normalize,
6.  ])
7.  x = self.transform(x)
```

继续在 1.3.1 节的例子中进行修改。在这里定义了一个对输入的图像数据进行归一化处理的操作,将图像的 3 个通道中的每个通道的像素值进行标准化,使其均值为 0.5,标准差为 0.5(第 2 行)。第 4~6 行则是一个多操作的聚合,transforms. Compose 是一个容器,允许将多个转换操作连接成一个可调用的转换。它接收一个转换操作列表,并在调用组合的转换时依次应用这些转换。这里由于只有一步归一化操作,因此没有定义其他操作。最后则是将该操作作用于输入 x 上(第 7 行)。

2. 数据转换

数据转换包括对图像进行裁剪、旋转、翻转等操作,以扩充训练数据集,提高模型的泛化能力。

```
1.   from torchvision import transforms
2.
3.   # 示例:自定义数据转换
4.   def custom_transform(img):
5.       # 在这里添加数据转换逻辑
6.       return img
7.
8.   # 创建数据集时应用自定义转换
9.   transform = transforms.Compose([
10.          transforms.ToPILImage(),                # 将张量转换为 PIL 图像
11.          transforms.RandomHorizontalFlip(),      # 进行随机水平翻转
12.          custom_transform,
13.          transforms.ToTensor(),                  # 将 PIL 图像转换为张量
14.      ])
```

继续针对上述例子进行修改。第 9~14 行展示了如何对上述的输入进行转换。首先将

输入张量 x 转换为 PIL 图像，接着 transforms.RandomHorizontalFlip()则是对该图像进行随机水平翻转。还可以自定义一些数据转换操作，对该图像进行操作，最后将操作后的图像重新转换为张量。

将上述操作使用 Compose 聚合，并应用于数据集，就得到了一些新的数据集。

1.3.3 数据可视化

数据可视化是通过图形、图表等可视元素的方式呈现数据的过程，旨在帮助人们更好地理解数据、发现模式、识别趋势以及推导结论。通过图形表达数据，可以更直观地传递信息，使数据更易于理解和分析。

数据可视化有许多常用的库，在这里使用 matplotlib 库为例。首先进行所需库的安装。打开 Anaconda Prompt，激活 PyTorch 环境，输入命令 pip install matplotlib；如果提示没有 pip 包，则先执行命令：conda install pip。

可以通过以下一些函数来进行数据的可视化。

plt.subplot()用于创建子图，允许在同一图中绘制多个子图。它的常见用法是通过指定行数、列数和子图的位置来确定子图的布局。例如，plt.subplot(2,2,1)表示创建一个 2×2 的图中的第一个子图。

plt.imshow()用于显示图像。它接收一个数组作为输入，并以图像的形式显示这个数组。对于彩色图像，它会根据数组中的值渲染相应的颜色。

plt.title()用于给当前子图设置标题。可以传递一个字符串作为标题，该字符串将显示在子图的顶部。

plt.axis()用于设置坐标轴的范围。例如，plt.axis('off')可以关闭坐标轴，而 plt.axis('equal') 可以确保坐标轴的比例相等。

plt.show()用于显示图形。在使用 matplotlib 库绘制图形后，需要调用此函数才能在屏幕上显示出来。

```
1.  import matplotlib.pyplot as plt
2.  import numpy as np
3.
4.  # 创建一个 2 * 2 的子图，并在第一个子图中显示图像
5.  plt.subplot(2, 2, 1)
6.  image_data = np.random.random((32, 32))        # 用随机数据代替真实图像数据
7.  plt.imshow(image_data)                         # 接收上述输入用于显示图像
8.  plt.title('Subplot 1')                         # 子图标题
9.  plt.axis('off')                                # 关闭坐标轴
10.
11.   # 在第二个子图中显示另一幅图像
12.   plt.subplot(2, 2, 2)
13.   plt.imshow(np.random.random((32, 32))')
14.   plt.title('Subplot 2')
15.   plt.axis('off')
16.
17.   # 显示图形
18.   plt.show()
```

上述代码给出了一个数据可视化的例子，具体代码的注释已经提供，读者可以自己动手

运行一下,还可以修改部分参数看看变化。

1.3.4 实战

本节将使用 PyTorch 完成一个数据集的加载,且这个数据集将在下文中多次使用。

使用 Fashion-MNIST 数据集作为练习的数据集。Fashion-MNIST 由 10 个类别的图像组成,分别为 t-shirt(T 恤)、trouser(裤子)、pullover(套衫)、dress(连衣裙)、coat(外套)、sandal(凉鞋)、shirt(衬衫)、sneaker(运动鞋)、bag(包)和 ankle boot(短靴)。每个类别由训练数据集(train dataset)中的 6000 张图像和测试数据集(test dataset)中的 1000 张图像组成。因此,训练数据集和测试数据集分别包含 60000 张和 10000 张图像。测试数据集不会用于训练,只用于评估模型性能。每张输入图像的高度和宽度均为 28 像素。数据集由灰度图像组成,其通道数为 1。

```
1.  %matplotlib inline
2.  import torch
3.  import torchvision
4.  from torch.utils import data
5.  from torchvision import transforms
6.  from d2l import torch as d2l
7.
8.  # 定义批次大小
9.  batch_size = 256
10.
11.   # 使用 4 个进程来读取数据
12.   def get_dataloader_workers():
13.       return 4
14.
15.   # 下载 Fashion-MNIST 数据集,然后将其加载到内存中
16.   def load_data_fashion_mnist(batch_size, resize=None):
17.       # 把图像转换为张量
18.       trans = [transforms.ToTensor()]
19.       # 如果传入了参数 size,插入改变张量大小的操作
20.       if resize:
21.           trans.insert(0, transforms.Resize(resize))
22.       trans = transforms.Compose(trans)
23.
24.       # 下载数据,如果已经下载则不会重复下载
25.       mnist_train = torchvision.datasets.FashionMNIST(
26.           root="your path", train=True, transform=trans, download=True)
27.       mnist_test = torchvision.datasets.FashionMNIST(
28.           root="your path", train=False, transform=trans, download=True)
29.
30.       # 返回数据的 DataLoader
31.       return (data.DataLoader(mnist_train, batch_size, shuffle=True,
32.                               num_workers=get_dataloader_workers()),
33.               data.DataLoader(mnist_test, batch_size, shuffle=False,
34.                               num_workers=get_dataloader_workers()))
35.   # 调用
36.   train_iter, test_iter = load_data_fashion_mnist(32, resize=64)
```

上述代码实现了该数据集的加载、处理功能。

这里还可以可视化一部分数据集。

```
1.  # 返回 Fashion-MNIST 数据集的文本标签
2.  def get_fashion_mnist_labels(labels):
3.      text_labels = ['t-shirt', 'trouser', 'pullover', 'dress', 'coat',
4.                     'sandal', 'shirt', 'sneaker', 'bag', 'ankle boot']
5.      return [text_labels[int(i)] for i in labels]
6.
7.  # 绘制图像列表
8.  def show_images(imgs, num_rows, num_cols, titles=None, scale=1.5):
9.      figsize = (num_cols * scale, num_rows * scale)
10.         _, axes = d2l.plt.subplots(num_rows, num_cols, figsize=figsize)
11.         axes = axes.flatten()
12.         for i, (ax, img) in enumerate(zip(axes, imgs)):
13.             if torch.is_tensor(img):
14.                 # 图片张量
15.                 ax.imshow(img.numpy())
16.             else:
17.                 # PIL 图片
18.                 ax.imshow(img)
19.             ax.axes.get_xaxis().set_visible(False)
20.             ax.axes.get_yaxis().set_visible(False)
21.             if titles:
22.                 ax.set_title(titles[i])
23.         return axes
24.
25.     X, y = next(iter(data.DataLoader(mnist_train, batch_size=18)))
26.     show_images(X.reshape(18, 28, 28), 2, 9, titles=get_fashion_mnist_labels(y));
```

注意可以在 Jupyter Notebook 中分块执行上述代码，这样可以避免部分代码的重复执行。

1.4　构建和训练基础网络

1.4.1　多层感知器(MLP)

1. 基础概念

多层感知器(Multi-layer Perceptron，MLP)是一种基本的前馈神经网络(Feedforward Neural Network)架构。它由多个神经网络层组成，每层都包含多个神经元。MLP 是一种强大的非线性模型，常用于分类和回归问题。

理解神经网络主要涉及两个关键方面：一方面是神经网络的结构，另一方面是神经网络的训练和学习。这就好比在探索大脑结构的构成，以及基于这种构成如何学习和识别不同事物。本次解释将重点放在第一方面，而有关训练和学习的内容将在后续内容中详细介绍。

神经网络实际上是对生物神经元的模拟和简化，而生物神经元由树突、细胞体、轴突等部分组成。树突作为细胞体的输入端，接收周围神经冲动的输入；轴突则是细胞体的输出端，负责将神经冲动传递给其他神经元。生物神经元具有兴奋和抑制两种状态，当接收到的刺激高于一定阈值时，神经元进入兴奋状态并通过轴突传递神经冲动，反之则不产生神经冲动。

基于生物神经元模型可得到多层感知器(MLP)的基本结构，最典型的 MLP 包括 3 层：输入层、隐藏层和输出层，MLP 神经网络不同层之间是全连接的。全连接的意思是：上一层的任何一个神经元与下一层的所有神经元都有连接。

输入层：输入层是神经网络的第一层，负责接收原始输入数据。每个输入特征对应输入层中的一个神经元。输入层的神经元数量通常与输入特征的维度相同。

隐藏层：隐藏层位于输入层和输出层之间，每个隐藏层包含多个神经元，每个神经元都与上一层的所有神经元相连。

输出层：输出层是神经网络的最后一层，负责生成模型的最终输出。输出层的神经元数量通常与任务的输出维度相匹配。根据任务类型，输出层可能应用不同的激活函数，如 Sigmoid、Softmax 等。

激活函数：激活函数的主要作用是提供网络的非线性建模能力。如果没有激活函数，那么网络仅能够表达线性映射，此时即便有再多的隐藏层，其整个网络跟单层神经网络也是等价的。因此也可以认为，只有加入了激活函数之后，深度神经网络才具备了分层的非线性映射学习能力。

2. 激活函数

1) Sigmoid

Sigmoid(图 1-16)是使用范围最广的一类激活函数，具有指数函数形状，它在物理意义上最接近生物神经元。此外，(0, 1) 的输出还可以被表示为概率，或用于输入的归一化。

$$\frac{1}{1+\mathrm{e}^{-x}}$$

2) Tanh

Tanh(图 1-17)也是一种非常常见的激活函数。与 Sigmoid 相比，它的输出均值是 0，使得其收敛速度要比 Sigmoid 快，减少了迭代次数。

$$\frac{1-\mathrm{e}^{-2x}}{1+\mathrm{e}^{-2x}}$$

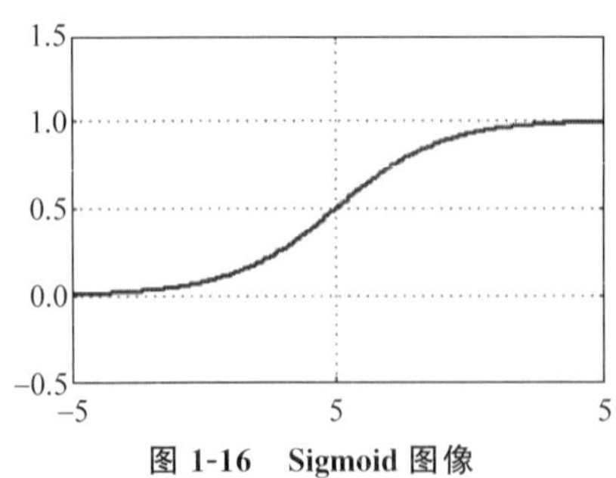

图 1-16 Sigmoid 图像

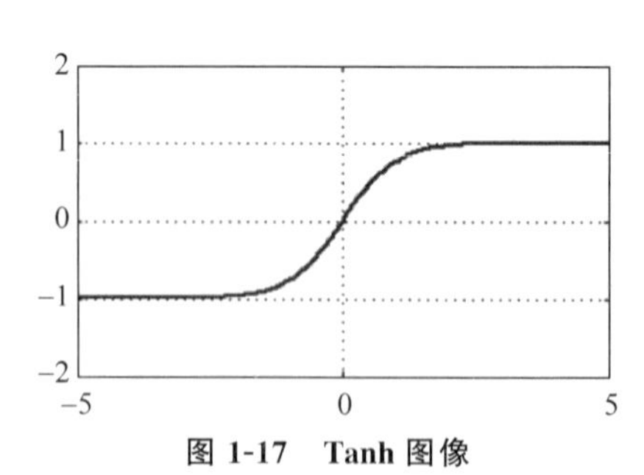

图 1-17 Tanh 图像

3) ReLU

ReLU(图 1-18)的优势在于它引入了非线性性，同时计算简单，不涉及复杂的数学运算。这有助于缓解梯度消失问题(gradient vanishing problem)并能加速神经网络的训练。

$$f(x)=\begin{cases}x, & x \geqslant 0\\ 0, & x<0\end{cases}$$

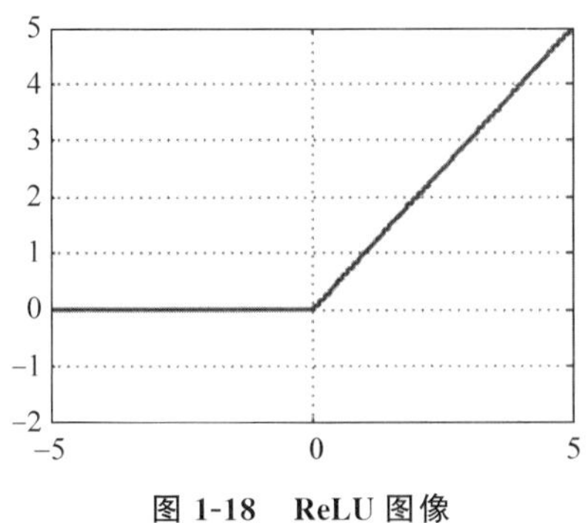

图 1-18　ReLU 图像

4）Softmax

Softmax 又称归一化指数函数。它是二分类函数 Sigmoid 在多分类上的推广，目的是将多分类的结果以概率的形式展现出来。它将多个神经元的输出映射到(0,1)区间内，可以看作概率来理解，从而来进行多分类。

对于给定的输入向量 $\boldsymbol{z}=[z_1,z_2,\cdots,z_k]$，Softmax 激活函数的输出 y_i 为

$$y_i=\frac{\mathrm{e}^{z_i}}{\sum_{j=1}^{k}\mathrm{e}^{z_j}}$$

另外还有许多激活函数以及各类激活函数的优缺点，激活函数的选择在此不进行详细讲解，会在后文中逐步展开。

3. 代码实例

```
1.  import torch
2.  import torch.nn as nn
3.
4.  class ThreeLayerMLP(nn.Module):
5.     def __init__(self, input_size, hidden_size, output_size):
6.         super(ThreeLayerMLP, self).__init__()
7.
8.         # 输入层到隐藏层的全连接层
9.         self.fc1 = nn.Linear(input_size, hidden_size)
10.
11.            # 隐藏层到输出层的全连接层
12.            self.fc2 = nn.Linear(hidden_size, output_size)
13.            self.softmax = nn.Softmax(dim = 1)    # 输出层激活函数,适用于分类问题
14.
15.        def forward(self, x):
16.            # 输入数据通过第一个全连接层和激活函数
17.            x = self.fc1(x)
18.            x = self.relu(x)
19.
20.            # 隐藏层的输出通过第二个全连接层和 Softmax 激活函数
21.            x = self.fc2(x)
22.            x = self.softmax(x)
23.
24.            return x
```

下面来详细解释上面的代码。

(1) class ThreeLayerMLP(nn.Module):定义了一个名为ThreeLayerMLP的类,它继承自nn.Module,这是PyTorch中所有神经网络模型的基类。

(2) def __init__(self,input_size,hidden_size,output_size):类的构造函数,用于初始化模型的参数。接收输入特征的维度(input_size)、隐藏层神经元数量(hidden_size)和输出类别的数量(output_size)。

(3) super(ThreeLayerMLP,self).__init__():调用父类(nn.Module)的构造函数,确保正确地初始化模型。

(4) self.fc1=nn.Linear(input_size,hidden_size):创建输入层到隐藏层的全连接层(Fully Connected Layer)fc1。nn.Linear表示线性变换,参数包括输入特征的维度和隐藏层神经元的数量。

(5) self.fc2=nn.Linear(hidden_size,output_size):创建隐藏层到输出层的全连接层fc2。参数包括隐藏层神经元的数量和输出类别的数量。

(6) self.softmax=nn.Softmax(dim=1):创建输出层激活函数Softmax,在dim=1的维度上应用Softmax,适用于分类问题。

(7) def forward(self,x):定义了模型的前向传播方法,该方法描述了输入数据在模型中的传递过程。

(8) x=self.fc1(x)和x=self.relu(x):输入数据x通过第一个全连接层fc1和激活函数ReLU。

(9) x=self.fc2(x)和x=self.softmax(x):隐藏层的输出通过第二个全连接层fc2和输出层激活函数Softmax。

基于上述代码,假如定义一个三层的MLP实例,代码如下:

```
1.  #创建一个三层的MLP实例,输入特征维度为3,隐藏层神经元数量为3,输出类别数量为1
2.  input_size = 3
3.  hidden_size = 3
4.  output_size = 1
5.  mlp_model = ThreeLayerMLP(input_size, hidden_size, output_size)
```

则上述定义的MLP实例如图1-19所示。

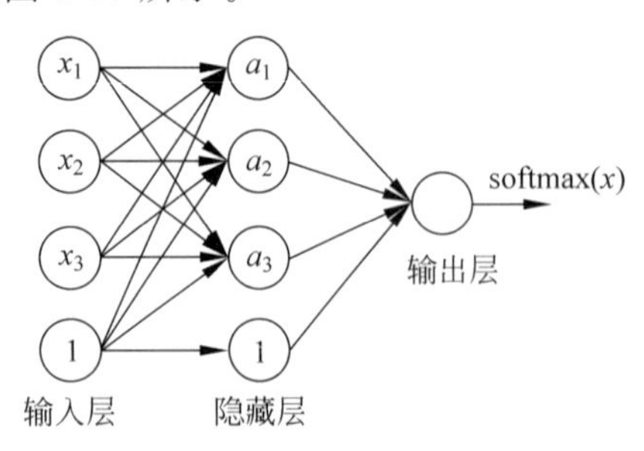

图1-19　MLP实例图示

隐藏层与输入层全连接,其中:

$$a_i=\sum_{j=1}^{3}k_{1j}\times x_j+1$$

k_{1j}为对应的系数。需要通过输入和对应的输出,通过训练获得更为拟合的模型中所有的参数的值。

1.4.2　损失函数和优化器

损失函数和优化器是深度学习中两个关键的组成部分，它们在训练神经网络时起着重要的作用。

假设有一组输入和对应的正确的输出，那将这组输入和对应的输出注入 1.4.1 节提到的 MLP 模型中时，由于 MLP 模型中的参数都为初始值，那么最终的输出和正确的输出之间就会有较大的误差。因此引出损失函数和优化器这两个概念。

1. 损失函数

损失函数衡量模型的预测输出与实际目标之间的差异，是评估模型性能的指标。训练过程的目标是最小化损失函数，以使模型的预测更接近实际目标。不同的任务和问题类型可能需要选择不同的损失函数。

例如，在分类问题中，常见的损失函数包括交叉熵损失(Cross Entropy Loss)、均方误差损失(Mean Squared Error Loss)等。在 PyTorch 中，损失函数通常作为 torch.nn 模块的一部分来使用。

1）交叉熵损失

交叉熵损失通常用于分类问题，特别是多类别分类。对于一个样本，如果它属于类别 i 的概率为 p_i，而实际标签为类别 j(one-hot 编码表示，即一位有效编码，是一种用于表示离散状态的编码方法)，则交叉熵损失的计算公式如下：

$$\text{CrossEntropyLoss} = -\sum_j y_j \ln p_j$$

其中，y_j 是实际标签的 one-hot 编码；p_j 是模型预测的属于类别 j 的概率。交叉熵损失的目标是使模型的预测概率分布接近真实分布。

在 PyTorch 中，可以使用 torch.nn.CrossEntropyLoss 模块来计算交叉熵损失，用法如下：

```
1.  import torch
2.  import torch.nn as nn
3.
4.  # 例子:交叉熵损失函数
5.  loss_function = nn.CrossEntropyLoss()
6.
7.  # 模型的输出(预测值)
8.  predictions = torch.randn(3, 5)              # 3 个样本,5 个类别的预测
9.
10.     # 实际标签
11.     targets = torch.tensor([1, 0, 3])        # 3 个样本对应的真实类别标签
12.
13.     # 计算损失
14.     loss = loss_function(predictions, targets)
15.
16.     print("交叉熵损失:", loss.item())
```

2) 均方误差损失

均方误差损失通常用于回归问题,其中模型的输出是连续的数值。对于一个样本,如果它的实际值为 y 而模型的预测值为 y',则均方误差损失的计算公式如下:

$$\text{MSELOSS}=\frac{1}{n}\sum_{i=1}^{n}(y_i-y'_i)^2$$

其中,n 是样本数量。均方误差损失的目标是使模型的预测尽可能接近真实值。在 PyTorch 中,可以使用 torch.nn.MSELoss 模块来计算均方误差损失。

2. 优化器

优化器负责更新模型的参数,以最小化损失函数。它使用梯度下降或其变体来调整权重和偏置,使损失函数最小化。一些常见的优化器包括随机梯度下降(Stochastic Gradient Descent,SGD)、Adam 优化器等。

1) 随机梯度下降

SGD 是最基本的优化算法之一。它的思想是通过不断迭代,利用每个样本的梯度来更新模型参数,从而最小化损失函数。SGD 的更新规则如下:

$$\theta_{t+1}=\theta_t-\eta\nabla L(\theta_t;x_i,y_i)$$

其中,θ_t 是第 t 步迭代后的参数;η 是学习率;$L(\theta_t;x_i,y_i)$是损失函数关于 θ_t 的梯度。

随机梯度下降的用法如下:

```
1.  import torch
2.  import torch.optim as optim
3.
4.  # 使用随机梯度下降(SGD)优化器
5.  learning_rate = 0.01
6.  optimizer = optim.SGD(model.parameters(), lr = learning_rate)
7.
8.  # 在训练循环中使用优化器
9.  optimizer.zero_grad()                          # 梯度清零
10.     loss.backward()                            # 反向传播,计算梯度
11.     optimizer.step()                           # 更新参数
```

在训练中通常的步骤是:①使用模型进行前向传播,得到预测值;②计算损失函数;③使用反向传播计算梯度;④使用优化器更新模型参数。

2) Adam 优化器

Adam 是一种结合了动量(momentum)和自适应学习率的优化算法,它在深度学习中表现优异。Adam 优化器的更新规则如下:

$$m_{t+1}=\beta_1 m_t+(1-\beta_1)\nabla L(\theta_t;x_i,y_i)$$

$$v_{t+1}=\beta_2 v_t+(1-\beta_2)(\nabla L(\theta_t;x_i,y_i))^2$$

$$\theta_{t+1}=\theta_t-\frac{\eta}{\sqrt{v_{t+1}}+\epsilon}\cdot m_{t+1}$$

其中,m_t 是梯度的指数移动平均;v_t 是梯度平方的指数移动平均;β_1 和 β_2 是动量的衰减系数,通常取 0.9 和 0.999;η 是学习率;ϵ是为了数值稳定性而添加的小常数。

Adam 适用大多数深度学习任务,并且通常能够更快地收敛。在 PyTorch 中,可以使

用 torch.optim.Adam 来使用 Adam 优化器。

1.4.3　训练循环

神经网络的训练过程主要包括以下关键的步骤。

1. 前向传播

前向传播具体分为以下几步。

(1) 定义模型结构：在训练之前，需要定义神经网络的结构，包括输入层、隐藏层、输出层等，并初始化模型的参数(权重和偏置)。

(2) 输入数据：将训练数据输入神经网络的输入层。

(3) 计算输出：通过神经网络的前向传播，将输入数据传递到每一层，经过权重和激活函数的计算，最终得到模型的输出。

2. 损失计算

(1) 定义损失函数：选择适合任务的损失函数，如交叉熵损失用于分类问题，均方误差损失用于回归问题。

(2) 计算损失：将模型的输出与实际标签进行比较，使用损失函数计算模型的预测误差。

3. 反向传播

计算梯度：通过反向传播算法，计算损失函数对每个模型参数的梯度。这涉及链式法则，将梯度从输出层传播回输入层。

4. 权重更新

(1) 选择优化器：选择合适的优化算法，如随机梯度下降(SGD)、Adam 等。

(2) 更新参数：利用优化器，根据梯度和学习率等超参数，更新模型的权重和偏置。

整个过程是一个迭代的过程。通过多次迭代，不断地进行前向传播、损失计算、反向传播和权重更新，模型逐渐优化，使得预测结果更加接近实际标签。这一过程中，损失函数的值逐渐减小，直到模型收敛或达到指定的停止条件。后续章节的实例中会不断体现这一过程。

1.5　性能评估和改进策略

在线视频

1.5.1　性能评估

性能评估是在机器学习和深度学习中评估模型表现的过程。准确率和混淆矩阵是常用的性能评估指标。

1. 准确率

准确率是模型正确预测的样本数量占总样本数量的比例。它是最直观的评估指标之一,计算公式如下:

$$\text{Accuracy}=\frac{\text{acc}}{\text{sum}}$$

其中,acc 是正确预测的样本数;sum 是总样本数。准确率的优点在于简单易懂,但在某些情况下可能不是最适合的性能度量,特别是当类别不平衡(某类样本数量远多于其他类别)时。

2. 混淆矩阵

混淆矩阵是一种更详细地分析模型性能的工具,特别适用于多类别分类问题。混淆矩阵是一个二维表格,其中行表示实际类别,列表示预测类别。如图 1-20 所示,它将样本分为 4 个不同的类别。

预测结果

真实结果	正例	负例
正例	真正例(TP)	假负例(FN)
负例	假正例(FP)	真负例(TN)

图 1-20　4 种分类

真正例(True Positive,TP):模型正确地预测为正类别。

真负例(True Negative,TN):模型正确地预测为负类别。

假正例(False Positive,FP):模型错误地将负类别预测为正类别。

假负例(False Negative,FN):模型错误地将正类别预测为负类别。

混淆矩阵可用于计算多个评估指标,如精确率(Precision)、召回率(Recall)、$F1$ 分数等。

精确率:衡量模型在所有预测为正例的样本中,有多少是真正的正例。

$$\text{Precision}=\frac{\text{TP}}{\text{TP}+\text{FP}}$$

召回率:衡量模型在所有实际正例中,有多少被模型正确预测为正例。

$$\text{Recall}=\frac{\text{TP}}{\text{TP}+\text{FN}}$$

$F1$ 分数:综合考虑精确率和召回率,是精确率和召回率的调和平均数。

$$F1=\frac{2\times\text{Precision}\times\text{Recall}}{\text{Precision}+\text{Recall}}$$

综合使用准确率、混淆矩阵以及相关指标有助于更全面地评估模型在不同任务中的性能。

1.5.2　正则化技术

过拟合(Overfitting)是指机器学习模型在训练数据上表现良好,但在未见过的新数据上表现较差的现象。过拟合发生时,模型过于复杂,学习到训练数据中的噪声和随机性,而失去了对未知数据的泛化能力。

正则化是一种用于防止过拟合的技术，通过在模型训练过程中对参数进行约束或引入噪声，以提高模型的泛化能力。两个常用的正则化技术是 Dropout 和 L2 正则化。

1. Dropout

Dropout 是一种随机丢弃神经网络中的部分神经元的技术。在训练过程中，每个神经元以一定的概率被随机丢弃，不参与前向传播和反向传播。这样可以视每个神经元都是不可靠的，迫使网络学习更鲁棒的特征，减少对某些特定神经元的依赖，从而防止过拟合。Dropout 的具体步骤如下：

(1) 在每个训练迭代中，以一定的概率 p 随机选择丢弃某些神经元。

(2) 对于保留的神经元，调整其输出值，使得输出的期望值保持不变。

在测试时，通常不应用 Dropout，而是将所有神经元包含在模型中，但在推理时需要对权重进行适当的缩放。

在 PyTorch 中，可以通过 torch.nn.Dropout 模块添加 Dropout 层。

2. L2 正则化

L2 正则化是通过向损失函数添加正则化项，强制模型的权重保持较小的技术。具体来说，L2 正则化的损失项是权重的平方和乘以一个正则化系数：

$$\text{L2Loss} = \lambda \sum_{i=1}^{n} w_i^2$$

其中，n 是权重的数量；w_i 是第 i 个权重；λ 为正则化系数。L2 正则化的作用是约束模型的复杂性，使得权重值相对较小，防止模型过拟合。在优化过程中，模型不仅要尽量减小训练数据上的损失，还要尽量减小权重的平方和。

在 PyTorch 中，可以通过在优化器中使用 weight_decay 参数来添加 L2 正则化。例如：

```
1.  import torch
2.  import torch.nn as nn
3.  import torch.optim as optim
4.
5.  # 定义模型
6.  model = nn.Sequential(
7.      nn.Linear(10, 5),
8.      nn.ReLU(),
9.      nn.Linear(5, 1)
10.     )
11.
12.     # 定义优化器，添加 L2 正则化
13.     optimizer = optim.SGD(model.parameters(), lr = 0.01, weight_decay = 0.001)
```

上述例子中使用 nn.Sequential 定义了一个简单的神经网络模型，包含两个线性(全连接)层和一个 ReLU 激活函数。模型的输入维度是 10，第一个线性层将输入维度降至 5，接着经过 ReLU 激活函数，最后通过第二个线性层将维度降至 1(假设是二分类问题)。

最后使用 optim.SGD 创建了一个随机梯度下降优化器。model.parameters()返回模型中所有参数(权重和偏置)，这些参数将由优化器进行更新。参数 lr=0.01 设置了学习

率,控制每次更新的步长。而 weight_decay=0.001 是 L2 正则化的超参数,它会在损失函数中添加一个权重平方和的项,帮助限制模型参数的大小,防止过拟合。

1.5.3　超参数调整

在深度学习中,超参数调整是指通过尝试不同的超参数组合,以找到对于给定任务和数据集性能最优的模型配置的过程。超参数是在训练模型之前需要手动设置的参数,与模型的结构无关,主要包括学习率、批量大小、迭代次数等。

超参数调整的目标是找到一组超参数,使得模型在未见过的数据上表现最好,即在测试集或验证集上获得最佳性能。这是一个关键的步骤,因为不同的超参数组合可能导致模型的性能差异,而且没有一组通用的最佳超参数。

本节将介绍两个较为常见的超参数:学习率和批量大小。

1. 学习率

学习率(learning rate)的主要作用是指导优化算法在每次参数更新时应该沿着梯度的方向前进多远。在梯度下降等优化算法中,模型参数通过以下方式进行更新:

$$\theta_{t+1}=\theta_t-\eta\nabla L(\theta_t;x_i,y_i)$$

即

$$\theta_{t+1}=\theta_t-\text{learning rate}\times\nabla\text{Loss}(\theta_t)$$

学习率控制了参数更新的大小。过大的学习率可能导致模型无法收敛,而过小的学习率则可能导致收敛速度过慢。以下是一些调整学习率的常见策略。

(1) 固定学习率:在训练过程中保持学习率不变,这是最简单的方法。但是选择合适的固定学习率通常需要进行一些实验。

(2) 学习率衰减(Learning Rate Decay):逐渐降低学习率,使其在训练过程中逐渐减小。可以按照固定的衰减率,或在验证集上监测性能,根据性能变化动态调整学习率。

(3) 学习率预热(Learning Rate Warm up):在训练的初始阶段使用较小的学习率,然后再逐渐增大学习率。这有助于防止模型在一开始就跳过潜在的良好解。

(4) 自适应学习率方法:使用自适应学习率算法,如 Adam、Adagrad、RMSprop 等,这些算法通常会根据参数的历史梯度信息自动调整学习率。

学习率的使用如下:

```
1.  import torch
2.  import torch.optim as optim
3.
4.  # 定义模型
5.  model = ...
6.
7.  # 定义损失函数
8.  criterion = ...
9.
10.     # 定义优化器,设置学习率
11.     learning_rate = 0.001
12.     optimizer = optim.SGD(model.parameters(), lr = learning_rate)
```

2. 批量大小

批量(batch) 是指在训练过程中一次更新模型参数所使用的样本数量。深度学习模型的训练数据集通常会被分为若干批次,每个批次包含一定数量的样本。而批量大小(batch size)就是每个批次中包含的样本数量。

大批量的优点:较大的批量可以充分利用硬件加速(如 GPU)的并行计算能力,提高训练速度。同时大批量训练通常会更平滑地更新模型参数。

大批量的缺点:大批量可能需要更多的内存,特别是在使用 GPU 进行训练时。

小批量的优点:小批量可以带来更好的泛化性能,并且可以在有限的内存中进行。

小批量的缺点:小批量训练更容易导致模型参数的不稳定更新。

因此批量大小的选择也是一个需要根据实际情况,不断实验,不断调整的过程。批量大小是在前文介绍的 DataLoader 中进行的。

```
1.  from torch.utils.data import DataLoader
2.
3.  # 创建 DataLoader,并设置批量大小
4.  train_loader = DataLoader(dataset, batch_size = 64, shuffle = True)
```

1.5.4 其他策略

这里将介绍一些其他的深度学习的常用策略,如早停(Early Stopping)以及模型保存/加载。

1. 早停

早停(early stopping) 是一种用于防止模型过拟合的正则化技术,它通过在训练过程中监测验证集上的性能,当性能不再提升时停止训练,以避免过拟合训练数据。

早停的具体实现思路如下:

(1) 选择一个性能指标,如验证集上的损失函数值或准确率。该指标应该与任务的评价标准相关;

(2) 在每个训练周期(epoch)结束时,评估模型在验证集上的性能;

(3) 当验证集上的性能指标在一定连续周期内不再提升时,停止训练,这时可以视为模型在验证集上达到了性能的饱和点。

下面用代码来展示早停的实现思路:

```
1.  # 模型训练循环
2.  for epoch in range(num_epochs):
3.      train_model()                          # 训练模型的函数,更新模型参数
4.
5.      # 在验证集上评估模型性能
6.      val_loss = evaluate_model_on_validation_set()
7.
8.      # 判断是否提升性能
9.      if val_loss < best_val_loss:
10.         best_val_loss = val_loss
11.         current_patience = 0
```

```
12.         save_model()                           # 保存模型参数
13.
14.     else:
15.         current_patience += 1
16.
17.     # 判断是否早停
18.     if current_patience >= patience:
19.         print(f'Early stopping at epoch {epoch + 1}!')
20.         break
```

2. 模型保存与加载

在深度学习中,模型的保存和加载是非常重要的操作,可用于在训练过程中保存中间模型、在不同环境中部署模型,以及在需要时重新加载已训练好的模型或加载别人训练好的模型。下面是在 PyTorch 中进行模型保存和模型加载的基本方法。

1) 模型保存

在 PyTorch 中,可以使用 torch.save 函数保存模型的状态字典(state_dict)或整个模型。状态字典包含了模型的参数及其对应的权重矩阵,和整个模型相比,一个重要区别在于模型字典缺少模型结构。以下是保存模型的两种常见方法。

(1) 保存模型的状态字典:

```
1.  import torch
2.  import torch.nn as nn
3.
4.  # 假设 model 是一个已经定义和训练好的模型
5.  model = nn.Sequential(
6.      nn.Linear(10, 5),
7.      nn.ReLU(),
8.      nn.Linear(5, 1)
9.  )
10.     # 保存模型的状态字典
11.     torch.save(model.state_dict(), 'model.pth')
```

(2) 保存整个模型(下列代码省略引入模块部分):

```
1.  # 假设 model 是一个已经定义和训练好的模型
2.  model = nn.Sequential(
3.     nn.Linear(10, 5),
4.     nn.ReLU(),
5.     nn.Linear(5, 1)
6.  )
7.
8.  # 保存整个模型
9.  torch.save(model, 'model.pth')
```

2) 模型加载

加载模型时,需要使用 torch.load 函数读取保存的文件,并使用 load_state_dict 或直接赋值给模型对象。以下是加载模型的两种方法。

(1) 加载模型的状态字典:

```
1.  # 假设 model 是一个定义好结构的模型
2.  model = nn.Sequential(
```

```
3.      nn.Linear(10, 5),
4.      nn.ReLU(),
5.      nn.Linear(5, 1)
6.  )
7.
8.  # 加载模型的状态字典
9.  model.load_state_dict(torch.load('model.pth'))
```

(2) 加载整个模型：

```
1.  # 加载整个模型,已经包含了模型结构
2.  model = torch.load('model.pth')
```

1.5.5 实战

使用 1.2.4 节中的 Fashion-MNIST 数据集作为本节的 MLP 数据集。需要注意的是，这里继续在 1.2.4 节创建的加载数据的文件中执行后续的代码，这样可以直接使用上文加载的数据和定义的函数。

首先导入相关包：

```
1.  import torch
2.  from torch import nn
3.  from d2l import torch as d2l
```

接着设置批次大小，并使用 1.2.4 节定义的函数加载 Fashion-MNIST 数据集：

```
4.  batch_size = 256
5.  train_iter, test_iter = load_data_fashion_mnist(batch_size)
```

定义网络结构，由输入层、一个隐藏层和输出层构成。输入层大小为图像大小，隐藏层大小为 256，输出层大小即为标签种类个数 10：

```
6.  num_inputs, num_outputs, num_hiddens = 784, 10, 256
7.
8.  W1 = nn.Parameter(torch.randn(
9.      num_inputs, num_hiddens, requires_grad = True) * 0.01)
10.     b1 = nn.Parameter(torch.zeros(num_hiddens, requires_grad = True))
11.     W2 = nn.Parameter(torch.randn(
12.         num_hiddens, num_outputs, requires_grad = True) * 0.01)
13.     b2 = nn.Parameter(torch.zeros(num_outputs, requires_grad = True))
14.
15.     params = [W1, b1, W2, b2]
```

定义激活函数、前向传播和损失函数：

```
16.     def relu(X):
17.         a = torch.zeros_like(X)
18.         return torch.max(X, a)
19.
20.     def net(X):
21.         X = X.reshape((-1, num_inputs))
22.         H = relu(X@W1 + b1)                  # 这里"@"代表矩阵乘法
23.
24.         return (H@W2 + b2)
```

定义迭代次数、学习率、损失函数和优化器:

```
25.     num_epochs, lr = 10, 0.1
26.     loss = nn.CrossEntropyLoss(reduction = 'none')
27.     updater = torch.optim.SGD(params, lr = lr)
```

最后进行训练:

```
28.     d2l.train_ch3(net, train_iter, test_iter, loss, num_epochs, updater)
```

第2章

图像分类的深度探索

CHAPTER 2

任务导入：

踏上图像分类的深度探索之旅，这里将深入研究卷积神经网络(Convolutional Neural Networks，CNN)的架构，把握图像特征提取和分类的关键步骤。数据增强是提高模型泛化能力的重要手段，本章将探讨数据增强技术在实际应用中的技巧，以增加训练集的多样性，提高模型的鲁棒性。本章还将研究如何充分利用已有模型的知识，通过微调和迁移学习，在特定任务上取得更好的性能，缩短模型训练时间。此外，还会讨论挑战和解决复杂数据集上的训练问题，以及最终完成模型评估、调整和部署的全过程。

知识目标：

(1) 了解卷积神经网络(CNN)的架构。
(2) 了解图像数据增强的概念和方法。
(3) 了解迁移学习的原理和策略。
(4) 了解一些高级优化算法和评估指标。

能力目标：

(1) 能使用 PyTorch 自主搭建一个 CNN 架构。
(2) 能自主进行图像增强。
(3) 能通过微调预训练模型实现迁移学习。
(4) 能使用 PyTorch 进行模型的评估、调整和部署。

在线视频

2.1 任务导学：什么是图像分类

图像分类是一种计算机视觉任务，旨在将输入的图像分配到预定义的类别或标签中。在图像分类任务中，计算机系统需要学习从一组已知标记的图像样本中提取特征，并据此对新的未知图像进行分类。

例如，假设要构建一个图像分类系统来识别动物图像，可能需要将图像分为猫、狗和鸟3类。首先，需要收集包含大量标记好的猫、狗和鸟的图像数据集作为训练数据。其次，可以使用深度学习模型，如下文将要介绍的卷积神经网络，来学习这些图像的特征，并根据这些特征将图像分为不同的类别。在训练过程中，模型将学习到猫、狗和鸟图像的特征模式，并根据这些模式对新的未知图像进行分类。

训练结束后，如果将一张包含猫的图像输入训练好的图像分类模型中，模型可能会输出"猫"这一类别标签。同样地，如果输入一张包含狗的图像，模型可能会输出"狗"这一类别标签。这样，图像分类系统就能够根据输入图像的内容准确地将其分类到预定义的类别中。

在线视频

2.2 探索卷积神经网络架构

第1章我们介绍了多层感知机(MLP)。最典型的MLP包括3层：输入层、隐藏层和输出层，MLP神经网络不同层之间是全连接的。而本节将介绍一种新的神经网络结构——卷积神经网络(CNN)。

卷积神经网络主要用于处理和分析具有网格结构的数据，如图像和视频。CNN在计算机视觉领域中取得了巨大成功，其设计灵感来源于对动物视觉系统的理解。卷积神经网络主要由卷积层、池化层和全连接层组成。接下来将详细介绍卷积层、池化层以及卷积神经网络的一些特性。

2.2.1 卷积层的原理和作用

本节先对卷积层的原理和作用进行说明，并在下文的实战中了解卷积层的实际应用。

1. 卷积操作和卷积层

卷积(Convolution)是一种数学运算，用于在一个函数(通常是信号或图像)上滑动另一个函数，通过计算它们之间的重叠区域的积分来产生一个新的函数，如图2-1所示。图2-1中卷积核是一个小的窗口矩阵，其中包含了一组可学习的权重参数。这组参数在训练过程中通过反向传播进行更新，卷积操作的原理是通过卷积核在输入数据上进行滑动，对每个局部区域进行加权求和，生成输出特征图。

可以通过以下代码实现卷积操作：

```
1.  import torch
2.  from torch import nn
3.  from d2l import torch as d2l
4.
```

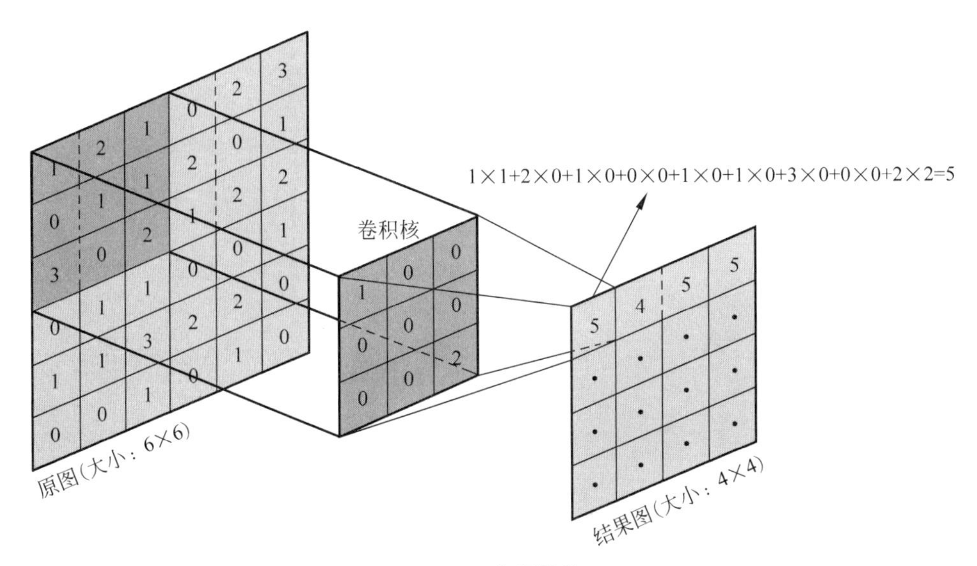

图 2-1　卷积操作

```
5.  def corr2d(X, K):   #@save
6.      """计算二维互相关运算"""
7.      h, w = K.shape
8.      Y = torch.zeros((X.shape[0] - h + 1, X.shape[1] - w + 1))
9.      for i in range(Y.shape[0]):
10.         for j in range(Y.shape[1]):
11.             Y[i, j] = (X[i:i + h, j:j + w] * K).sum()
12.     return Y
13.
14. X = torch.tensor([[0.0, 1.0, 2.0], [3.0, 4.0, 5.0], [6.0, 7.0, 8.0]])
15. K = torch.tensor([[0.0, 1.0], [2.0, 3.0]])
16. corr2d(X, K)
```

读者可以自己运行这一段代码，来理解卷积操作的运算方式。

卷积层就是对输入和卷积核进行卷积操作，并在添加标量偏置之后产生输出。所以，卷积层中的两个被训练的参数是卷积核权重和标量偏置。就像之前随机初始化全连接层一样，在训练基于卷积层的模型时，这里也随机初始化卷积核权重。下述代码实现了一个二维卷积层：

```
1.  class Conv2D(nn.Module):
2.      def __init__(self, kernel_size):
3.          super().__init__()
4.          self.weight = nn.Parameter(torch.rand(kernel_size))
5.          self.bias = nn.Parameter(torch.zeros(1))
6.
7.      def forward(self, x):
8.          return corr2d(x, self.weight) + self.bias
```

2. 理解卷积的作用

卷积层的主要作用是从输入数据中提取局部特征。由于卷积核在输入上共享参数，这使得卷积层能够学习到图像中的局部模式，如边缘、纹理等。卷积层的引入使得 CNN 能够更有效地处理图像数据,成为图像识别、目标检测等计算机视觉任务中的重要组成部分。

继续上述代码,通过一个简单的例子来体会卷积的作用:

```
9.   X = torch.ones((6, 8))
10.  X[:, 2:6] = 0
11.  K = torch.tensor([[1.0, -1.0]])
12.  Y = corr2d(X, K)
```

其中X(图2-2)和Y(图2-3)如图所示,如果设定0为黑色,1为白色,那么通过一个简单的卷积核K,就得到了图像的边缘。

```
tensor([[1., 1., 0., 0., 0., 0., 1., 1.],
        [1., 1., 0., 0., 0., 0., 1., 1.],
        [1., 1., 0., 0., 0., 0., 1., 1.],
        [1., 1., 0., 0., 0., 0., 1., 1.],
        [1., 1., 0., 0., 0., 0., 1., 1.],
        [1., 1., 0., 0., 0., 0., 1., 1.]])
```

图2-2 卷积操作输入X

```
tensor([[ 0.,  1.,  0.,  0.,  0., -1.,  0.],
        [ 0.,  1.,  0.,  0.,  0., -1.,  0.],
        [ 0.,  1.,  0.,  0.,  0., -1.,  0.],
        [ 0.,  1.,  0.,  0.,  0., -1.,  0.],
        [ 0.,  1.,  0.,  0.,  0., -1.,  0.],
        [ 0.,  1.,  0.,  0.,  0., -1.,  0.]])
```

图2-3 卷积操作输出Y

同时注意到,当有了更复杂数值的卷积核,或者连续的卷积层时,这里不可能手动设计卷积核。因此,先构造一个卷积层,并将其卷积核初始化为随机张量。接下来,在每次迭代中,先比较Y与卷积层输出的平方误差,然后计算梯度来更新卷积核。继续上面的代码:

```
1.   # 构造一个二维卷积层,它具有1个输入通道、1个输出通道和形状为(1,2)的卷积核
2.   conv2d = nn.Conv2d(1,1, kernel_size=(1, 2), bias=False)
3.
4.   X = X.reshape((1, 1, 6, 8))
5.   Y = Y.reshape((1, 1, 6, 7))
6.   lr = 3e-2                                    # 学习率
7.
8.   for i in range(10):
9.       # 计算当前预测值
10.      Y_hat = conv2d(X)
11.      # 计算损失
12.      l = (Y_hat - Y) ** 2
13.      conv2d.zero_grad()
14.      # 反向传播
15.      l.sum().backward()
16.      # 迭代卷积核
17.      conv2d.weight.data[:] -= lr * conv2d.weight.grad
18.      if (i + 1) % 2 == 0:
19.          print(f'epoch {i+1}, loss {l.sum():.3f}')
```

通过几次迭代后的卷积操作损失(loss)如图2-4所示。

如果打印最终获得的卷积核,则结果如图2-5所示。

```
epoch 2, loss 6.217
epoch 4, loss 1.573
epoch 6, loss 0.481
epoch 8, loss 0.170
epoch 10, loss 0.065
```

图2-4 卷积操作损失

```
tensor([[ 0.9639, -1.0152]])
```

图2-5 卷积核

可以看到,这个结果和之前手动设置的卷积核K比较接近。还有一点需要注意的是,设置的输入和输出通道维度都为1,因为网络比较简单。在较为复杂的CNN中,如果输入数据为一张图像,那么输入通道可能为3(RGB),设为C_i,而输出通道则可能更多,设为C_o, h 和 w 分别为卷积核的长和宽，这时卷积核的形状则为 $C_o \times C_i \times h \times w$。

卷积操作的输出通常会经过一个非线性激活函数，如 ReLU，可以引入非线性性质。这有助于网络学习更复杂的特征。

3. 填充和步幅

我们注意到，上文在卷积操作后，输出图和原图大小可能会发生变化，结果图的大小为(原图大小－卷积核大小＋1)。因此可以通过在输入图形的边界上添加额外的值，以便更好地处理边缘信息，同时可以防止卷积操作导致输出特征图尺寸缩小过快，如图 2-6 所示，填充全 0 值。

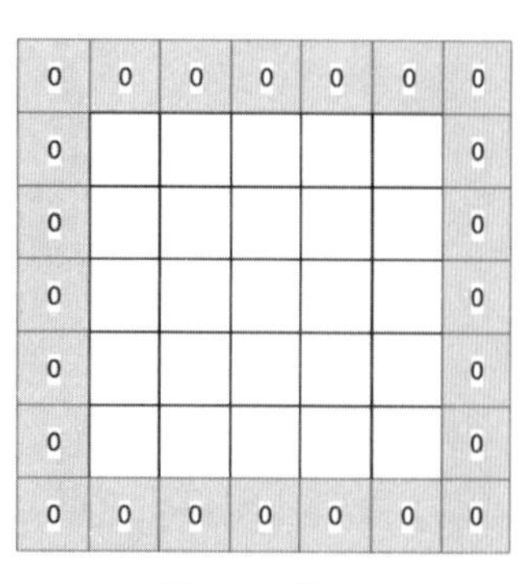

图 2-6　填充

可以通过下面的代码实现填充：

```
1.  # 构造卷积层时使用高度为 5、宽度为 3 的卷积核，高度和
    # 宽度两边的填充分别为 2 和 1(最终长增加 4，宽增加 2)，
    # 从而保证大小不变，默认填充值为 0
2.  conv2d = nn.Conv2d(1, 1, kernel_size = (5, 3), padding = (2, 1))
```

重新回到图 2-1，在理解了卷积操作后，也就理解了图中虚线部分是卷积核移动后和虚线内的数据进行计算。因此，也可以控制卷积核每次移动的步幅(strides)，设置步幅的代码如下：

```
conv2d = nn.Conv2d(1, 1, kernel_size = (5, 3), padding = (2, 1), stride = (3, 4))
```

2.2.2　池化层

通常，在图像处理过程中，倾向于逐渐减小隐藏表示的空间分辨率并汇总信息。这样随着神经网络层次的逐渐提高，每个神经元对其敏感的感受野(即输入影响范围)也会增大，池化层的作用也是如此。

不同于卷积层中的输入与卷积核之间的互相关计算，池化运算是确定性的，通常计算池化窗口中所有元素的最大值或平均值。这些操作分别称为最大池化(maximum pooling)和平均池化(average pooling)。

如图 2-7 展示了一个步幅为 2、大小为 2×2 的最大池化。在每个 2×2 的区域内，选出其中的最大值。同样地，平均池化即计算区域内的平均值。

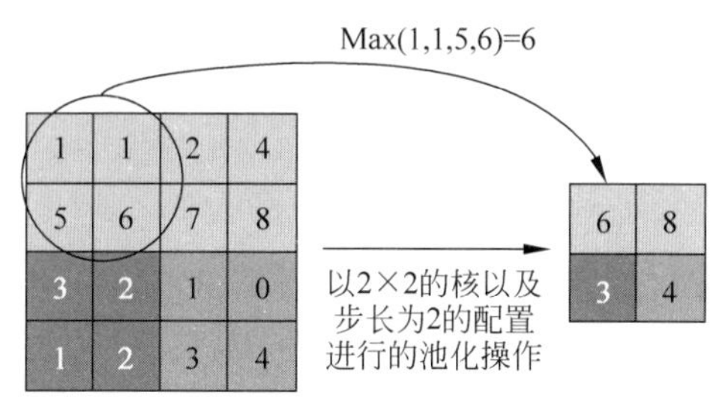

图 2-7　最大池化

下面的代码实现了池化层的前向传播，其中的 pool2d 函数实现了池化的功能。这里没有卷积核，输出为输入中每个区域的最大值或平均值。

```
1.  from mxnet import np, npxfrom mxnet.gluon import nnfrom d2l import mxnet as d2l
2.  npx.set_np()
3.  def pool2d(X, pool_size, mode = 'max'):
4.      p_h, p_w = pool_size
5.      Y = np.zeros((X.shape[0] - p_h + 1, X.shape[1] - p_w + 1))
6.      for i in range(Y.shape[0]):
7.        for j in range(Y.shape[1]):
8.          if mode == 'max':
9.            Y[i, j] = X[i: i + p_h, j: j + p_w].max()
10.         elif mode == 'avg':
11.           Y[i, j] = X[i: i + p_h, j: j + p_w].mean()
12.     return Y
```

自己可以通过一些输入和输出来进一步体会池化层的作用。需要注意的是,和卷积层类似,池化层同样存在步幅、填充的概念。继续上述代码,可以通过 PyTorch 内置函数来实现相关功能,也可以通过运行下面的代码并通过增加输出来理解结果。

```
13.  X = np.arange(16, dtype = np.float32).reshape((1, 1, 4, 4))
14.  # 使用形状为(3, 3)的汇聚窗口,并设置填充为 1,步幅为 2
15.  pool2d = nn.MaxPool2D(3, padding = 1, strides = 2)
16.  pool2d(X)
17.  # 类似地,使用形状为(2, 3)的汇聚窗口,并设置填充为(0, 1),步幅为(2, 3)
18.  pool2d = nn.MaxPool2D((2, 3), padding = (0, 1), strides = (2, 3))
19.  pool2d(X)
```

上述代码第 13 行执行后的 X 的值应为如图 2-8 所示,两次池化后的结果均为如图 2-9 所示。

```
array([[[[ 0.,  1.,  2.,  3.],
         [ 4.,  5.,  6.,  7.],
         [ 8.,  9., 10., 11.],
         [12., 13., 14., 15.]]]])
```

图 2-8　X

```
array([[[[ 5.,  7.],
         [13., 15.]]]])
```

图 2-9　池化结果

2.2.3　局部感受野和权重共享的概念

局部感受野和权重共享是卷积神经网络中两个重要的概念,它们共同为网络的有效性和参数优化提供了支持。

1. 局部感受野

以图像为例,图像局部区域内像素联系强,相距较远的联系弱,因此没必要对全局图像感知,只需要对局部区域感知。因此在卷积神经网络中,每个神经元只需要接收部分数据(每次参与卷积核计算的那一部分),即局部感受野,并对这部分数据进行卷积操作。局部感受野的大小由卷积核的大小决定。如图 2-10 所示,绿色层(隐藏层)中的每一个神经元(格子),都只关注蓝色层的一部分区域,绿色层神经元值都通过局部感受野区域的卷积操作获得。

通过局部感受野,神经元能够捕捉到输入数据的局部结构和特征。同时,当增加网络层数时,可以保证神经元具有更大范围的实际感受野。

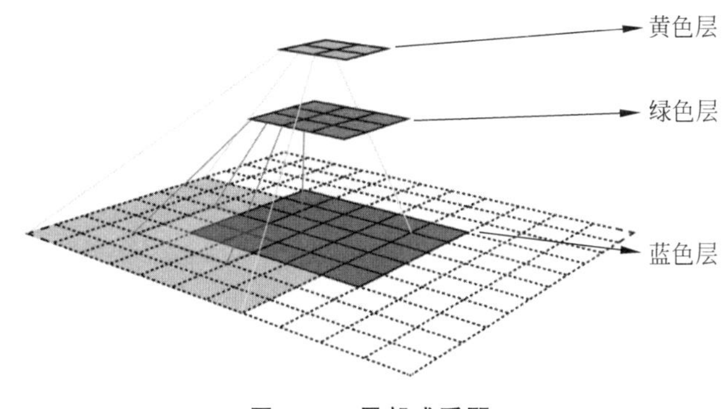

图 2-10　局部感受野

2. 权重共享

权重共享是指在同一层不同位置输入数据时使用相同的卷积核(权重)。这意味着在一个层次的所有神经元中,每个神经元都使用相同的卷积核进行卷积操作。

这样的做法有助于减少模型的参数数量,提高模型的计算效率,并且使得神经网络更具有平移不变性,即对于输入数据的平移变化更具有鲁棒性。

局部感受野和权重共享相互配合,使得卷积神经网络能够有效地捕捉输入数据的层次化特征。通过局部感受野,网络能够关注输入数据的局部结构,而通过权重共享,模型可以更好地学习到通用的特征提取模式,从而在不同位置共享参数。

在卷积神经网络中,多个卷积层堆叠在一起,通过不断提取局部特征和组合特征,使得网络能够学习到越来越抽象和复杂的表征,从而提高对输入数据的表示能力。局部感受野和权重共享的设计使得 CNN 在处理图像等数据时取得了良好的性能。

2.2.4　实战

本节将搭建一个完整的卷积神经网络,并测试该网络在 Fashion-MNIST 数据集上的表现。

导入包并搭建卷积神经网络模型:

```
1.  import torch
2.  from torch import nn
3.  from d2l import torch as d2l
4.
5.  net = nn.Sequential(
6.      nn.Conv2d(1, 6, kernel_size = 5, padding = 2), nn.Sigmoid(),
7.      nn.AvgPool2d(kernel_size = 2, stride = 2),
8.      nn.Conv2d(6, 16, kernel_size = 5), nn.Sigmoid(),
9.      nn.AvgPool2d(kernel_size = 2, stride = 2),
10.     nn.Flatten(),
11.     nn.Linear(16 * 5 * 5, 120), nn.Sigmoid(),
12.     nn.Linear(120, 84), nn.Sigmoid(),
13.     nn.Linear(84, 10))
```

该模型参照 LeNet 5,并进行了部分简化。

第 6 行,添加第一层卷积层: 输入通道数为 1(适用于单通道的灰度图像),输出通道数为 6,卷积核大小为 5×5,填充为 2,激活函数为 Sigmoid。

第 7 行,添加第一层平均池化层:池化核大小为 2×2,步幅为 2。

第 8 行,添加第二层卷积层:输入通道数为 6(由第一层的输出通道数决定),输出通道数为 16,卷积核大小为 5×5,激活函数为 Sigmoid。

第 9 行,添加第二层平均池化层:池化核大小为 2×2,步幅为 2。

第 10 行,添加展平层:将多维输入展平为一维。

第 11 行,添加全连接层:输入大小为 16×5×5(由前面的卷积层和池化层决定),输出大小为 120,激活函数为 Sigmoid。

第 12 行,添加全连接层:输入大小为 120,输出大小为 84,激活函数为 Sigmoid。

第 13 行,添加输出层:输入大小为 84,输出大小为 10,用于多类别分类。

为了更好地理解这个完整的网络模型结构,在这里介绍两个概念:特征提取器和特征分类器。特征提取器和特征分类器是深度学习模型中的两个关键组件,它们在模型的不同层次扮演着重要的角色。

1. 特征提取器

顾名思义,特征提取器用于从输入数据中提取有用信息和抽象特征的部分。这一部分负责将输入数据转换为高层次的表示,捕捉输入中的空间层次结构和特定模式。通过逐渐提取更抽象的特征,模型能够学到数据中的有用信息。特征提取器通常是深度神经网络中的前几层,如本节所介绍的卷积层。

2. 特征分类器

特征分类器是负责将提取的特征映射到具体的类别或输出空间的部分。通常是深度神经网络中的最后一层,如全连接层。这一部分将特征提取器输出的高级表示映射到模型要解决的任务的输出空间。在监督学习任务中,特征分类器将学到的特征与标签相对应,使模型能够对新的未见数据进行分类或预测。

特征提取器和特征分类器通常构成了深度学习模型的整体架构。前面的层负责从输入数据中提取特征,后面的层负责将这些特征映射到模型任务的输出。这两个重要的组成部分也能帮助我们更好地理解上文搭建的网络结构。

加载数据集:

```
1.  batch_size = 256
2.  train_iter, test_iter = load_data_fashion_mnist(batch_size = batch_size)
```

定义评估函数,用于评估函数在数据集上的表现:

```
3.  def evaluate_accuracy_gpu(net, data_iter, device = None):
4.      if isinstance(net, nn.Module):
5.          net.eval()  # 设置为评估模式
6.          if not device:
7.              device = next(iter(net.parameters())).device
8.      # 正确预测的数量,总预测的数量
9.      metric = d2l.Accumulator(2)
10.     with torch.no_grad():
11.         for X, y in data_iter:
```

```
12.             if isinstance(X, list):
13.                 # BERT 微调所需的(之后将介绍)
14.                 X = [x.to(device) for x in X]
15.             else:
16.                 X = X.to(device)
17.             y = y.to(device)
18.             metric.add(d2l.accuracy(net(X), y), y.numel())
19.     return metric[0] / metric[1]
```

if isinstance(net,nn.Module)：检查输入的模型 net 是否为 nn.Module 类的实例，确保它是一个 PyTorch 模型。

net.eval()：如果是 PyTorch 模型，将其设置为评估模式。在评估模式下，模型的行为可能会有所不同，例如，在训练模式下，对于一些层会随机进行 Dropout，而在评估模式下会关闭随机 Dropout。

if not device：device＝next(iter(net.parameters())).device：如果没有指定设备，device 设备则使用第一层网络参数的设备。其中 net.parameters()是一个模型的方法，返回包含模型所有参数(权重和偏置)的迭代器。parameters()方法返回的是一个可迭代对象，其中每个元素都是模型的一个参数；iter(...)是 Python 内置的函数，用于创建一个迭代器对象。在这里，它用于将模型参数的可迭代对象[由 net.parameters()返回]转换为一个迭代器。next(...)同样是 Python 内置的函数，用于获取迭代器的下一个元素。在这里，它用于获取模型参数迭代器的第一个元素，即第一个模型参数。在 PyTorch 中，.device 是张量对象的一个属性，表示该张量所在的设备(CPU 或 GPU)。在这里，通过.device 获取第一个模型参数所在的设备。

metric＝d2l.Accumulator(2)：创建一个累加器 metric，用于累积正确预测的数量和总预测的数量。这个累加器是一个简单的计数器。

with torch.no_grad()：使用 torch.no_grad()上下文管理器，确保在评估模式下不计算梯度，以节省内存。

if isinstance(X,list)：X＝[x.to(device)for x in X]：如果输入 X 是一个列表，将列表中的每个元素移动到指定的设备。

metric.add(d2l.accuracy(net(X),y),y.numel())：使用模型 net 对输入数据 X 进行预测，计算准确性并添加到累加器中。同时，计算标签数量(y.numel())并添加到累加器中。

return metric[0]/metric[1]：返回计算的总准确性，即正确预测的数量除以总预测的数量。

训练模型的方法：

```
1.  # 定义训练函数
2.  def train_214(net, train_iter, test_iter, num_epochs, lr, device):
3.      # 初始化网络权重
4.      def init_weights(m):
5.          if type(m) == nn.Linear or type(m) == nn.Conv2d:
6.              nn.init.xavier_uniform_(m.weight)
7.
8.      # 应用初始化权重操作网络
9.      net.apply(init_weights)
```

```
10.
11.     print('training on', device)
12.
13.     # 将网络移动到指定设备
14.     net.to(device)
15.
16.     # 定义优化器和损失函数
17.     optimizer = torch.optim.SGD(net.parameters(), lr = lr)
18.     loss = nn.CrossEntropyLoss()
19.
20.     # 初始化动画绘制
21.     animator = d2l.Animator(xlabel = 'epoch', xlim = [1, num_epochs],
22.                             legend = ['train loss', 'train acc', 'test acc'])
23.
24.     timer, num_batches = d2l.Timer(), len(train_iter)
25.
26.     for epoch in range(num_epochs):
27.         # 训练损失之和,训练准确率之和,样本数
28.         metric = d2l.Accumulator(3)
29.         net.train()
30.
31.         for i, (X, y) in enumerate(train_iter):
32.             timer.start()
33.             optimizer.zero_grad()
34.             X, y = X.to(device), y.to(device)
35.             y_hat = net(X)
36.             l = loss(y_hat, y)
37.             l.backward()
38.             optimizer.step()
39.
40.             with torch.no_grad():
41.                 metric.add(l * X.shape[0], d2l.accuracy(y_hat, y), X.shape[0])
42.
43.             timer.stop()
44.
45.             train_l = metric[0] / metric[2]
46.             train_acc = metric[1] / metric[2]
47.
48.             if (i + 1) % (num_batches // 5) == 0 or i == num_batches - 1:
49.                 animator.add(epoch + (i + 1) / num_batches,
50.                              (train_l, train_acc, None))
51.
52.         # 在每个 epoch 结束后计算测试准确率
53.         test_acc = evaluate_accuracy_gpu(net, test_iter)
54.         animator.add(epoch + 1, (None, None, test_acc))
55.
56.     print(f'loss {train_l:.3f}, train acc {train_acc:.3f}, '
57.           f'test acc {test_acc:.3f}')
58.     print(f'{metric[2] * num_epochs / timer.sum():.1f} examples/sec '
59.           f'on {str(device)}')
```

最后进行训练：

```
1.  lr, num_epochs = 0.9, 10
2.  train_214(net, train_iter, test_iter, num_epochs, lr, d2l.try_gpu())
```

2.3 数据增强的实战应用

深度学习网络的训练效果与其所使用的数据集大小密切相关。而现实中进行图像采样往往具有较高的成本，单纯使用采集获得数据集的方式是低效的。而数据增强则是基于已有的数据集扩展获得更多的数据的方法，通过对基础图像进行一系列的随机变化之后，可以生成很多相似但是却不相同的训练数据，这样就扩大了训练集的规模。

另外，数据增强对于训练样本的改变可以减少训练模型对于某些不相关的属性的依赖，从而提高模型的泛化能力。比如可以通过不同的方式对图像进行裁剪，使目标物体出现在不同的位置，从而降低模型对目标位置的依赖。此外，还可以调整图像的亮度、颜色等因素，以降低模型对颜色的敏感性。

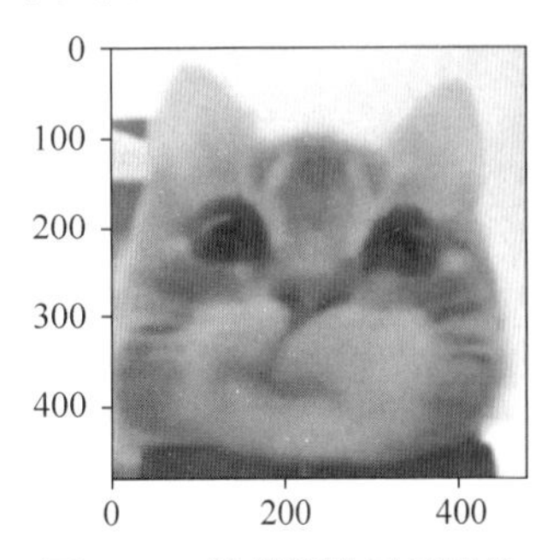

图 2-11 数据增强示例图像

接下来将介绍数据增强中常用的几种方式。在介绍时，使用如下图像作为示例。

将所有需要的包导入，并且使用 d2l 包完成图像展示：

```
1.  %matplotlib inline #jupyter notebook 显示方式的设置，不使用 jupyter notebook
    #则不需要这行代码
2.  import torch
3.  import torchvision
4.  from torch import nn
5.  from d2l import torch as d2l
6.  d2l.set_figsize()
7.  img = d2l.Image.open('xxxxxx')        #此处 xxxxxx 填写想要展示的图片的所在路径
8.  d2l.plt.imshow(img);
```

大多数的数据增强结果不是确定的而是具有一定随机性的，因此为了便于观察数据增强的效果，在此定义一个辅助函数 apply。该辅助函数会在输入图像 img 上进行多次的数据增强操作 aug，并且将所有结果都展示出来：

```
9.  def apply(img, aug, num_rows = 2, num_cols = 4, scale = 1.5):
10.     Y = [aug(img) for _ in range(num_rows * num_cols)]
11.     d2l.show_images(Y, num_rows, num_cols, scale = scale)
```

2.3.1 翻转和裁剪

左右翻转并不会改变模型对象的类别。这也是最早使用的数据增强方式，在具体实现过程中，使用 transforms 模块来创建一个 RandomFlipLeftRight 的实例，这样就各有 50% 的概率使得图像是向左还是向右翻转：

```
12. apply(img, torchvision.transforms.RandomHorizontalFlip())
```

运行之后的结果如图 2-12 所示。

除了左右翻转，上下翻转也是可以选择的方式，只不过在实践中上下翻转被采用的次数较少。同样地，上下翻转并不会妨碍识别，通过创建一个 RandomFlipTopBottom 实例，使

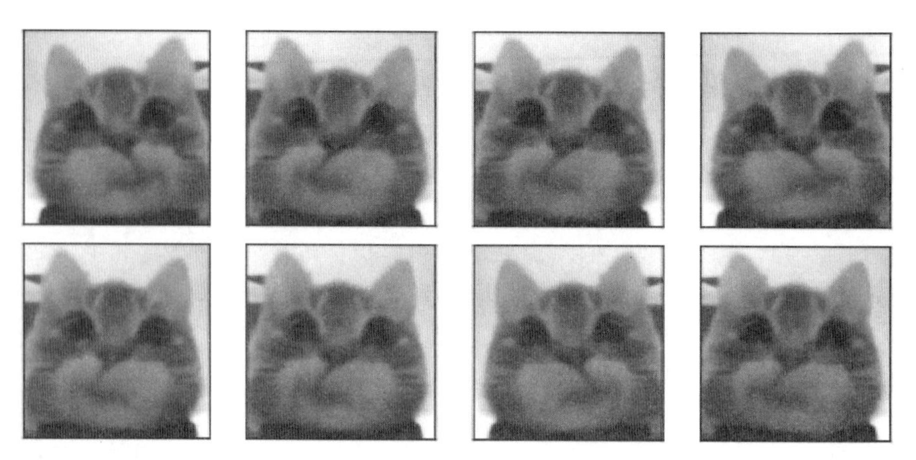

图 2-12　左右翻转的增广结果

得图像各有 50%的概率向上或者向下翻转：

```
13.  apply(img, torchvision.transforms.RandomHorizontalFlip())
```

运行后的结果如图 2-13 所示。

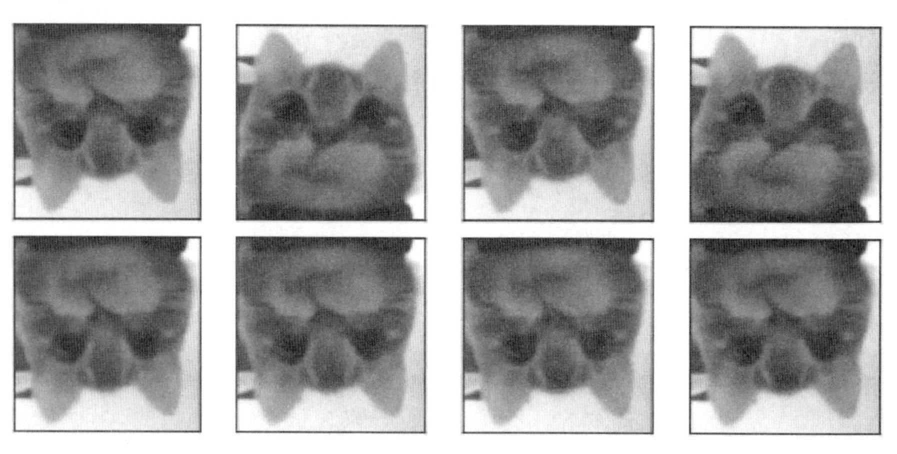

图 2-13　上下翻转的增广结果

在上述所使用的示例图像中，猫位于图像的正中央，但并非每张图像都是如此。通过随机裁剪图像，使物体在图像中的位置和比例都产生了变化。这种做法同样有助于降低模型对目标位置的依赖。

接下来的代码将展示如何随机裁剪图像区域。首先，这个区域的大小是原始面积的 10%至 100%，其宽高比则在 0.5～2 随机选取。随后，该区域的宽度和高度都会被调整为 200 像素。请注意，除非特别说明，本节中提及的 a 和 b 之间的随机数都是指在区间[a,b]中通过均匀采样获得的连续值。

```
1.  shape_aug = torchvision.transforms.RandomResizedCrop(
2.      (200,200), scale = (0.1, 1), ratio = (0.5,2))
3.  apply(img, shape_aug)
```

随机裁剪的增广结果如图 2-14 所示。

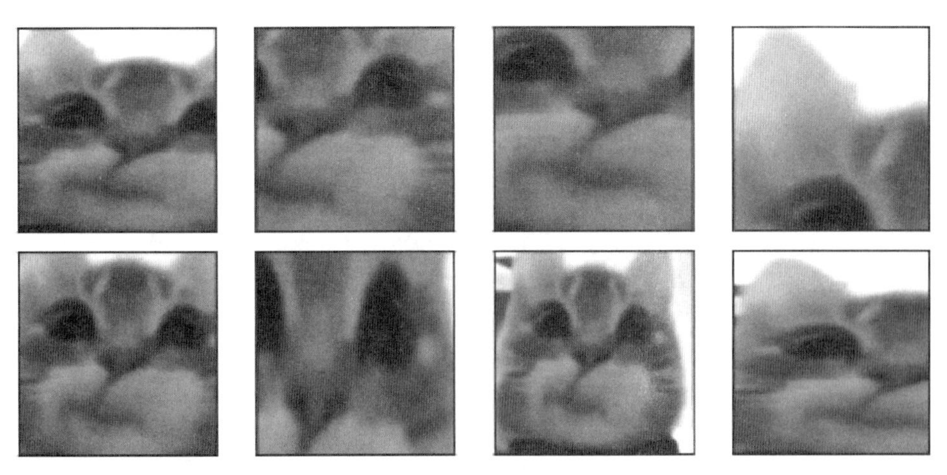

图 2-14　随机裁剪的增广结果

2.3.2　改变颜色

另一种增广方式是改变图像的颜色。图像中可以改变的且与颜色相关的属性有亮度、对比度、饱和度和色调。

在下面的示例中,利用代码随机更改图像的亮度,随机值为原始图像的 50% ～ 150%。

```
1.  apply(img, torchvision.transforms.ColorJitter(
2.      brightness = 0.5, contrast = 0, saturation = 0, hue = 0))
```

结果如图 2-15 所示。

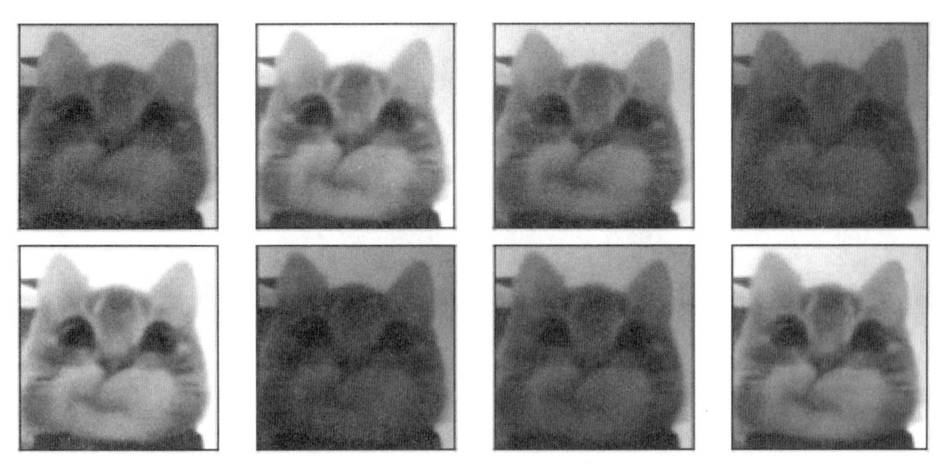

图 2-15　随机改变亮度的增广结果

同样地,可以随机改变图像的色调:

```
1.  apply(img, torchvision.transforms.ColorJitter(
2.      brightness = 0, contrast = 0, saturation = 0, hue = 0.5))
```

结果如图 2-16 所示。

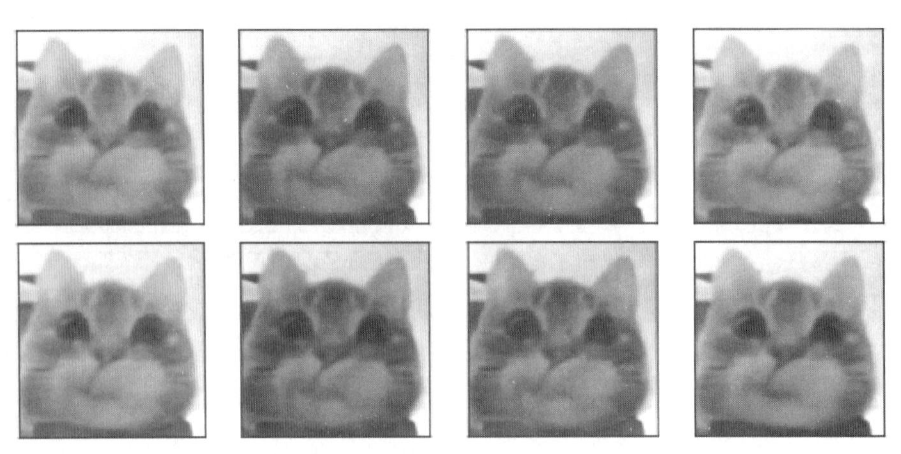

图 2-16　随机改变色调的增广结果

当然也存在同时随机更改图像亮度、对比度、饱和度和色调的增广方式。可以创建一个 RandomColorJitter 实例,通过该实例实现各个色彩维度的随机变化:

```
1.  color_aug = torchvision.transforms.ColorJitter(
2.      brightness = 0.5, contrast = 0.5, saturation = 0.5, hue = 0.5))
3.  apply(img, color_aug)
```

结果如图 2-17 所示。

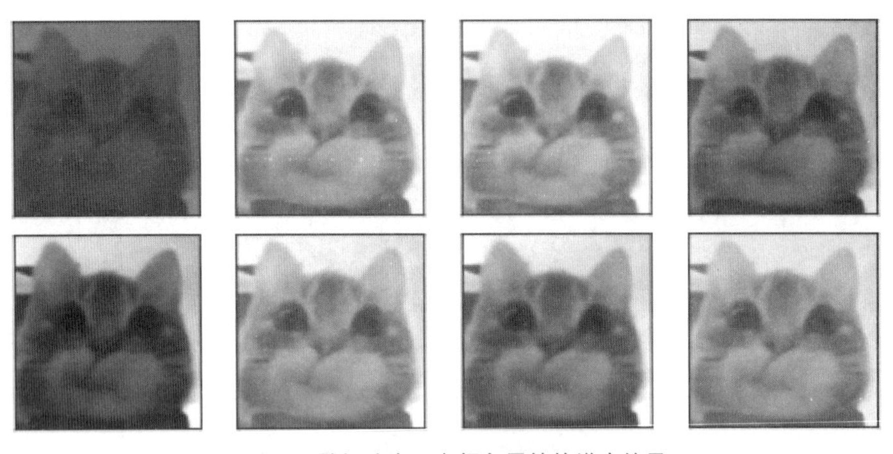

图 2-17　随机改变 4 个颜色属性的增广结果

2.3.3　结合多种数据增强方式

最后来做一个大的数据增强方式的综合。将上述随机翻转、随机裁剪以及随机颜色的方式进行综合,将多种增广方式结合起来。可以通过一个 Compose 实例来实现:

```
1.  augs = torchvision.transforms.Compose([
2.      torchvision.transforms.RandomHorizontalFlip(), color_aug, shape_aug])
3.  apply(img, augs)
```

结果如图 2-18 所示。

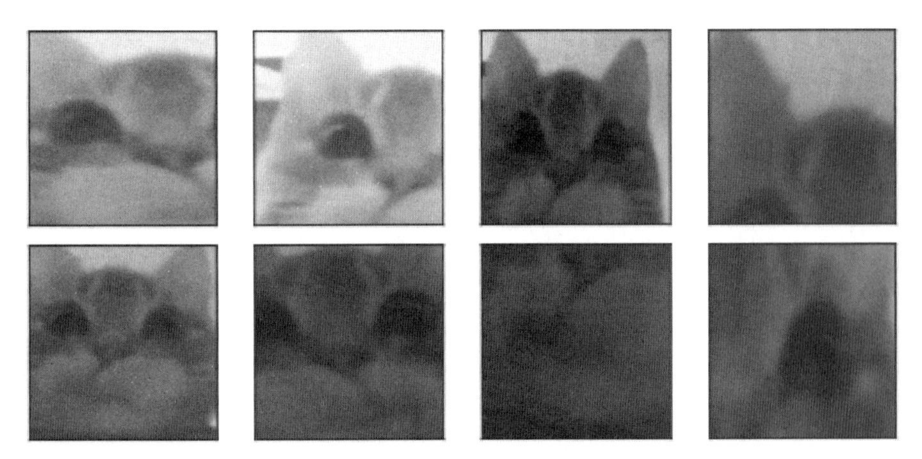

图 2-18 综合数据增强结果

2.4 微调预训练模型和迁移学习

迁移学习是指从一个任务(源任务)学到的知识被迁移到另一个相关但不同的任务(目标任务)。迁移学习的主要思想是,先在源任务上学习到的知识可以帮助在目标任务上取得更好的性能,特别是在目标任务的数据相对较少或难以获取时。

迁移学习的核心假设是,不同任务之间存在某种共享的特征或知识,这些共享的特征可用于提高目标任务的性能。

迁移学习在深度学习领域中尤其受到广泛关注和应用。深度学习中的神经网络具有大量的参数,需要大量的数据和计算资源进行训练。然而,许多任务往往缺乏足够的标记数据,或者数据分布发生变化,这导致直接在目标任务上训练深度神经网络变得困难。迁移学习通过共享学到的特征或知识,使得模型更具泛化能力,更容易适应新的任务。这对在数据有限的情况下取得好的性能非常有帮助。

2.4.1 微调预训练模型

微调预训练模型是一种迁移学习方法,通常用于在一个任务上训练好的模型基础上,通过少量目标任务的数据进行进一步的训练,来提高在目标任务上的性能,从而加速目标任务的学习过程并提高性能。

以识别图中各类椅子并推荐购买链接为例,一个可行的方法是首先选择100把普通椅子,对每把椅子进行1000张不同角度的照片拍摄。随后,基于这些照片训练分类模型。尽管所得椅子数据集规模可能超过Fashion-MNIST,但其样本量仍不足ImageNet的1/10。因此,适用于ImageNet的复杂模型在处理椅子数据集时可能出现过拟合现象。同时,受限于训练样本数量,模型的准确性可能难以达到实际应用标准。

面对上述问题,一种直观的解决思路是扩大数据收集规模。然而,数据的收集和标注工作既耗时又费钱。以ImageNet数据集为例,其研究工作耗费了高达数百万美元的资金。尽管现今数据收集成本已显著降低,但仍是一笔不容小觑的开支。

另一种有效策略是采用迁移学习,将源数据集上学到的知识应用于目标数据集。以

ImageNet 数据集为例,尽管其中大部分图片与椅子无直接关联,但在此基础上训练的模型能够提取出更为通用的图像特征,如边缘、纹理、形状及对象组合等。这些特征在椅子识别中同样具有实用价值。通过迁移学习,可以克服目标数据集样本不足的问题,使模型更快、更有效地适应新任务。

1. 步骤

微调技术包括如下 4 个步骤。

(1) 在源数据集(如 ImageNet 数据集)上预训练神经网络模型,即源模型。

(2) 创建一个新的神经网络模型,即目标模型。目标模型会复制源模型的所有模型设计及其参数(输出层除外)。假定这些模型参数包含从源数据集中学到的知识,并且这些知识也将适用于目标数据集(源数据集和目标数据集是同一类型的数据集)。同时还假设源模型的输出层与源数据集的标签密切相关,因此不在目标模型中使用该层。

(3) 向目标模型添加输出层,其输出数是目标数据集中的类别数。然后随机初始化该层的模型参数。

(4) 在目标数据集上训练目标模型。输出层将从头开始进行训练,而所有其他层的参数将根据源模型的参数进行微调。

2. 实战

下面首先通过一个具体的热狗识别的案例来展示微调的具体实现方法。将会在一个小型的数据集上微调 ResNet 模型,这个模型已经在 ImageNet 上完成了预训练过程,而小型数据集中包含了数千张包括热狗和不包括热狗的图像。通过微调技术将 ImageNet 上预训练的模型调整为识别图像中是否包含热狗的模型。

下面来获取数据集,该数据集来源于网络。包含 1400 张热狗图像与尽可能多的其他食物的"负类"图像。其中包含上述两个类别的 1000 张图像用于训练,其余的图片则作为测试用例。该数据集在随书资源中可以下载。将下载好的 hotdog. zip 解压在代码所在文件夹,并将 data_dir 设置为 hotdog 文件夹的路径,类似于 C:\\Users\\Username\\Desktop.....\\hotdog,在这个文件夹下有 hotdog/train 和 hotdog/test。分别是训练数据集和测试数据集。

```
1.  matplotlib inline # jupyter notebook 显示方式的设置,不使用 jupyter notebook 则不需要这行代码
2.  import os
3.  import torch
4.  import torchvision
5.  from torch import nn
6.  from d2l import torch as d2l
7.
8.  data_dir = 'Your_Path_to_Dataset'
```

之后创建两个实例来分别读取训练数据集和测试数据集中的所有图像文件:

```
1.  train_imgs = torchvision.datasets.ImageFolder(os.path.join(data_dir, 'train'))
2.  test_imgs = torchvision.datasets.ImageFolder(os.path.join(data_dir, 'test'))
```

在训练期间首先从图像中裁切随机大小和随机长宽比的区域,之后将该区域重新调整为 224×224 的输入图像。在测试过程中,先将图像的高度和宽度都调整为 256 像素,然后采取中心部分 224×224 的部分作为输入的内容,这是因为在数据集中,图像的大小和横纵

比都各有不同，通过上述操作我们获得了规格一致的图像。除此以外，对于 RGB 3 条颜色通道，分别标准化每个通道，实现方法是将通道的每个值减去该通道的平均值，然后将结果除以通道的标准差。

```
1.  # 使用 RGB 通道的均值和标准差来标准化每一个通道
2.  normalize = torchvision.transforms.Normalize(
3.      [0.485, 0.456, 0.406], [0.229, 0.224, 0.225])
4.
5.  train augs = torchvision.transforms.Compose([
6.      torchvision.transforms.RandomResizedCrop(224),
7.      torchvision.transforms.RandomHorizontalFlip(),
8.      torchvision.transforms.ToTensor(),
9.      normalize])
10.
11. test_augs = torchvision.transforms.Compose([
12.     torchvision.transforms.Resize([256, 256]),
13.     torchvision.transforms.CenterCrop(224),
14.     torchvision.transforms.ToTensor(),
15.     normalize])
```

下面需要定义和初始化模型。在此处选择在 ImageNet 上预训练的 ResNet-18 作为源模型。在这里需要指定 pretrained 参数为 True，这样程序会自动下载调用的预训练的模型参数。如果首次使用此模型，需要在联网的情况下才能完成下载。

接下来需要将目标模型 finetune_net 中的成员变量 features 的参数初始化为源模型相应层的模型参数。由于这些模型参数已经在 ImageNet 数据集上进行了预训练，并且已经达到了相当高的质量，因此通常只需要使用较小的学习率来进行微调即可。

输出层的所有参数都要重新学习，因此通常会需要较高的学习率才能适应从头开始训练的过程。假设 Trainer 实例中的学习率为 η，那么输出层 fc 相关的参数的学习率需要被设置为 10η。

```
1.  # 使用预训练的 ResNet-18 模型
2.  pretrained_net = torchvision.models.resnet18(pretrained = True)
3.
4.  # 复制预训练的 ResNet-18 模型，并修改全连接层
5.  finetune_net = torchvision.models.resnet18(pretrained = True)
6.  finetune_net.fc = nn.Linear(finetune_net.fc.in_features, 2)
7.
8.  # 对微调后的全连接层进行权重初始化
9.  nn.init.xavier_uniform_(finetune_net.fc.weight)
```

之后定义一个训练函数 train_fine_tuning，该函数使用微调，因此可以多次调用。

```
10. # 如果 param_group = True，输出层中的模型参数将使用 10 倍的学习率
11. # 定义微调训练函数
12. def train_fine_tuning(net, learning_rate, batch_size = 32, num_epochs = 5, param_group = True):
13.     # 创建训练和测试数据迭代器
14.     train_iter = torch.utils.data.DataLoader(torchvision.datasets.ImageFolder(
15.         os.path.join(data_dir, 'train'), transform = train_augs),
16.         batch_size = batch_size, shuffle = True)
17.
18.     test_iter = torch.utils.data.DataLoader(torchvision.datasets.ImageFolder(
19.         os.path.join(data_dir, 'test'), transform = test_augs),
```

```
20.           batch_size = batch_size)
21.
22.       # 尝试使用所有可用的 GPU 设备
23.       devices = d2l.try_all_gpus()
24.
25.       # 定义交叉熵损失函数
26.       loss = nn.CrossEntropyLoss(reduction = "none")
27.
28.       # 根据是否使用参数组,设置优化器
29.       if param_group:
30.           params_1x = [param for name, param in net.named_parameters()
31.                        if name not in ["fc.weight", "fc.bias"]]
32.           trainer = torch.optim.SGD([
33.               {'params': params_1x},
34.               {'params': net.fc.parameters(), 'lr': learning_rate * 10}
35.           ], lr = learning_rate, weight_decay = 0.001)
36.       else:
37.           trainer = torch.optim.SGD(net.parameters(), lr = learning_rate, weight_decay = 0.001)
38.
39.       # 调用 d2l 库中的训练函数
40.       d2l.train_ch13(net, train_iter, test_iter, loss, trainer, num_epochs, devices)
```

使用较小的学习率来训练预训练模型中除输出层以外的层：

```
41. train_fine_tuning(finetune_net, 5e-5)
```

同时为了比较，还可以定义一个相同的模型，但是将该模型所有参数都进行随机初始化，也就是说，将整个模型从头开始训练，因此需要更大的学习率。

```
42. scratch_net = torchvision.models.resnet18()
43. scratch_net.fc = nn.Linear(scratch_net.fc.in_features, 2)
44. train_fine_tuning(scratch_net, 5e-4, param_group = False)
```

d2l.train_ch13 中包括对于训练过程的可视化，可以看到两个网络的训练过程如图 2-19 所示。

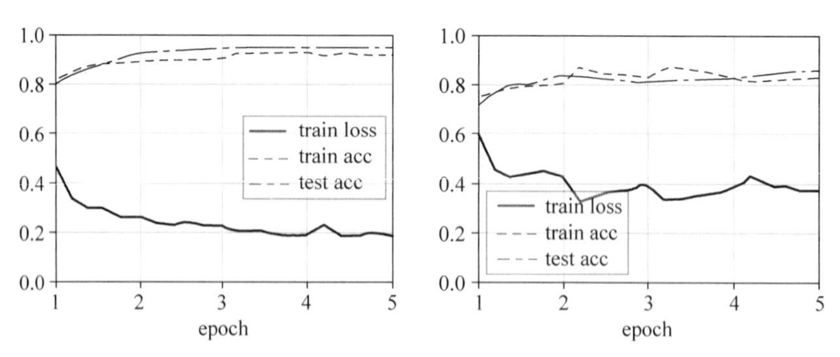

图 2-19　微调网络训练过程（左）和随机初始化网络训练过程（右）

显然微调模型的训练表现更好，因为微调模型的初始参数更加有效。

2.4.2　冻结和解冻网络层

冻结网络层是指在训练过程中保持某些层的权重不变，不更新其参数。这意味着这些层在反向传播过程中不会更新梯度，保持了预训练模型在源任务上学到的特征提取能力。

上文介绍了特征提取器和特征分类器的概念。而在一些情况下，特征提取器可以是预训练模型的一部分，通过迁移学习将其应用于新任务。这允许使用在大规模数据上训练的模型来提取通用特征，而只需微调特征分类器来适应新任务的要求。

在迁移学习中，可以通过冻结预训练模型的底层（通常是特征提取器部分），只允许模型的顶层（特征分类器等）进行训练。这有助于防止在目标任务上过度调整源任务上学到的特征。同样地，可以通过随时解冻一些层，来允许某些层的权重被更新，允许它们根据目标任务的数据进行调整。这有助于模型更好地适应目标任务的特定要求。

在 PyTorch 中，可以通过以下代码冻结网络层：

```
param.requires_grad = False
```

同样可以通过以下代码来解冻网络层：

```
param.requires_grad = True
```

2.5　复杂数据集上的训练挑战和解决方案

在线视频

与相对简单的数据集和模型相比，复杂数据集和模型上的训练面临一些挑战，包括数据量庞大、高维度特征、类别不平衡、噪声和不确定性等问题。本节将讨论一些复杂数据集上的训练挑战和解决方案。

2.5.1　训练挑战

在深度学习中，通常先定义损失函数，然后通过优化算法来最小化损失函数。本节讨论一些常见的训练中的挑战，如局部最小值、鞍点以及梯度消失和梯度爆炸。

1. 局部最小值

局部最小值即在某一区域内，函数的取值达到了最小，如图 2-20 所示，但是如果将这个区域扩展到定义域上来，那么这个局部最小值就不一定是最小的。

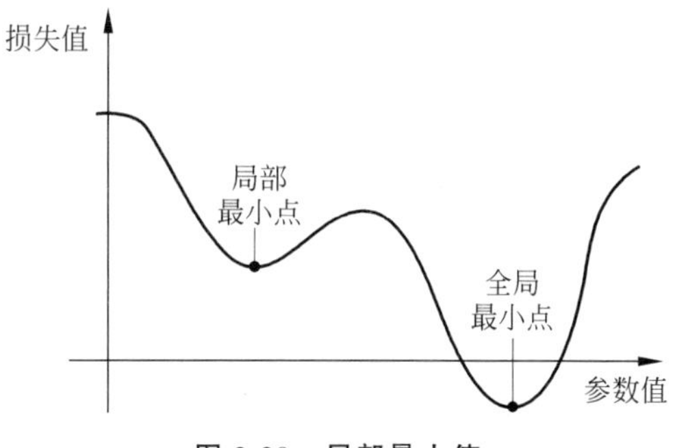

图 2-20　局部最小值

深度学习模型的目标函数通常有许多局部最优解。当优化问题的数值解接近局部最优值时，随着目标函数解的梯度接近或变为零，通过最终迭代获得的数值解可能仅使目标函数局部最优，而不是全局最优。

2. 鞍点

鞍点是梯度消失的另一个原因。鞍点是指函数的所有梯度都消失但既不是全局最小值也不是局部最小值的任何位置,如图 2-21 所示。较高维度的鞍点类似马鞍,从而得名。以 $f(x)=x^3$ 为例,它的一阶和二阶导数在 $x=0$ 时消失。这时对于损失函数的优化可能会停止,尽管它不是最小值。

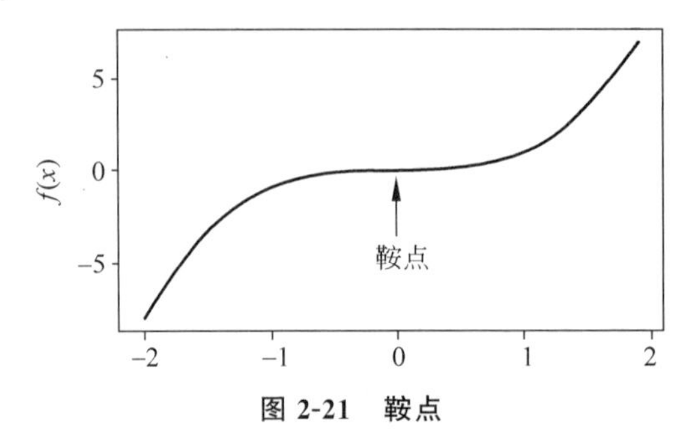

图 2-21 鞍点

3. 梯度消失和梯度爆炸

梯度消失是指在深度神经网络中,反向传播过程中某些层的梯度变得非常小,甚至趋近于零。梯度消失的主要原因是激活函数的导数值小。以激活函数 $f(x)=\tanh(x)$ 为例,$f'(x)=1-\tanh^2(x)$,当 $x=4$ 时,$f'(x)=0.0013$。由于导数太小,优化可能会停滞很长一段时间。另一个原因是在深层网络中,梯度在反向传播过程中会经过多层传递,导致梯度值可能出现指数级缩小。

和梯度消失相反,梯度爆炸是指在反向传播过程中,模型参数的梯度变得非常大,导致权重的更新变得极端。梯度爆炸一般出现在深层网络和权值初始化值太大的情况下。同样地,梯度在反向传播过程中会经过多层传递,导致梯度值可能出现指数级变化,然后导致网络权重的大幅更新,并因此使网络变得不稳定。

2.5.2 优化算法

1. AdaGrad 算法

AdaGrad(Adaptive Gradient Algorithm)是一种优化算法,旨在自适应地调整学习率,以便在训练过程中更好地处理不同参数的梯度变化。

其基本思想是根据每个参数的历史梯度信息来调整学习率。具体来说,对于每个参数,AdaGrad 维护一个梯度的平方累积项,并将学习率除以这个累积项的平方根。这意味着对于那些在过去梯度变化较小的参数,其学习率会相对较大,而对于梯度变化较大的参数,学习率则相对较小。

$$\omega_{i,t+1}=\omega_{i,t}-\frac{\alpha}{\sqrt{\sum_{j=1}^{t} g_{i,j}^2}}g_{i,t}$$

其中,$\omega_{i,t}$ 是参数 i 的 t 次迭代的值; α 是学习率; $g_{i,t}$ 是在第 t 次迭代中参数 i 的梯度,分

母部分是参数 i 在之前的所有迭代中梯度的平方和。在 PyTorch 中，可以通过 torch.optim.Adagrad 来定义使用 AdaGrad 算法进行优化。下面通过一个简单的例子来说明：

```
1.  import os
2.  os.environ["KMP_DUPLICATE_LIB_OK"] = "TRUE"
3.
4.  import torch
5.  import matplotlib.pyplot as plt
6.
7.  # 假设有一个简单的线性回归模型
8.  # y = w * x + b
9.  # 其中 w 和 b 是需要学习的参数
10.
11. # 定义超参数
12. learning_rate = 0.01
13. num_epochs = 100
14.
15. # 随机生成训练数据
16. X = torch.randn(100, 1)
17. y = 2 * X + 3 + torch.randn(100, 1)
18.
19. # 初始化参数
20. w = torch.zeros(1, requires_grad = True)
21. b = torch.zeros(1, requires_grad = True)
22.
23. # 创建 Adagrad optimizer
24. optimizer = torch.optim.Adagrad([w, b], lr = learning_rate)
25.
26. # 记录每次迭代的 loss
27. losses = []
28.
29. # 训练模型
30. for epoch in range(num_epochs):
31. # 计算预测值
32. y_pred = w * X + b
33.
34. # 计算 loss
35. loss = torch.mean((y_pred - y) * * 2)
36.
37. # 记录 loss
38. losses.append(loss.item())
39.
40. # 清空上一步的梯度
41. optimizer.zero_grad()
42.
43. # 计算梯度
44. loss.backward()
45.
46. # 更新参数
47. optimizer.step()
48.
49. # 可视化训练过程
50. plt.plot(losses)
51. plt.xlabel('Epoch')
```

```
52.  plt.ylabel('Loss')
53.  plt.show()
```

AdaGrad 算法能够有效地处理稀疏特征。稀疏特征是指在很多样本中只少数几次出现过的特征。这种情况下,在训练模型时,这些稀疏特征可能很少更新,并且当它们更新时,可能会带来很大的影响。这可能会导致模型训练不出理想的结果。使用 AdaGrad 算法,来调整每个特征的学习率,使得稀疏特征的更新更少。其次,AdaGrad 算法能够自动调整学习率,使得模型在训练过程中能够更快地收敛。缺点方面,一方面,它的学习率在每次迭代中都会减小,所以可能会在训练过程的后期变得非常小。这可能会导致模型在训练过程的后期出现收敛速度缓慢的问题。另一方面,AdaGrad 算法对于不同的参数调整学习率的方式是固定的,不能根据不同的任务自动调整。这意味着在某些情况下,AdaGrad 算法可能不能很好地处理模型的学习问题。

2. RMSProp 算法

RMSProp(Root Mean Square Propagation)是一种优化算法,用于改进 AdaGrad 的一些限制。类似于 AdaGrad,RMSProp 在训练过程中适应每个参数的学习率,但它使用了平方梯度的移动平均,而不是累积所有过去的平方梯度。

$$\omega_{i,t+1}=\omega_{i,t}-\frac{\alpha}{\sqrt{E[g_i^2]_t+\varepsilon}}g_{i,t}$$

其中,$\omega_{i,t}$ 是参数 i 的 t 次迭代的值;α 是学习率;$g_{i,t}$ 是在第 t 次迭代中参数 i 的梯度;$E[g_i^2]_t$ 是到时间步 t 为止的平方梯度的移动平均;ε 是为了数值稳定性而添加的小常数。

平方梯度的移动平均 $E[g_i^2]_t$ 的更新采用以下公式:

$$E[g_i^2]_t=\beta E[g_i^2]_{t-1}+(1-\beta)g_{i,t}^2$$

其中,β 是一个衰减参数(通常接近 1),控制移动平均遗忘较旧的平方梯度的速度。同样可以通过 torch.optim.RMSprop 来定义使用 RMSProp 算法进行优化,使用方式和 AdaGrad 算法相同。

```
1.  # 创建 RMSprop optimizer
2.  optimizer = torch.optim.RMSprop([w, b], lr = learning_rate)
```

2.5.3 批量归一化

批量归一化(Batch Normalization,BN)是一种用于神经网络的优化技术,旨在加速模型训练并提高模型的稳定性。其主要思想是对每个特征在每个批次中进行归一化,即在训练过程中,对当前批次的特征的样本值进行归一化。

为什么要这样做?模型在经过训练数据集的训练后,在测试数据集上,表现往往不会这么优。当训练数据集和测试数据集分布不同时,会极大降低网络的泛化能力。同时,当每一个 batch 的样本数据的分布不同时,在模型训练的过程中,参数就要不断变化更新以适应新的数据分布,这样会降低网络模型的训练速度,因此,进行批量归一化。

对于每个 batch 数据上的特征 x,批量归一化一般分为以下 3 步。

(1) 计算该特征的均值 μ 以及方差 σ^2。

(2) 将特征进行归一化：$\hat{x}=\dfrac{x-\mu}{\sqrt{\sigma^2+\varepsilon}}$，其中，$\varepsilon$ 是为了数值稳定而添加的小常数。

(3) 缩放平移：$BN(x)=\gamma\hat{x}+\beta$，其中，$\gamma$ 和 β 是可以通过训练学习学到的参数。对于每一个特征，γ 用于缩放(调整归一化后的值的尺度)，β 用于平移(调整归一化后的值的平均值)，这样对规范化后的数据进行线性变换，恢复数据本身的表达能力。

可以直接使用 PyTorch 中的 nn. BatchNorm，来实现批量归一化：

```
1.  net = nn.Sequential(
2.      nn.Conv2d(1, 6, kernel_size = 5), nn.BatchNorm2d(6), nn.Sigmoid(),
3.      nn.AvgPool2d(kernel_size = 2, stride = 2),
4.      nn.Conv2d(6, 16, kernel_size = 5), nn.BatchNorm2d(16), nn.Sigmoid(),
5.      nn.AvgPool2d(kernel_size = 2, stride = 2), nn.Flatten(),
6.      nn.Linear(256, 120), nn.BatchNorm1d(120), nn.Sigmoid(),
7.      nn.Linear(120, 84), nn.BatchNorm1d(84), nn.Sigmoid(),
8.      nn.Linear(84, 10)
9.  )
```

在第 2 行，创建了一个输入通道为 1、输出通道为 6 的二维卷积层，对于这个卷积层，应用批量归一化。其中 nn. BatchNorm2d(6)中的 6 是特征图的通道数，与前面的卷积层的输出通道数一致，因为 BN 通常应用于卷积层的输出。

2.5.4　深度学习调试策略

在训练神经网络的过程中，可能会遇到模型表现较差、训练不稳定等多种问题。因此和普通程序一样，深度学习的调试策略也极为重要。本节介绍两种深度学习的调试策略：梯度检查和可视化特征图。

1. 梯度检查

梯度检查是一种验证反向传播算法实现是否正确的技术。通过数值近似计算梯度，并将其与反向传播算法计算的梯度进行比较，可以检查是否存在梯度计算的错误。

梯度检查的基本思想如下。

首先进行数值梯度近似：对于每个模型参数，计算其数值梯度，即通过微小的变化来估计损失函数相对于参数的变化率。

接着进行反向传播梯度：使用反向传播算法计算模型的梯度。

最后比较梯度：将数值梯度与反向传播梯度进行比较，如果它们非常接近，则说明反向传播算法实现正确。

在具体的实现过程中，数值梯度，即梯度的估计 gradapprox，通过以下公式获得：

$$\frac{\partial J}{\partial \theta}=\lim_{\varepsilon\to 0}\frac{J(\theta+\varepsilon)-J(\theta-\varepsilon)}{2\varepsilon}$$

其中，ε 通常取 $10^{-7}\sim 10^{-4}$。在计算数值梯度后，通过

$$\text{difference}=\frac{\|\text{grad}-\text{gradapprox}\|_2}{\|\text{grad}\|_2+\|\text{gradapprox}\|_2}$$

计算反向传播和梯度估计之间的差值，如果小于 10^{-7}，说明梯度计算正确。

梯度检查的实现代码如下：

```
1.  def gradient_check(model, epsilon = 1e - 7):
2.      for param in model.parameters():
3.          original_param = param.data.numpy().copy()
4.
5.          # 计算梯度估计
6.          param.data += epsilon
7.          loss_plus = compute_loss(model) # 自己的损失计算
8.          param.data = original_param - epsilon
9.          loss_minus = compute_loss(model)
10.         numerical_gradient = (loss_plus - loss_minus) / (2 * epsilon)
11.         param.data = original_param
12.
13.         # 计算梯度
14.         model.zero_grad()
15.         loss = compute_loss(model)
16.         loss.backward()
17.         backprop_gradient = param.grad.data.numpy()
18.
19.         # 比较误差
20.         relative_error = np.linalg.norm(numerical_gradient - backprop_gradient) / (np.
    linalg.norm(numerical_gradient) + np.linalg.norm(backprop_gradient))
```

2. 可视化特征图

深度学习是一个"黑盒"系统。它通过 end-to-end 的方式来工作,输入数据(如 RGB 图像)映射到目标(如类别标签或回归值),而其中的内部运作过程几乎是不可见的。特征可视化技术就是一种揭示这个"黑盒"的内部机制,让其变得更加透明。

在卷积神经网络中,通过卷积操作对输入数据进行处理,得到的输出就是特征图。我们可以通过多种方式获取需要的特征图,如:

```
1.  import torch
2.  import torch.nn as nn
3.  import torch.nn.functional as F
4.  import matplotlib.pyplot as plt
5.  from PIL import Image
6.  import torchvision.transforms as transforms
7.
8.  # 加载图像
9.  image_path = 'your image path'
10. image = Image.open(image_path)
11.
12. # 将图像转换为 PyTorch 张量
13. transform = transforms.Compose([transforms.Resize((224, 224)),
14.                                 transforms.ToTensor()])
15. input_image = transform(image).unsqueeze(0)   # 添加一个批次维度
16.
17. # 创建一个卷积层
18. conv_layer = nn.Conv2d(in_channels = 3, out_channels = 5, kernel_size = 3, padding = 1)
19.
20. # 进行卷积操作
21. output_feature_maps = conv_layer(input_image)
22.
23. # 获取每个特征图的数据
```

```
24.  feature_map_data_list = [output_feature_maps[0, i].detach().numpy() for i in range
     (output_feature_maps.shape[1])]
25.
26.  # 可视化每个特征图的热力图
27.  plt.figure(figsize=(12, 6))
28.  for i, feature_map_data in enumerate(feature_map_data_list):
29.      plt.subplot(1, 5, i + 1)
30.      plt.imshow(feature_map_data, cmap="viridis")
31.      plt.title(f"Feature Map {i + 1}")
32.      plt.axis('off')
33.  plt.show()
```

可以将卷积结果通过.detach().numpy()取出，并通过前文介绍的可视化方式绘制，绘制结果如图 2-22 所示。

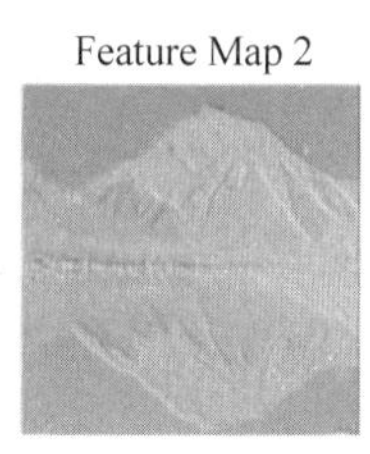

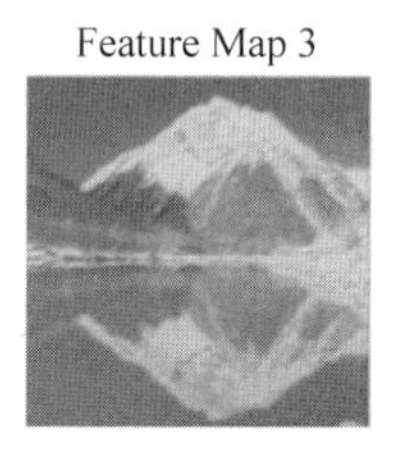

图 2-22　特征图可视化

在 PyTorch 中，还可以通过注册回调函数、Hook 或自定义的 forward 函数来实现访问中间层。

继续上述的代码，继续使用上述代码中的 image：

```
1.  from torchvision import models
2.
3.  # 加载预训练的 ResNet 模型
4.  model = models.resnet50(pretrained=True)
5.  # 选择中间层
6.  target_layer = model.layer4[1]
7.
8.  # 定义一个 Hook 函数来保存中间层输出
9.  activations = []
10.
11. def hook_fn(module, input, output):
12.     activations.append(output)
13.
14. # 注册 Hook
15. hook = target_layer.register_forward_hook(hook_fn)
16.
17. # 模型推断
18. with torch.no_grad():
19.     model.eval()
20.     model(input_image)
21.
22. # 取消 Hook
23. hook.remove()
24.
25. # 获取特征图
26. feature_map = activations[0].squeeze().cpu().numpy()
```

```
27.
28.  # 可视化特征图
29.  import matplotlib.pyplot as plt
30.  plt.imshow(feature_map[0], cmap = 'viridis')
31.  plt.show()
```

在线视频

2.6 模型评估、调整和部署

模型评估、调整和部署是深度学习模型开发的关键步骤,它们涵盖了模型性能的评估、优化以及将模型投入实际应用的过程。

2.6.1 模型评估

TOP-1 和 TOP-5 是用于评估模型性能的指标,通常用于图像分类任务。

1. Top-1 准确率

在图像分类任务中,TOP-1 准确率表示模型在给定的测试数据集上正确分类的图像所占的比例。具体来说,对于每张测试图像,模型会给出一个类别的预测结果,预测结果例如:对于该张测试图像,属于类别 A 的概率为 98%,属于类别 B 的概率为 1%,属于类别 C 的概率为 0.5%等。而 TOP-1 准确率是指模型的预测结果中的第一个(概率最高,98%类别 A)预测是否与实际标签相符的比例。如果模型的第一个预测与实际标签相符,则该图像被认为是正确分类的。TOP-1 准确率通常是最常用的分类性能指标。

2. Top-5 准确率

在对 Top-1 准确率进行解释后,Top-5 准确率的概念也随之清晰,即 TOP-5 准确率有更多的选择。在 TOP-5 准确率中,模型会给出前 5 个概率最高的预测结果,而图像被认为分类正确的前提是实际标签出现在这 5 个预测中的任何一个。TOP-5 准确率通常用于适应的图像分类任务,其中图像包含许多相似的类别,使得正确分类更加困难。

2.6.2 模型调整

模型调整旨在通过调整模型的超参数(如学习率、批量大小、权重衰减等)、架构(如增加或减少层数、调整神经元数量、更改激活函数等)等,以提高模型的性能和泛化能力。

1. 学习率退火

神经网络在进行训练时,学习率是需要随着训练而变化的,这主要是由于在训练后期,如果学习率过高,会造成损失的振荡。而如果学习率减小得过快,又会造成收敛变慢,增加训练时间。因此有了学习率退火这一方式概念。以下介绍几种常见的学习率退火方式。

(1) 分段常数:可以直接设置不同训练迭代次数的不同学习率,如 epoch 0-15,学习率为 0.1;epoch 15-30,学习率为 0.05 等。

(2) 采用一些特定的函数，如指数衰减，$\alpha=\alpha_0 e^{-kt}$，其中 α 为当前超参数，α_0、k 都为超参，该函数图像如图 2-23 所示。

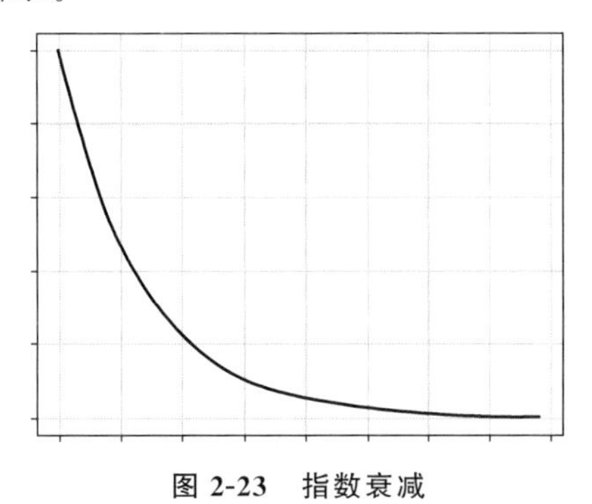

图 2-23　指数衰减

2. 调整网络结构

调整网络结构包括增加或减少层数、调整神经元数量、更改激活函数等。

2.6.3　模型部署

模型部署是将训练好的深度学习模型应用到实际场景中的过程。在这一过程中涉及许多细节，在此进行简单讨论。

1. 模型量化

卷积神经网络的特点在于参数量大、精度高，但同时内存占用也大。模型量化即为神经网络压缩参数、提升速度、降低内存占用。

常见的量化方法包括将浮点数参数转换为定点数、减少权重位数、采用混合精度等。模型量化可以在尽量保持模型性能的同时显著减小模型大小，适用于嵌入式设备和边缘计算场景。

2. 模型剪枝

模型剪枝是通过去除模型中冗余、不重要的连接或参数来减小模型的大小。剪枝可以通过标记和裁剪小于阈值的权重、剪枝不活跃的神经元等方式来实现。模型剪枝有助于减小模型的存储需求，提高模型的推理速度，并有助于在资源受限的环境中进行部署。

3. 格式转换

ONNX 是一种开放的深度学习模型表示格式，它允许将模型从一个深度学习框架转换到另一个框架。将模型转换为 ONNX 格式有助于模型在不同平台和框架之间的可移植性。许多深度学习框架都支持 ONNX 格式，使得模型能够在各种环境中使用。

PyTorch 中提供了 torch.onnx.export 函数，可以使用这个函数将 PyTorch 模型导出为 ONNX 格式：

```
1.  import torch.onnx
2.
```

```
3.  # 定义 PyTorch 模型
4.  model = ...
5.
6.  # 输入示例,以便框架了解模型的输入形状和数据类型。示例输入是一个具有与模型期望输
    #入相同形状和数据类型的张量
7.  dummy_input = ...
8.
9.  # 导出模型为 ONNX 格式
10. torch.onnx.export(model, dummy_input, "model.onnx", verbose = True)
```

第3章

创造性图像应用

CHAPTER 3

任务导入：

创造性图像应用聚焦于使用深度学习技术进行艺术创作和图像生成。创造性图像应用的例子很多，包括风格迁移、生成对抗网络（Generative Adversarial Network，GAN）、艺术生成等，本章将就创造性图像应用展开具体讨论，包括风格迁移、Deep Dream、自动图像上色、超分辨率技术以及非配对图像转换。此外还将深入了解生成对抗网络以及生成对抗网络在创造性图像中的应用。

知识目标：

（1）了解创造性图像应用的各项具体应用。

（2）了解生成对抗性网络。

能力目标：

（1）能实现图像的风格迁移。

（2）能实现图像的 Deep Dream 效果。

（3）能使用 PyTorch 搭建生成对抗网络。

（4）能实现自动图像上色。

（5）能实现图像超分辨率技术。

（6）能实现非配对图像转换。

在线视频

3.1 任务导学：什么是创造性图像应用

创造性图像应用是指利用深度学习等先进技术，以创新的方式对图像进行处理、修改或生成，从而产生具有艺术性、趣味性或实用性的新图像。这些应用通常涉及图像生成、图像转换、图像编辑等任务，旨在通过计算机技术实现对图像的创造性和艺术性改变。

创造性图像应用不仅可以增加图像的艺术性和趣味性，还可以在设计、广告、电影制作等领域中发挥重要作用。同时，这些应用也是计算机视觉和深度学习技术在图像处理领域的重要应用之一。

在线视频

3.2 实现风格迁移网络

风格迁移网络是一种利用深度学习技术实现图像风格转换的方法。这种方法通常就是利用一个已经存在的图片 A 的风格，将另一张新的图片 B 的风格也转换成想要的样子。新图像的内容为图片 B 的内容，但风格却是图片 A 的风格，图 3-1 展示了风格迁移的效果。

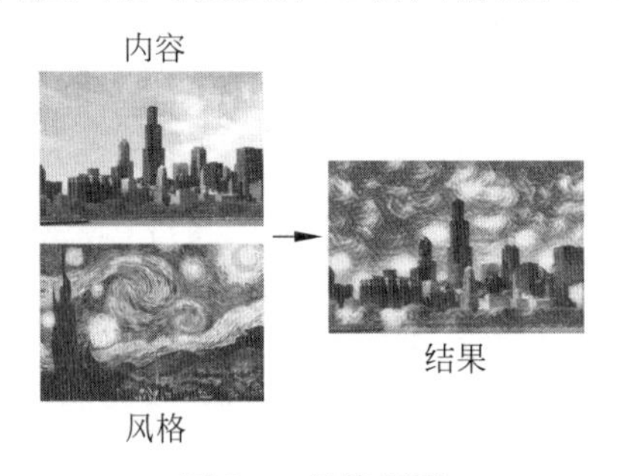

图 3-1 风格迁移

3.2.1 理解内容损失与风格损失

本节介绍风格迁移的损失函数，内容损失(content loss)与风格损失(style loss)。

内容损失用于衡量合成图像与原始内容图像的内容相似程度。通常，内容损失基于合成图像与内容图像在卷积神经网络中某一层的特征表示之间的差异。

假设原始内容图像为 $\boldsymbol{c}$，通过第 l 层的卷积，所获取的特征图为 C_{ij}^{l}，i，j 分别为特征图的通道和位置，用于遍历特征图。类似地合成图像 $\boldsymbol{x}$，通过第 l 层的卷积，所获取的特征图为 X_{ij}^{l}，则损失函数为

$$L_{\text{content}}(\boldsymbol{c},\boldsymbol{x},l)=\sum_{i,j}(X_{ij}^{l}-C_{ij}^{l})^{2}$$

PyTorch 中内容损失函数具体实现如下(注意在 Jupyter 的文件开头引入必要的头文件)：

```
1.  %matplotlib inline
2.  import torch
3.  import torchvision
4.  from torch import nn
5.  from d21 import torch as d21
```

```
6.
7.  # X_content 为合成图像内容图，下同
8.  def content_loss(X_content, Y_content):
9.      return torch.square(X_content - Y_content.detach()).mean()
```

风格损失即用于确保生成图像的风格与目标图像的风格相似。对于合成图像和风格图像，通过卷积神经网络计算它们在多个层次上的特征表示的相关矩阵(Gram 矩阵)。同样是以 l 层的特征图 X_i^l 为例，这里 i 表示卷积层的输出通道，则 Gram 矩阵 $\boldsymbol{G}$ 为

$$
\begin{bmatrix}
(\boldsymbol{X}_1^l)^{\mathrm{T}}(\boldsymbol{X}_1^l) & (\boldsymbol{X}_1^l)^{\mathrm{T}}(\boldsymbol{X}_2^l) & \cdots & (\boldsymbol{X}_1^l)^{\mathrm{T}}(\boldsymbol{X}_{32}^l) \\
(\boldsymbol{X}_2^l)^{\mathrm{T}}(\boldsymbol{X}_1^l) & (\boldsymbol{X}_2^l)^{\mathrm{T}}(\boldsymbol{X}_2^l) & \cdots & (\boldsymbol{X}_2^l)^{\mathrm{T}}(\boldsymbol{X}_{32}^l) \\
\vdots & \vdots & \ddots & \vdots \\
(\boldsymbol{X}_{32}^l)^{\mathrm{T}}(\boldsymbol{X}_1^l) & (\boldsymbol{X}_{32}^l)^{\mathrm{T}}(\boldsymbol{X}_2^l) & \cdots & (\boldsymbol{X}_{32}^l)^{\mathrm{T}}(\boldsymbol{X}_{32}^l)
\end{bmatrix}
$$

同样设原始风格图像为 $\boldsymbol{s}$，合成图像为 $\boldsymbol{x}$，第 l 层 Gram 矩阵为 $\boldsymbol{S}^l$ 和 $\boldsymbol{X}^l$。则风格损失函数为

$$L_{\mathrm{style}}(\boldsymbol{s},\boldsymbol{x},l)=\frac{1}{4N_l^2M_l^2}\sum_{i,j}(\boldsymbol{S}_{ij}^l-\boldsymbol{X}_{ij}^l)^2$$

具体实现为：

```
1.  # 定义计算 Gram 矩阵的函数
2.  def gram(X):
3.      # 获取通道数和样本数量
4.      num_channels, n = X.shape[1], X.numel() // X.shape[1]
5.      # 将输入张量重塑为二维矩阵
6.      X = X.reshape((num_channels, n))
7.      # 计算 Gram 矩阵并进行归一化
8.      return torch.matmul(X, X.T) / (num_channels * n)
9.
10. # 定义风格损失函数
11. def style_loss(X_style, gram_Y):
12.     # 计算风格损失，其中 gram_Y 是目标风格的 Gram 矩阵
13.     return torch.square(gram(X_style) - gram_Y.detach()).mean()
```

此外，还有一种损失为全变分损失，有时合成图像里面有大量高频噪点，即过亮或过暗的像素点，通过全变分损失减少噪声点。假设 $x_{i,j}$ 为坐标(i,j)处的像素值，则全变分损失定义为

$$\sum_{i,j}|x_{i,j}-x_{i+1,j}|+|x_{i,j}-x_{i,j+1}|$$

具体实现为：

```
1.  # 定义总变差损失函数
2.  def tv_loss(X):
3.      # 计算在横向和纵向上的梯度差值，然后取绝对值并求均值
4.      return 0.5 * (torch.abs(X[:, :, 1:, :] - X[:, :, :-1, :]).mean() + torch.abs(X[:,
    :, :, 1:] - X[:, :, :, :-1]).mean())
```

整体损失函数为三者的加权求和：

```
5.  content_weight, style_weight, tv_weight = 1, 1e3, 10
6.
```

```
7.  def compute_loss(X, contents_X, styles_X, contents_Y, styles_Y_gram):
8.      # 分别计算内容损失、风格损失和全变分损失
9.      contents_l = [content_loss(content_X, content_Y) * content_weight for content_X,
    content_Y in zip(contents_X, contents_Y)]
10.     styles_l = [style_loss(style_X, style_Y) * style_weight for style_X, style_Y in zip
    (styles_X, styles_Y_gram)]
11.     tv_l = tv_loss(X) * tv_weight
12.     # 对所有损失求和
13.     l = sum(10 * styles_l + contents_l + [tv_l])
14.     return contents_l, styles_l, tv_l, l
```

3.2.2 特征提取

使用预训练的 VGG 网络作为提取内容、风格图像的训练模型。

可以通过下面的代码下载 VGG19 模型:

```
pretrained_net = torchvision.models.vgg19(pretrained = True)
```

提取图像的内容特征和风格特征可以选择一些卷积层的输出。一般来说,越靠近输入层,越容易抽取图像的细节信息;越靠近输出层,则越容易抽取图像的全局信息。

为了避免合成图像过多保留内容图像的细节,选择 VGG 较靠近输出的层,即内容层,来输出图像的内容特征。从 VGG 中选择不同层的输出来匹配风格图像的风格,即风格层。VGG 模型使用了 5 个卷积块,选择第四卷积块的最后一个卷积层作为内容层,选择每个卷积块的第一个卷积层作为风格层,索引如下:

```
1.  style_layers, content_layers = [0, 5, 10, 19, 28], [25]
```

同时,对 VGG 模型进行一定的简化,只取从输入层到需要的最后一层:

```
2.  net = nn.Sequential( * [pretrained_net.features[i] for i in range(max(content_layers +
    style_layers) + 1)])
```

提取特征即取出对应层的输出特征,具体实现如下:

```
3.  # 定义提取特征的函数
4.  def extract_features(X, content_layers, style_layers):
5.      contents = []                        # 存储内容特征
6.      styles = []                          # 存储风格特征
7.
8.      for i in range(len(net)):
9.          X = net[i](X)
10.
11.         # 如果当前层在风格层列表中,则将其特征添加到风格特征列表
12.         if i in style_layers:
13.             styles.append(X)
14.
15.         # 如果当前层在内容层列表中,则将其特征添加到内容特征列表
16.         if i in content_layers:
17.             contents.append(X)
18.
19.     return contents, styles
```

最后定义一些过程中需要用到的预处理和后处理函数,预处理函数对输入图像在 RGB 3 个通道分别做标准化,并将结果变换成卷积神经网络接受的输入格式。后处理函数

postprocess 则将输出图像中的像素值还原回标准化之前的值。并将它们进行包装，实现提取内容特征和风格特征的函数：

```
20.  # 定义 RGB 均值和标准差
21.  rgb_mean = torch.tensor([0.485, 0.456, 0.406])
22.  rgb_std = torch.tensor([0.229, 0.224, 0.225])
23.
24.  # 定义图像预处理函数
25.  def preprocess(img, image_shape):
26.      transforms = torchvision.transforms.Compose([
27.          torchvision.transforms.Resize(image_shape),
28.          torchvision.transforms.ToTensor(),
29.          torchvision.transforms.Normalize(mean = rgb_mean, std = rgb_std)
30.      ])
31.      return transforms(img).unsqueeze(0)
32.
33.  # 定义图像后处理函数
34.  def postprocess(img):
35.      img = img[0].to(rgb_std.device)
36.      img = torch.clamp(img.permute(1, 2, 0) * rgb_std + rgb_mean, 0, 1)
37.      return torchvision.transforms.ToPILImage()(img.permute(2, 0, 1))
38.
39.  # 定义获取内容特征的函数
40.  def get_contents(image_shape, device):
41.      content_X = preprocess(content_img, image_shape).to(device)
42.      contents_Y, _ = extract_features(content_X, content_layers, style_layers)
43.      return content_X, contents_Y
44.
45.  # 定义获取风格特征的函数
46.  def get_styles(image_shape, device):
47.      style_X = preprocess(style_img, image_shape).to(device)
48.      _, styles_Y = extract_features(style_X, content_layers, style_layers)
49.      return style_X, styles_Y
```

3.2.3 迭代更新图像

接下来便只需要按照深度学习的方式，将图像视为需要更新的参数，进行图像的更新迭代即可。首先定义一个简单的模型，将合成图像作为模型的参数：

```
50.  class SynthesizedImage(nn.Module):
51.      def __init__(self, img_shape, **kwargs):
52.          super(SynthesizedImage, self).__init__(**kwargs)
53.          self.weight = nn.Parameter(torch.rand(*img_shape))
54.
55.      def forward(self):
56.          return self.weight
```

接着定义训练函数：

```
57.  # 用于初始化的函数，函数将图像进行了模型包装，并且定义了训练器，并预先计算了风格图
     # 像的 gram 矩阵
58.  def get_inits(X, device, lr, styles_Y):
59.      gen_img = SynthesizedImage(X.shape).to(device)
60.      gen_img.weight.data.copy_(X.data)
```

```
61.     trainer = torch.optim.Adam(gen_img.parameters(), lr = lr)
62.     styles_Y_gram = [gram(Y) for Y in styles_Y]
63.     return gen_img(), styles_Y_gram, trainer
64.
65. # 训练函数
66. def train(X, contents_Y, styles_Y, device, lr, num_epochs, lr_decay_epoch):
67.     X, styles_Y_gram, trainer = get_inits(X, device, lr, styles_Y)
68.     scheduler = torch.optim.lr_scheduler.StepLR(trainer, lr_decay_epoch, 0.8)
69.     animator = d2l.Animator(xlabel = 'epoch', ylabel = 'loss',
70.                             xlim = [10, num_epochs],
71.                             legend = ['content', 'style', 'TV'],
72.                             ncols = 2, figsize = (7, 2.5))
73.     # 在同一个训练循环内
74.     for epoch in range(num_epochs):
75.         trainer.zero_grad()
76.         # 提取合成图像的特征
77.         contents_X, styles_X = extract_features(X, content_layers, style_layers)
78.         # 计算损失
79.         contents_l, styles_l, tv_l, l = compute_loss(X, contents_X, styles_X, contents_
    Y, styles_Y_gram)
80.         # 反向传播
81.         l.backward()
82.         trainer.step()
83.         scheduler.step()
84.         # 训练过程可视化
85.         if (epoch + 1) % 10 == 0:
86.             animator.axes[1].imshow(postprocess(X))
87.             animator.add(epoch + 1, [float(sum(contents_l)),
88.                                      float(sum(styles_l)), float(tv_l)])
89.     return X
```

最后读取图像,并调用训练函数进行训练:

```
90. from PIL import Image
91.
92. # convert 用于将图像的 A 通道去除
93. content_img = Image.open('your path').convert("RGB")
94. style_img = Image.open('your path').convert("RGB")
95.
96. # 高,宽,适应自己图像
97. device, image_shape = d2l.try_gpu(), (270,400)
98. net = net.to(device)
99. content_X, contents_Y = get_contents(image_shape, device)
100. _, styles_Y = get_styles(image_shape, device)
101. output = train(content_X, contents_Y, styles_Y, device, 0.3, 500, 50)
```

在线视频

3.3 深入理解并实现 Deep Dream

Deep Dream 是一种使用卷积神经网络进行图像生成的技术,根据梯度信息,更新输入图像的像素值,以最大化选择的卷积层的激活。Deep Dream 生成的图像如图 3-2 所示,由于 Deep Dream 生成的图片充满着幻觉和梦境,所以这个算法被称为 Deep Dream。

在传统的卷积神经网络中,图像通过多层卷积和池化操作提取特征,最终得到分类结

图 3-2　Deep Dream

果。而 Deep Dream 则是将这个过程反向进行，即从分类结果开始，通过反向传播的方式逐渐调整输入图像，使其逐渐趋向于网络期望的输出。

3.3.1　网络激活和梯度上升

在 Deep Dream 中，选择神经网络中的某一层，并通过正向传播将图像输入该层，获取该层的激活(activations)。通过对激活图像进行调整，可以改变输入图像的特征表示。在 Deep Dream 中，选择某一层的激活图像，并将其作为目标函数，通过最大化激活图像中某些神经元的输出值来生成图像。

为了实现这一目标，Deep Dream 使用了一种称为梯度上升(gradient ascent)的技术。梯度上升是指沿着目标函数的梯度方向调整输入图像，使其逐渐接近目标。这样做的目的是最大化选择的卷积层的激活，从而增强图像中与这些激活相关的特征。梯度上升技术使得生成的图像更加突出网络在不同层次上学到的特定特征。

具体来说，首先随机生成一张噪声图像作为输入，然后通过计算目标函数对输入图像的梯度，得到当前图像的更新方向。接着，将输入图像沿着梯度方向进行微小调整，并重复这个过程，直到满足停止条件。

在 Deep Dream 中，可以选择不同的层和神经元作为目标，从而生成不同的图像效果。例如，如果选择网络中高层的激活图作为目标，就可以生成更加抽象和复杂的图像。而选择低层的激活图作为目标，则可以生成更加具体和清晰的图像。这使 Deep Dream 成为一种非常有趣和富有创造性的图像生成技术。

具体实现如下：

```
1.  import torch
2.  import matplotlib.pyplot as plt
3.  import numpy as np
4.  from PIL import Image, ImageFilter, ImageChops
5.  from torchvision import models
6.  from torchvision import transforms
7.
8.  def prod(image, feature_layers, iterations, lr, transform, device, vgg, modulelist):
9.      # 将输入图像转换为张量,并在第 0 维度上添加一个维度
10.     input = transform(image).unsqueeze(0)
11.     input = input.to(device).requires_grad_(True)
12.
```

```
13.     vgg.zero_grad()
14.     for i in range(iterations):
15.         out = input
16.
17.         # 将输入通过指定数量的特征层
18.         for j in range(feature_layers):
19.             out = modulelist[j + 1](out)
20.
21.         # 计算 L2 范数作为损失
22.         loss = out.norm()
23.         loss.backward()
24.
25.         with torch.no_grad():
26.             input += lr * input.grad
27.
28.     # 去掉批次维度并调整通道维度的顺序
29.     input = input.squeeze()
30.     input = input.permute(1, 2, 0)
31.     # 翻转预处理过程并将张量转换为 NumPy 数组
32.     input = np.clip(deprocess(input, device).detach().cpu().numpy(), 0, 1)
33.     # 将 NumPy 数组转换为 PIL 图像,并乘以 255 以确保范围在 0 到 255 之间
34.     image = Image.fromarray(np.uint8(input * 255))
35.     return image
```

3.3.2 多尺度处理技术

为了生成更具有层次感和多样性的图像,Deep Dream 使用多尺度(octave)处理技术进行处理。该技术是指在不同分辨率的图像上运行梯度上升,并将结果逐渐融合到原始图像中。这样可以在不同尺度上捕捉到广泛的特征,使得生成的图像更加丰富和细致。

具体实现如下:

```
36. def deep_dream_vgg(image, feature_layers, iterations, lr, transform, device, vgg, modulelist,
    octave_scale = 2, num_octaves = 100):
37.     # 若处理的尺度次数大于 0
38.     if num_octaves > 0:
39.         # 对输入图像进行高斯模糊处理
40.         image1 = image.filter(ImageFilter.GaussianBlur(2))
41.
42.         # 根据缩放比例和尺寸更新图像大小
43.         if (image1.size[0] / octave_scale < 1 or image1.size[1] / octave_scale < 1):
44.             size = image1.size
45.         else:
46.             size = (int(image1.size[0] / octave_scale), int(image1.size[1] / octave_scale))
47.
48.         # 调整图像大小
49.         image1 = image1.resize(size, Image.LANCZOS)
50.
51.         # 递归调用 deep_dream_vgg 处理缩小尺寸的图像
52.         image1 = deep_dream_vgg(image1, feature_layers, iterations, lr, transform,
    device, vgg, modulelist, octave_scale, num_octaves - 1)
53.
54.         # 恢复原图大小
55.         size = (image.size[0], image.size[1])
```

```
56.         image1 = image1.resize(size, Image.LANCZOS)
57.
58.         # 使用 PIL.ImageChops.blend 对两个图像进行混合
59.         image = ImageChops.blend(image, image1, 0.6)
60.         # PIL.ImageChops.blend(image1, image2, alpha)
61.         # out = image1 * (1.0 - alpha) + image2 * alpha
62.
63.     # 调用 prod 函数生成图像
64.     img_result = prod(image, feature_layers, iterations, lr, transform, device, vgg,
    modulelist)
65.
66.     # 调整生成的图像大小为原始图像大小
67.     img_result = img_result.resize(image.size)
68.     return img_result
```

最后定义一些功能方法进行训练：

```
69. def load_image(path):
70.     img = Image.open(path)
71.     return img
72.
73. def deprocess(image, device):
74.     image = image * torch.tensor([0.229, 0.224, 0.225], device = device) + torch.
    tensor([0.485, 0.456, 0.406], device = device)
75.     return image
76.
77. tranform = transforms.Compose([
78.     transforms.Resize((224, 224)),
79.     transforms.ToTensor(),
80.     transforms.Normalize(mean = [0.485, 0.456, 0.406], #归一化
81.                          std = [0.229, 0.224, 0.225])
82. ])
83.
84. device = torch.device("cuda:0" if torch.cuda.is_available() else "cpu")
85. vgg = models.vgg19(pretrained = True).to(device)
86.
87. modulelist = list(vgg.features.modules())
88. img = load_image('your image path')
89. img_deep_dream = deep_dream_vgg(img, 36, 6, 0.2, tranform, device, vgg, modulelist)
90. plt.imshow(img_deep_dream)
91. plt.show()
```

上述代码的输入和输出效果如图 3-3 所示。

图 3-3　Deep Dream 的输入(左)和输出(右)

Deep Dream 不仅可以用于艺术创作,生成富有艺术感的图片。此外,梯度上升技术使得生成的图像更加突出网络在不同层次上学到的特定特征,因此可以更深入地理解神经网络在不同层次上学到的特征,以及网络对输入图像的理解和表示。有利于深入探索神经网络的内部工作方式,帮助更好地理解神经网络的特征学习过程。

在线视频

3.4 构建生成对抗网络

生成对抗网络,是一种生成框架,可用于多种生成任务,包括图像生成、图像修复、风格迁移、艺术图像创造等任务。

3.4.1 生成器和判别器

正如名字所示,一个生成对抗网络包含两个基础网络:生成器(Generator)和判别器(Discriminator)。其中,生成器用于生成新数据,其生成数据的基础往往是一组噪声或者随机数,而判别器用于判断生成的数据和真实数据哪个才是真的。生成器没有标签,是无监督网络;而判别器有标签,是有监督网络,其标签是"假与真"。

对生成器来说,生成的数据分布要尽可能接近真实数据分布,通过不断优化生成器的参数,生成器学会生成更逼真的数据,以尽量欺骗判别器,使其无法区分真实数据和生成数据的差异。

而对判别器来说,主要任务是区分输入的数据是真实数据还是生成器生成的假数据。判别器的训练目标是使其能够准确地分类输入的数据,并且与真实数据来源的数据加以区分。

下面以一个简单的实例,来深刻体会生成器和判别器。生成器的网络结构比较简单,是一个 MLP 多层感知机,前向传播的输入为长度为 100 的噪声输入,而输出则为一张 28×28 的图像:

```
1.  import torch
2.  import torch.nn as nn
3.  from torchvision import transforms
4.  from torchvision import datasets
5.  import numpy as np
6.  import matplotlib.pyplot as plt
7.
8.  class Generator(nn.Module):
9.      def __init__(self):
10.         super(Generator,self).__init__()
11.
12.         self.net = nn.Sequential(
13.             nn.Linear(100,256),
14.             nn.ReLU(),
15.             nn.Linear(256,512),
16.             nn.ReLU(),
17.             nn.Linear(512,28 * 28),
18.             nn.Tanh()                        #输出范围[-1,1]
19.         )
```

```
20.
21.     #z 为长度为 100 的噪声输入
22.     def forward(self,z):
23.         img = self.net(z)
24.         img = img.view( - 1,28,28,1)
25.         return img
```

判别器的实现如下，其中网络部分也是一个较为简单的 MLP，网络的作用是输出图像为真的概率(0～1)：

```
26. class Discriminator(nn.Module):
27.     def __init__(self):
28.         super(Discriminator,self).__init__()
29.
30.         self.net = nn.Sequential(
31.             nn.Linear(28 * 28,512),
32.             nn.LeakyReLU(),
33.             nn.Linear(512,256),
34.             nn.LeakyReLU(),
35.             nn.Linear(256,1),
36.             nn.Sigmoid()   #输出在[0,1]之间
37.         )
38.
39.     def forward(self,img):
40.         x = img.view( - 1,28 * 28)
41.         x = self.net(x)
42.         return x
```

3.4.2　对抗损失和训练的稳定性

对抗损失(Adversarial Loss)是生成对抗网络中的一种损失函数，用于衡量生成器和判别器之间的对抗性。对抗损失的目标是促使生成器生成逼真的样本，同时使判别器难以区分生成的样本和真实样本。

从潜在空间中采样随机向量，并使用生成器将其映射为合成样本。合成样本和真实样本一起提供给判别器。判别器对两类样本进行分类，预测它们是真实的还是生成的。对抗损失通常采用二元交叉熵(Binary Cross Entropy)或类似的损失函数，用于测量判别器对于生成器生成的样本的分类错误。对于生成器而言，目标是最小化这个损失，而对于判别器而言，目标是最大化这个损失。

具体实现如下，首先定义一些必要的参数：

```
43. img_transforms = transforms.Compose([
44.     transforms.ToTensor(), #转换成 tensor 格式
45.     transforms.Normalize(0.5,0.5)
46. ])
47.
48. batch_size = 64
49. epochs = 100
50.
51. mnist = datasets.MNIST(root = 'your data path', train = True, transform = img_transforms,
    download = True)
52. dataLoader = torch.utils.data.DataLoader(mnist,batch_size = batch_size,shuffle = True)
```

```
53.
54.  gen = Generator().to('cuda' if torch.cuda.is_available() else 'cpu')
55.  dis = Discriminator().to('cuda' if torch.cuda.is_available() else 'cpu')
56.
57.  #定义优化器
58.  d_optim = torch.optim.Adam(dis.parameters(), lr = 0.0001)
59.  g_optim = torch.optim.Adam(gen.parameters(),lr = 0.0001)
60.
61.  #用 BCELoss 计算交叉熵损失(二分类)
62.  loss_fn = nn.BCELoss()
```

接下来在训练过程中体会对抗损失:

```
63.  # 在训练迭代的过程中展示生成器生成的样本
64.  def gen_img_plot(model,test_input):
65.     prediction = np.squeeze(model(test_input).detach().cpu().numpy())#保留梯度
66.     fig  =  plt.figure(figsize = (4,4))#16 张图片
67.     for i in   range(16):
68.         plt.subplot(4,4,i + 1)
69.         plt.imshow((prediction[i] + 1)/2)
70.         plt.axis('off')
71.     plt.show()
72.
73.  test_input =  torch.randn(batch_size,100,device = device)
74.  for epoch in range(epochs):
75.     count = len(dataLoader)
76.
77.     for step,(img,_) in enumerate(dataLoader):
78.         img = img.to(device)
79.         size = img.size(0)
80.
81.         #在真实图片上计算判别器损失
82.         d_optim.zero_grad()
83.         real_output = dis(img)
84.         d_real_loss = loss_fn(real_output,torch.ones_like(real_output))
                                                    #在真实图片上的输出尽可能接近 1
85.         d_real_loss.backward()
86.
87.         #在生成图片上计算判别器损失
88.         random_noise = torch.randn(size,100,device = device)
89.         gen_img = gen(random_noise)
90.         fake_output = dis(gen_img.detach())        #这里只更新判别器,所以要截断梯度
91.         d_fake_loss = loss_fn(fake_output,torch.zeros_like(fake_output))
92.         d_fake_loss.backward()
93.
94.         #判别器的总和损失
95.         d_loss = d_fake_loss + d_real_loss
96.         d_optim.step()#优化
97.
98.         #计算生成器损失
99.         g_optim.zero_grad()
100.        fake_output = dis(gen_img)
101.        g_loss = loss_fn(fake_output,torch.ones_like(fake_output))
102.        g_loss.backward()
103.        g_optim.step()
```

```
104.
105.
106.    with torch.no_grad():
107.        print('epoch:',epoch)
108.        gen_img_plot(gen,test_input)
```

可以看到,对于生成的样本,对于判别器而言,目标是最小化这个损失,而对于生成器而言,目标是最大化这个损失。

但是,GAN 对抗器在训练过程中,由于通过对抗损失进行动态平衡,这一过程可能导致训练的不稳定。可能会出现以下几类问题。

(1) 不收敛。训练后期模型持续振荡,生成器与判别器有一方的损失开始波动。同时带动另一方的损失波动。

(2) 模式崩塌。生成器会因为过于投机取巧而生成单一的数据,而非多样化的数据。

(3) 梯度消失。生成器生成的图片的分布与真实数据的分布几乎没有重合。此时判别器非常准确,为所有真实数据输出了 100%,为所有生成数据输出 0,因此训练不足的生成器无法从过于准确的判别器那里得到合适的优化方向。

帮助 GAN 训练稳定,可以通过使用正则化项,引入噪声等方式。此外还可以通过 Wassertein 距离,WGAN-GP(Wassertein GAN with Gradient Penalty,梯度惩罚)等方式,此处不再展开论述。

3.4.3 变分自编码器

Latent Space(潜在空间,又称隐空间),是深度学习中的一个重要概念,是指数据在某种表示下的低维空间。可以想象,如果有 1 万张 RGB 图片,这 1 万张 RGB 图片包含猫、狗等数十种不同种类的动物。如果训练一种算法来把同一种动物的图片归类到一起,那么意味着训练出的模型能够识别不同动物图片之间特征的相似性,以便进行归类。可以把潜在空间理解为:类似事物共同点总结出来,形成认知规律,剔除无用信息留下的认知空间。

在生成模型中,潜在空间通常是通过编码器网络从原始数据空间映射到的一个低维空间。潜在空间中每个点对应于数据的一个潜在表示或特征向量,变分自编码器(Variational Autoencoder,VAE) 的目标便是通过学习潜在空间中的分布,使得生成的样本更加连续且可控。

如图 3-4 所示,VAE 的工作原理主要包含以下几部分。

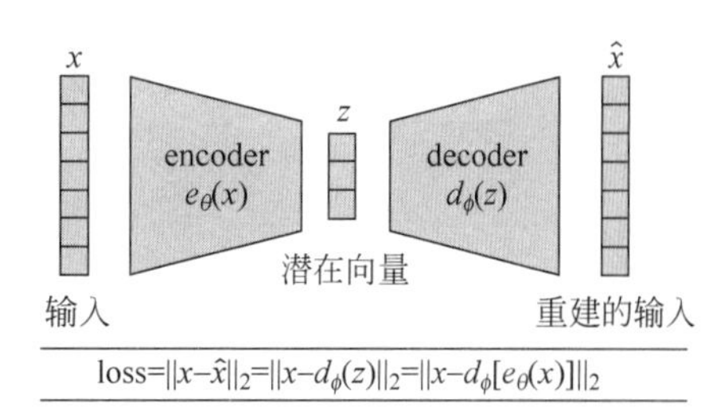

图 3-4 VAE 结构

(1) 编码器(Encoder):编码器将输入数据映射到潜在空间中,并产生潜在变量的均值和方差。

(2) 潜在变量采样(Sampling):从概率分布中采样一个潜在变量,这个变量代表了输入数据的潜在表示。采样过程通常使用正态分布或其他分布来实现。

(3) 解码器(Decoder):解码器将潜在变量映射回数据空间,生成重构的样本。

(4) 损失函数(Loss Function):VAE 的损失函数包括两部分,一部分是重建误差,用于衡量原始输入数据和解码器生成的重构数据之间的差异。通常采用像素级别的损失函数,如均方误差(Mean Square Error,MSE);另一部分是潜在空间的正则化项,用于度量编码器生成的潜在空间分布与标准正态分布之间的差异。KL(Kallback-Leibler)散度损失用于确保学到的潜在空间具有良好的连续性和可解释性。

VAE和GAN的区别在于,VAE适合学习具有良好结构的潜在空间(连续性、低维度)。VAE的一个重要特点是它学习到的潜在空间是连续的,这意味着在潜在空间中的插值产生具有语义连续性的结果。例如,在图像生成任务中,通过在潜在空间中进行插值,可以平滑地从一个样本过渡到另一个样本,而不会产生不连续的效果。相较之下,GAN生成的图像逼真,但潜在空间可能没有良好结构。

3.5 实战:自动图像上色

本节通过一个黑白图片上色的实战练习,进一步学习理解GAN在创造性图像上的应用。黑白图片上色的实战效果如图3-5所示。

图3-5 自动图片上色

3.5.1 条件GAN的使用

条件生成对抗网络(Conditional GAN,cGAN)是生成对抗网络(GAN)的一种变体,它引入了额外的条件信息,以便更精确地控制生成器的输出。不同于3.4节中生成器随机生成噪声,在cGAN中,生成器和判别器不仅依赖于随机噪声作为输入,还接收额外的条件信息,可以是类别标签、文本描述或其他形式的信息。

例如,在本节自动图片上色中,生成器的目标是将黑白图片转换为彩色图片。而判别器则接收彩色图片(真实数据)和生成器生成的彩色图片(生成数据),并尝试区分是否为真实数据,或是生成数据。

具体的代码实现如下,其中生成器为UNet结构,而判别器为resnet-18。首先定义下采样器和上采样器,下采样器和上采样器能够更好地提取图像特征,分割图像语义,这样能达到更好的上色效果。

下采样器:

```
1.  class DownsampleLayer(nn.Module):
```

```
2.     def __init__(self,in_ch,out_ch):
3.         super(DownsampleLayer, self).__init__()
4.         self.Conv_BN_ReLU_2 = nn.Sequential(
5.             nn.Conv2d(in_channels = in_ch,out_channels = out_ch,kernel_size = 3,stride = 1,
   padding = 1),
6.             nn.BatchNorm2d(out_ch),
7.             nn.ReLU(),
8.             nn.Conv2d(in_channels = out_ch, out_channels = out_ch, kernel_size = 3, stride = 1,
   padding = 1),
9.             nn.BatchNorm2d(out_ch),
10.            nn.ReLU()
11.        )
12.        self.downsample = nn.Sequential(
13.            nn.Conv2d(in_channels = out_ch,out_channels = out_ch,kernel_size = 3,stride =
   2,padding = 1),
14.            nn.BatchNorm2d(out_ch),
15.            nn.ReLU()
16.        )
17.
18.    def forward(self,x):
19.        out = self.Conv_BN_ReLU_2(x)
20.        out_2 = self.downsample(out)
21.        return out,out_2
```

上采样器：

```
22. class UpSampleLayer(nn.Module):
23.     def __init__(self,in_ch,out_ch):
24.         super(UpSampleLayer, self).__init__()
25.         self.Conv_BN_ReLU_2 = nn.Sequential(
26.             nn.Conv2d(in_channels = in_ch, out_channels = out_ch * 2, kernel_size = 3,
   stride = 1,padding = 1),
27.             nn.BatchNorm2d(out_ch * 2),
28.             nn.ReLU(),
29.             nn.Conv2d(in_channels = out_ch * 2, out_channels = out_ch * 2, kernel_size = 3,
   stride = 1,padding = 1),
30.             nn.BatchNorm2d(out_ch * 2),
31.             nn.ReLU()
32.         )
33.         self.upsample = nn.Sequential(
34.             nn.ConvTranspose2d(in_channels = out_ch * 2,out_channels = out_ch,kernel_size = 3,
   stride = 2,padding = 1,output_padding = 1),
35.             nn.BatchNorm2d(out_ch),
36.             nn.ReLU()
37.         )
38.
39.     def forward(self,x,out):
40.       x_out = self.Conv_BN_ReLU_2(x)
41.       x_out = self.upsample(x_out)
42.       cat_out = torch.cat((x_out,out),dim = 1)
43.       return cat_out
```

生成器：

```
44. class Generator(nn.Module):
45.     def __init__(self):
```

```
46.         super(Generator, self).__init__()
47.         out_channels = [2 ** (i + 6) for i in range(5)] #[64, 128, 256, 512, 1024]
48.         #下采样
49.         self.d1 = DownsampleLayer(3,out_channels[0]) #3 - 64
50.         self.d2 = DownsampleLayer(out_channels[0],out_channels[1]) #64 - 128
51.         self.d3 = DownsampleLayer(out_channels[1],out_channels[2]) #128 - 256
52.         self.d4 = DownsampleLayer(out_channels[2],out_channels[3]) #256 - 512
53.         #上采样
54.         self.u1 = UpSampleLayer(out_channels[3],out_channels[3]) #512 - 1024 - 512
55.         self.u2 = UpSampleLayer(out_channels[4],out_channels[2]) #1024 - 512 - 256
56.         self.u3 = UpSampleLayer(out_channels[3],out_channels[1]) #512 - 256 - 128
57.         self.u4 = UpSampleLayer(out_channels[2],out_channels[0]) #256 - 128 - 64
58.         #输出
59.         self.o = nn.Sequential(
60.             nn.Conv2d(out_channels[1],out_channels[0],kernel_size = 3,stride = 1,padding = 1),
61.             nn.BatchNorm2d(out_channels[0]),
62.             nn.ReLU(),
63.             nn.Conv2d(out_channels[0], out_channels[0], kernel_size = 3, stride = 1,
    padding = 1),
64.             nn.BatchNorm2d(out_channels[0]),
65.             nn.ReLU(),
66.             nn.Conv2d(out_channels[0],3,3,1,1),
67.             nn.Sigmoid(),
68.             # BCELoss
69.         )
70.     def forward(self,x):
71.         out_1,out1 = self.d1(x)
72.         out_2,out2 = self.d2(out1)
73.         out_3,out3 = self.d3(out2)
74.         out_4,out4 = self.d4(out3)
75.         out5 = self.u1(out4,out_4)
76.         out6 = self.u2(out5,out_3)
77.         out7 = self.u3(out6,out_2)
78.         out8 = self.u4(out7,out_1)
79.         out = self.o(out8)
80.         return out
```

判别器:

```
81. class Discriminator(nn.Module):
82.     def __init__(self):
83.         super(Discriminator, self).__init__()
84.         self.resnet18 = models.resnet18(pretrained = True)
85.         # 修改最后的全连接层,使输出维度为 1
86.         self.resnet18.fc = nn.Linear(self.resnet18.fc.in_features, 1)
87.
88.     def forward(self, x):
89.         return self.resnet18(x)
```

最后定义 cGAN 模型:

```
90. class cGAN(nn.Module):
91.     def __init__(self, generator, discriminator):
92.         super(cGAN, self).__init__()
93.         self.generator = generator
94.         self.discriminator = discriminator
```

```
95.
96.    def forward(self, input_l):
97.        # 生成器输出
98.        generated_ab = self.generator(input_l)
99.        # 合并输入的 L 通道和生成的 ab 通道
100.       generated_lab = torch.cat((input_l, generated_ab), dim = 1)
101.       # 判别器输出
102.       discriminator_output = self.discriminator(generated_lab)
103.       return generated_ab, discriminator_output
```

定义相关的变量：

```
104. generator = Generator()
105. discriminator = Discriminator()
106. cgan_model = cGAN(generator, discriminator)
```

3.5.2 颜色空间转换

Lab(CIELAB)颜色空间是一种颜色表示方式，与 RGB 颜色空间不同，它分为 3 个通道：L 通道表示图像的亮度，而 a 和 b 通道表示颜色信息。

为了实现图片自动上色，可以通过颜色空间转换的逻辑进行训练。首先将 RGB 图像转换成 Lab 图像，然后将 L 通道(亮度)作为生成网络输入，生成网络的输出为新的 ab 两通道，然后将图像原始的 ab 通道，与生成网络生成的 ab 通道输入判别网络中，判别系统判别当前的上色是真还是假。这样，生成器就能在训练中学习如何通过 L 通道(亮度)生成颜色信息 a 和 b。

因此在读取数据时，需要将图像转为灰度图：

```
107. transform = transforms.Compose([
108.     transforms.Grayscale(num_output_channels = 1),   # 转为灰度图
109.     transforms.Resize((Your Size)),
110.     transforms.ToTensor(),
111. ])
```

3.5.3 对抗损失和训练

对抗损失和训练过程与上文相似，生成器试图生成更逼真的数据，而判别器试图更好地区分真实和生成的数据。这个对抗的过程导致生成器学会生成更逼真的数据，同时判别器也变得更难以区分真实和生成的数据。

```
112. dataset = datasets.ImageFolder(root = 'Data/Color', transform = transform)
113.
114. # 数据加载器
115. dataloader = DataLoader(dataset, batch_size = 64, shuffle = True, num_workers = 4)
116.
117.
118. # 实例化生成器、判别器和 cGAN 模型
119. generator = Generator()
120. discriminator = Discriminator()
121. cgan_model = cGAN(generator, discriminator)
122.
123. # 定义损失函数和优化器
```

```
124.  criterion = nn.MSELoss()                        # 使用均方误差作为损失函数
125.  optimizer_generator = torch.optim.Adam(generator.parameters(), lr = 0.0002, betas =
      (0.5, 0.999))
126.  optimizer_discriminator = torch.optim.Adam(discriminator.parameters(), lr = 0.0002,
      betas = (0.5, 0.999))
127.
128.  # 训练 cGAN 模型
129.  num_epochs = 10
```

开始训练：

```
130.  for epoch in range(num_epochs):
131.      for data in tqdm(dataloader, desc = f'Epoch {epoch + 1}/{num_epochs}'):
132.          # 提取 L 通道作为输入
133.          input_l = data[0]
134.
135.          # ---------------------
136.          # 训练判别器
137.          # ---------------------
138.          optimizer_discriminator.zero_grad()
139.
140.          # 生成器生成 ab 通道
141.          generated_ab, _ = cgan_model.generator(input_l)
142.
143.          # 将生成的 ab 通道与输入 L 通道合并成 Lab 图像
144.          generated_lab = torch.cat((input_l, generated_ab), dim = 1)
145.
146.          # 判别器对真实数据的输出
147.          real_lab = torch.cat((input_l, data[1]), dim = 1)
148.          real_output = cgan_model.discriminator(real_lab)
149.
150.          # 判别器对生成数据的输出
151.          fake_output = cgan_model.discriminator(generated_lab.detach())
                                                # 使用 detach()防止梯度传播到生成器
152.
153.          # 计算判别器的损失
154.          discriminator_loss = criterion(real_output, torch.ones_like(real_output)) +
      criterion(fake_output, torch.zeros_like(fake_output))
155.
156.          # 反向传播和优化
157.          discriminator_loss.backward()
158.          optimizer_discriminator.step()
159.
160.          # ---------------------
161.          # 训练生成器
162.          # ---------------------
163.          optimizer_generator.zero_grad()
164.          # 重新计算生成器对生成数据的输出,因为判别器已经更新过了
165.          _, updated_fake_output = cgan_model.generator(input_l)
166.
167.          # 计算生成器的损失
168.          generator_loss = criterion(updated_fake_output, torch.ones_like(updated_fake_
      output))
169.
170.          # 反向传播和优化
171.          generator_loss.backward()
172.          optimizer_generator.step()
```

3.6　探索超分辨率技术

在线视频

图像超分辨率问题研究的是如何通过一张低分辨率图像(Low Resolution,LR),得到一张高分辨率图像(High Resolution,HR)。传统的图像插值算法可以在某种程度上获得这种效果,如最近邻插值、双线性插值和双三次插值等,但是这些算法获得的高分辨率图像效果并不理想。本节探究通过深度学习的方式实现超分辨率技术。

3.6.1　超分辨率卷积神经网络

超分辨率卷积神经网络(Super Resolution Convolutional Neural Network,SRCNN)是首个使用 CNN 结构(基于深度学习)的端到端的超分辨率算法,SRCNN 训练流程如下。

(1) 首先进行预处理:将输入的低分辨率图像进行 bicubic 插值(双三次插值),插值后的图像仍为低分辨率图像。

(2) 将低分辨率图像经过 CNN 的处理,得到超分辨率图像,使超分辨率图像尽可能与原图的高分辨率图像相似。

双三次插值(Bicubic Interpolation)是二维空间中常用的插值方法。在这种方法中,函数 f 在点 (x,y) 的值可以通过矩形网格中最近的 16 个采样点的加权平均得到,在这里需要使用两个多项式插值 3 次函数,每个方向使用一个。

如图 3-6 所示,对于新图像上的每个像素点 P,其像素值是由原图上对应的最近的 16 个点计算的,分别为 $a_{00} \sim a_{33}$。

a00　a03　P　a30　a33

图 3-6　双三次插值

计算公式为 16 个点的像素值×权值后求和:

$$B(x,y)=\sum_{i=0}^{3}\sum_{j=0}^{3}a_{ij}\times W(i)\times W(j)$$

权值的计算公式如下:

$$W(x)=\begin{cases}(a+2)\,|x|^3-(a+3)\,|x|^2+1, & |x|\leqslant 1\\ a\,|x|^3-5a\,|x|^2+8a\,|x|-4a, & 1<|x|<2\\ 0, & \text{其他}\end{cases}$$

在 SRCNN 算法中,在有了原始图片作为高清晰度图片后,可以通过 3 次插值采样的方式获取模糊图片:

```
1.  lrWidth, lrHeight = hr.width // scale, hr.height // scale
2.  # width, height 为可被 scale 整除的训练数据尺寸
3.  width, height = lrWidth * scale, lrHeight * scale
4.  hr = hr.resize((width, height), resample = pImg.BICUBIC)
5.  lr = hr.resize((lrWidth, lrHeight), resample = pImg.BICUBIC)
6.  lr = lr.resize((width, height), resample = pImg.BICUBIC)
```

SRCNN 的网络结构如图 3-7 所示。

SRCNN 的结构包括 3 个卷积层,没有池化和全连接层,每个卷积层都通过 Relu 激活函数。3 个卷积层使用的卷积核的大小分别为 9×9、1×1 和 5×5,即图 3-7 中的 $f_1=9$,

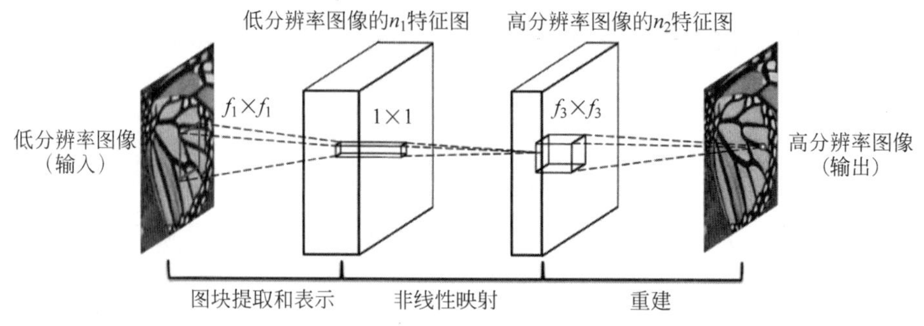

图 3-7　SRCNN 的网络结构

$f_3=5$。前两个的输出特征维度分别为 64 和 32。

3 次卷积分别对应以下 3 个处理流程。

(1) 提取图像特征：从低分辨率图像中提取多个 patch 图像块，每个块被卷积操作表示为多维的向量，所有的特征向量组成特征矩阵。

(2) 非线性映射：将特征矩阵，通过卷积操作实现非线性映射(ReLu 为非线性激活函数)，变成另一维特征矩阵。

(3) 重构图像：等于是个反卷积的过程，将特征矩阵还原为超分辨图像。

网络结构实现如下，同样非常简单：

```
1.  class SRCNN(nn.Module):
2.      def __init__(self, nChannel = 1):
3.          super(SRCNN,self).__init__()
4.          self.conv1 = nn.Conv2d(nChannel, 64,
5.              kernel_size = 9, padding = 9//2)
6.          self.conv2 = nn.Conv2d(64, 32,
7.              kernel_size = 5, padding = 5//2)
8.          self.conv3 = nn.Conv2d(32, nChannel,
9.              kernel_size = 5, padding = 5//2)
10.         self.relu = nn.ReLU(inplace = True)
11.
12.     def forward(self,x):
13.         x = self.relu(self.conv1(x))
14.         x = self.relu(self.conv2(x))
15.         x = self.conv3(x)
16.         return x
```

下面来完整地实现 SRCNN。

首先引入必要的模块：

```
1.  import torch
2.  import torch.nn as nn
3.  import torch.optim as optim
4.  import torch.backends.cudnn as cudnn
5.  from torch.utils.data import DataLoader, Dataset
6.  import os
7.  import copy
8.  import h5py
9.  import PIL.Image as pImg
10. import numpy as np
```

```
11.    from torch.utils.data import Dataset
12.    from glob import glob
```

接下来准备训练数据集和验证集。使用比较常用的 T91 数据集作为训练集，Set5 数据集作为验证集，数据集可以通过附书资料下载使用。首先将数据集转换为 H5DF 文件，HDF5 可以存储各种数据类型，包括整数、浮点数、字符串等，以及复杂的数据结构，同时 HDF5 可以有效地存储和处理大规模的数据，具有层次化的数据组织结构。它支持多维数组、压缩、并行 I/O 等特性，使其成为处理大规模科学数据的强大工具。

```
13.    def rgb2gray(img):
14.        return 16. + (64.738 * img[:, :, 0] + 129.057 * img[:, :, 1] + 25.064 * img[:, :, 2]) / 256.
15.
16.    # imgPath 为图像路径;h5Path 为存储路径;scale 为放大倍数
17.    # pSize 为 patch 尺寸; pStride 为步长
18.    def setTrianData(imgPath, h5Path, scale = 3, pSize = 33, pStride = 14):
19.        h5_file = h5py.File(h5Path, 'w')
20.        lrPatches, hrPatches = [], []                  #用于存储低分辨率和高分辨率的 patch
21.        for p in sorted(glob(f'{imgPath}/ * ')):
22.            hr = pImg.open(p).convert('RGB')
23.            lrWidth, lrHeight = hr.width // scale, hr.height // scale
24.            # width, height 为可被 scale 整除的训练数据尺寸
25.            width, height = lrWidth * scale, lrHeight * scale
26.            hr = hr.resize((width, height), resample = pImg.BICUBIC)
27.            lr = hr.resize((lrWidth, lrHeight), resample = pImg.BICUBIC)
28.            lr = lr.resize((width, height), resample = pImg.BICUBIC)
29.            hr = np.array(hr).astype(np.float32)
30.            lr = np.array(lr).astype(np.float32)
31.            hr = rgb2gray(hr)
32.            lr = rgb2gray(lr)
33.            # 将数据分割
34.            for i in range(0, height - pSize + 1, pStride):
35.                for j in range(0, width - pSize + 1, pStride):
36.                    lrPatches.append(lr[i:i + pSize, j:j + pSize])
37.                    hrPatches.append(hr[i:i + pSize, j:j + pSize])
38.        h5_file.create_dataset('lr', data = np.array(lrPatches))
39.        h5_file.create_dataset('hr', data = np.array(hrPatches))
40.        h5_file.close()
```

调用数据转换函数：

```
41.    setTrianData('YourT91DataPath/', 'YourT91H5Path/YourT91H5Name.h5')
42.    setTrianData('YourSet5DataPath/', 'YourSet5H5Path/YourSet5H5Name.h5')
```

转换成功后在对应路径下会得到对应的 H5 格式文件。定义数据类，方便 DataLoader 读取：

```
43.    class SRCNNDataSet(Dataset):
44.        def __init__(self, h5_file):
45.            #super(Dataset, self).__init__()
46.            self.h5_file = h5_file
47.
48.        def __getitem__(self, idx):
49.            with h5py.File(self.h5_file, 'r') as f:
50.                return np.expand_dims(f['lr'][idx] / 255., 0), np.expand_dims(f['hr'][idx] / 255., 0)
51.
```

```
52.     def __len__(self):
53.         with h5py.File(self.h5_file, 'r') as f:
54.             return len(f['lr'])
```

定义模型(和前文一致):

```
55. class SRCNN(nn.Module):
56.     def __init__(self, nChannel = 1):
57.         super(SRCNN,self).__init__()
58.         self.conv1 = nn.Conv2d(nChannel, 64,
59.             kernel_size = 9, padding = 9//2)
60.         self.conv2 = nn.Conv2d(64, 32,
61.             kernel_size = 5, padding = 5//2)
62.         self.conv3 = nn.Conv2d(32, nChannel,
63.             kernel_size = 5, padding = 5//2)
64.         self.relu = nn.ReLU(inplace = True)
65.
66.     def forward(self,x):
67.         x = self.relu(self.conv1(x))
68.         x = self.relu(self.conv2(x))
69.         x = self.conv3(x)
70.         return x
```

加载数据:

```
71. # 注意这里的文件路径和文件名指向自己的 H5 文件
72. trainFile = "YourT91H5Path/YourT91H5Name.h5"
73. evalFile = "YourSet5H5Path/YourSetH5Name.h5"
74.
75. cudnn.benchmark = True
76. device = torch.device('cuda:0' if torch.cuda.is_available() else 'cpu')
77.
78. # 装载训练数据
79. trainData = SRCNNDataSet(trainFile)
80. trainLoader = DataLoader(dataset = trainData,
81.  batch_size = 16,
82.  shuffle = True,                          # 表示打乱样本
83.  pin_memory = True,                       # 方便载入 CUDA
84.  drop_last = True)
85.
86. # 装载预测数据
87. evalDatas = SRCNNDataSet(evalFile)
88. evalLoader = DataLoader(dataset = evalDatas, batch_size = 1)
```

设置训练参数:

```
89. # 模型和设备
90. lr = 1e-4
91. model = SRCNN().to(device)                #将模型载入设备
92. criterion = nn.MSELoss()                  #设置损失函数
93. optimizer = optim.Adam([
94.     {'params': model.conv1.parameters()},
95.     {'params': model.conv2.parameters()},
96.     {'params': model.conv3.parameters(), 'lr': lr * 0.1}
97. ], lr = lr)
98. nEpoch = 400
```

开始训练：

```
99.  # 指定输出路径
100. OutputPath = "YourOutputPath"
101.
102. # 初始化 PSNR 相关指标
103. def initPSNR():
104.     return {'avg': 0, 'sum': 0, 'count': 0}
105.
106. # 更新 PSNR 指标
107. def updatePSNR(psnr, val, n=1):
108.     s = psnr['sum'] + val * n
109.     c = psnr['count'] + n
110.     return {'avg': s / c, 'sum': s, 'count': c}
111.
112. # 深度复制模型的权重,用于保存最佳模型
113. bestWeights = copy.deepcopy(model.state_dict())
114. bestEpoch = 0                                # 记录最佳模型的训练轮数
115. bestPSNR = 0.0                               # 记录最佳模型的 PSNR 值
116.
117. # 主训练循环
118. for epoch in range(nEpoch):
119.     model.train()
120.     epochLosses = initPSNR()
121.
122.     # 训练集迭代
123.     for data in trainLoader:
124.         inputs, labels = data
125.         inputs = inputs.to(device)
126.         labels = labels.to(device)
127.         preds = model(inputs)
128.         loss = criterion(preds, labels)
129.         epochLosses = updatePSNR(epochLosses, loss.item(), len(inputs))
130.         optimizer.zero_grad()
131.         loss.backward()
132.         optimizer.step()
133.         print(f"{epochLosses['avg']:.6f}")
134.
135.     # 保存模型权重
136.     torch.save(model.state_dict(), os.path.join(OutputPath, f'epoch_{epoch}.pth'))
137.
138.     model.eval()
139.     psnr = initPSNR()
140.
141.     # 验证集迭代
142.     for data in evalLoader:
143.         inputs, labels = data
144.         inputs = inputs.to(device)
145.         labels = labels.to(device)
146.
147.         with torch.no_grad():
148.             preds = model(inputs).clamp(0.0, 1.0)
149.
150.         # 计算 PSNR
```

```
151.           tmp_psnr = 10. * torch.log10(1. / torch.mean((preds - labels) * * 2))
152.           psnr = updatePSNR(psnr, tmp_psnr, len(inputs))
153.
154.       print(f'eval psnr: {psnr["avg"]:.2f}')
155.
156.       # 更新最佳模型信息
157.       if psnr['avg'] > bestPSNR:
158.           bestEpoch = epoch
159.           bestPSNR = psnr['avg']
160.           bestWeights = copy.deepcopy(model.state_dict())
161.
162.   print(f'best epoch: {bestEpoch}, psnr: {bestPSNR:.2f}')
163.
164.   # 保存最佳模型权重
165.   torch.save(bestWeights, os.path.join(outPath, 'best.pth'))
```

3.6.2　子像素卷积层

子像素卷积(Sub-pixel Convolution)是一种超分辨率的巧妙方法,也被称为像素洗牌(Pixel Shuffle)。

图3-8来源于文章①,图中很清晰地表达了子像素卷积层的做法。Hidden Layer部分是一个普通的CNN网络,彩色是Sub-pixel Convolution Layer部分。

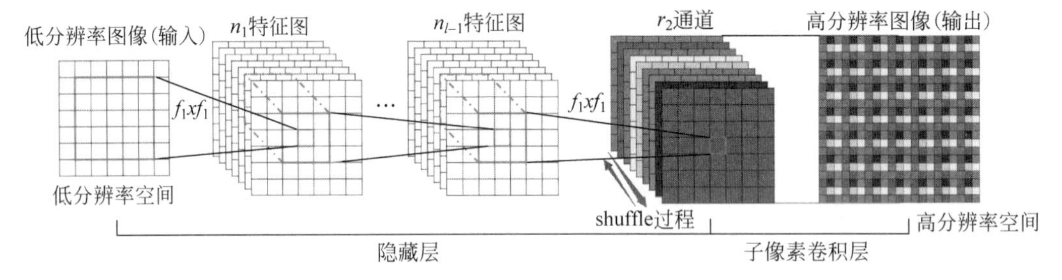

图3-8　子像素卷积层

子像素卷积是一种抽样的反向思想。把一张大图,每隔3个点抽样一个,那就会得到9张低分辨率的图像。于是,如果可以通过CNN来获得9张符合分布的低分辨率图像,那么就可以组成一张高分辨率的大图。

因此CNN部分得到的是N^2个相同大小的特征图,其中N为想要放大的图像倍数。将这些图像拼到一起,就可以得到一张高分辨率的大图。

与SRCNN相比,子像素卷积有一些优势。一方面,SRCNN处理卷积操作时,首先需要通过插值提升低分辨率图像的分辨率,计算时间将增加。而子像素卷积只需要端对端的训练。另一方面,SRCNN基于传统的插值方法,传统的插值方法不会带来解决病态重建问题(ill-posed)的额外信息。

① Shi. Wenzhe, et al. Real-time single image and video super-resolution using an efficient sub-pixel convolutional neural network. Proceedings of the IEEE Conference on Computer Vision and Recognition. 2016.

3.6.3　损失函数的设计

SRCNN 所使用的损失函数为均方损失（MSE），即最小化模型输出得到的 I（得到的超分辨率图像）和 K（原高分辨率图像）像素差的均方误差：

$$\mathrm{MSE}=\frac{1}{mn}\sum_{i=0}^{m-1}\sum_{j=0}^{n-1}[I(i,j)-K(i,j)]^2$$

均方损失是针对像素级的损失计算，与人眼感知的图像质量并不匹配，单一均方损失对于超分辨率任务来说，有时恢复出来的图像细节不好，缺少了高频信息，出现过度平滑的纹理。而重建的高分辨率图像与真实的高分辨率图像无论是低层次的像素值上，还是高层次的抽象特征上，在整体概念和风格上，都应当接近。

在现在的研究中，均方损失（MSE）逐渐被感知损失（Perceptual Loss）代替。感知损失是将生成图片和真实图像共同输入网络中，通过网络提取高频特征，并计算高频特征之间的损失，感知损失的计算步骤如下：

（1）选择一个深度卷积神经网络（如 VGG）：在训练过程中，使用一个在大规模图像分类任务上预训练好的深度卷积神经网络，选择其中的某些中间层的特征表示。

（2）提取特征表示：对于生成图像和真实图像，分别通过选定的深度卷积神经网络，提取中间层的特征表示。

（3）计算感知损失：使用生成图像和真实图像在提取的特征表示上的差异作为感知损失。通常使用均方损失或其他损失函数来度量。

感知损失的数学表达如下，其中 j 表示网络的第 j 层，$C_jH_jW_j$ 表示第 j 层的特征图的尺寸：

$$\ell_{\text{feat}}^{\phi,j}(\hat{y},y)=\frac{1}{C_jH_jW_j}\|\phi_j(\hat{y})-\phi_j(y)\|_2^2$$

3.6.4　评估超分辨率模型的性能

首先要区分性能指标和损失函数的不同。损失函数用于训练模型，而性能指标用于评估模型的整体效果。损失函数关注模型优化的目标，而性能指标关注模型在真实数据上的表现。

峰值信噪比（Peak Signal-to-Noise Ratio，PSNR）：一种评价图像的客观标准，它具有局限性，一般用于图像重建等项目。PSNR 的值越高，表示生成图像与目标图像之间的质量差异越小：

$$\mathrm{PSNR}=10\cdot\lg\left(\frac{\mathrm{MAX}_I^2}{\mathrm{MSE}}\right)$$

结构相似性指数（Structural Similarity Index，SSIM）：一种全局评估图像相似性的指标，考虑了亮度、对比度和结构。SSIM 的值为－1～1，1 表示两幅图像完全相同。在超分辨率任务中，SSIM 常被用于评估生成图像与目标图像的结构相似性：

$$l(x,y)=\frac{2\mu_x\mu_y+c_1}{\mu_x^2+\mu_y^2+c_1}c(x,y)=\frac{2\sigma_x\sigma_y+c_2}{\sigma_x^2+\sigma_y^2+c_2}s(x,y)=\frac{\sigma_{xy}+c_3}{\sigma_x\sigma_y+c_3}$$

其中,μ_x是 x 的均值;μ_y是 y 的均值;σ_x^2是 x 的方差;σ_y^2是 y 的方差;σ_{xy}是 x 和 y 的协方差;$c_1=(k_1L)^2$,$c_2=(k_2L)^2$是两个常数,避免除零,一般取 $c_3=c_2/2$;L 是像素值的范围,2^B-1;$k_1=0.01$,$k_2=0.03$ 为默认值。

那么

$$\mathrm{SSIM}(x,y)=[l(x,y)^\alpha \cdot c(x,y)^\beta \cdot s(x,y)^\gamma]$$

将 α,β,γ 设为 1,可以得到

$$\mathrm{SSIM}(x,y)=\frac{(2\mu_x\mu_y+c_1)(2\sigma_{xy}+c_2)}{(\mu_x^2+\mu_y^2+c_1)(\sigma_x^2+\sigma_y^2+c_2)}$$

在 PyTorch 中提供了一些库支持 PSNR 和 SSIM:

```
1.  from torchvision.transforms.functional import to_pil_image
2.  from skimage.metrics import peak_signal_noise_ratio, structural_similarity
3.
4.  psnr = peak_signal_noise_ratio(to_pil_image(image1), to_pil_image(image2), data_range=255)
5.  ssim = structural_similarity(to_pil_image(image1), to_pil_image(image2), data_range=255)
```

在线视频

3.7 CycleGAN 与非配对图像转换

3.7.1 非配对图像转换

图像转换是指将一幅图像从一个特定的形式、风格、颜色空间或域转换成另一个形式的过程。这个过程可以包括多种操作,目的是改变图像的外观、特征或表达方式,以满足特定的需求或实现特定的目标。

图像转换将一幅图像从一个域转换为另一个域,可能涉及不同的内容和风格。例如,将夏季景色的图像转换为冬季景色的图像,或将马的图像转换为斑马的图像(图 3-9)。与风格迁移不同的是,风格迁移是指将一幅图像的艺术风格应用到另一幅图像上,使得目标图像具有源图像的艺术风格,但保留自己的内容。

图 3-9 非配对图像转换

非配对是指训练过程中没有明确的输入图像与输出图像的一一对应关系,因为现实中为了获取图像的数据往往是困难且昂贵的。因此非配对图像转换的目标就是找到一种方法摆脱图像对数据的依赖直接在图像集合之间学习到映射关系,即利用提供的样本$\{x_i\}_{i=1}^N$和$\{y_i\}_{i=1}^N$学习图像域 X 和 Y 之间的映射函数。

3.7.2　CycleGAN

CycleGAN(Cycle-Consistent Generative Adversarial Network)是一种生成对抗网络(GAN)的变体,用于进行非配对图像转换。传统的图像转换任务通常要求训练数据中存在配对的输入图像和输出图像,但 CycleGAN 通过引入循环一致性损失,使得模型能够在没有配对的数据的情况下进行图像转换。

算法的目标是图像域 X 和 Y 之间的映射函数,设这个映射为 F。它对应着 GAN 中的生成器,F 可以将 X 中的图片 x_i 转换为 Y 中的图片 $F(x_i)$。对于生成的图片,还需要 GAN 中的判别器来判别 $F(x_i)$是否为真实图片,由此构成对抗生成网络。但由于条件为非配对,没有成对数据,这个网络是无法训练的。

对此,作者提出了"循环一致性损失"(cycle consistency loss)的概念。再假设一个映射 G,它可以将 Y 中的图片 y_i 转换为 X 中的图片 $G(y_i)$。

算法同时引入两个判别器 D_X 和 D_Y,D_X 的主要任务是区分图像$\{x_i\}$和 $G(y_i)$,D_Y 的主要任务是区分图像$\{y_i\}$和 $F(x_i)$。

因此 CycleGAN 同时学习 F 和 G 两个映射,并要求 $F[G(y)]=y$,以及 $G[F(x)]=x$。在这一过程中共包含两个对抗性损失和一个循环一致性损失。

对抗性损失由映射 F[生成器,将 X 中的图片 x_i 转换为 Y 中的图片 $F(x_i)$]和判别器 D_Y[区分图像$\{y_i\}$和 $F(x_i)$]组成,另一组亦然。判别器 D_Y 的损失是:

$$\begin{aligned}\mathcal{L}_{\text{GAN}}(G,D_Y,X,Y) &= \mathbb{E}_{y\sim p_{\text{data}}(y)}[\log D_Y(y)] \\ &\quad + \mathbb{E}_{x\sim p_{\text{data}}(x)}[\log(1-D_Y(G(x)))]\end{aligned}$$

其中,$\mathbb{E}_{y\sim p_{\text{data}}}(y)$代表 y 满足 $p_{\text{data}}(y)$的概率分布,并对$[\ln D_y(y)]$求期望。1 代表取一阶值,对数 log()的底数为 e,实际为 ln()。

根据上文的论述,图片转化的循环性应该可以将图片 x_i 转变回到原始的图片,即 $F[G(y)]=y$,以及 $G[F(x)]=x$,循环一致性损失用来描述这一循环:

$$\begin{aligned}\mathcal{L}_{\text{cyc}}(G,F) &= \mathbb{E}_{x\sim p_{\text{data}}(x)}\{\| F[G(x)]-x \|_1\} \\ &\quad + \mathbb{E}_{y\sim p_{\text{data}}(y)}\{\| G[F(y)]-y \|_1\}\end{aligned}$$

完整的优化损失即

$$\begin{aligned}\mathcal{L}(G,F,D_X,D_Y) &= \mathcal{L}_{\text{GAN}}(G,D_Y,X,Y) \\ &\quad + \mathcal{L}_{\text{GAN}}(F,D_X,Y,X) \\ &\quad + \lambda\mathcal{L}_{\text{cyc}}(G,F)\end{aligned}$$

3.7.3　使用 CycleGAN 进行非配对图像转换

本节通过 CycleGAN 进行非配对图像转换的实战演练。首先,导入必要的头文件,设置设备:

```
1.  import torch
2.  from torch import nn
3.  from torch import optim
4.  from matplotlib import pyplot as plt
```

```
5.  import numpy as np
6.  from torchvision.utils import make_grid
7.  from torch.utils.data import DataLoader, Dataset
8.  import cv2
9.  import random
10. from glob import glob
11. from PIL import Image
12. import itertools
13. from torchvision import transforms
14. device = "cuda" if torch.cuda.is_available() else "cpu"
```

定义一些图像处理操作:

```
15. IMAGE_SIZE = 256
16. transform = transforms.Compose([
17.     transforms.Resize(int(IMAGE_SIZE * 1.33)),
18.     transforms.RandomCrop((IMAGE_SIZE,IMAGE_SIZE)),
19.     transforms.RandomHorizontalFlip(),
20.     transforms.ToTensor(),
21.     transforms.Normalize((0.5, 0.5, 0.5), (0.5, 0.5, 0.5)),
22. ])
```

定义数据集类,可以仔细阅读体会取数据的过程:

```
23. # 定义一个用于 CycleGAN 训练的数据集类
24. class CycleGANDataset(Dataset):
25.     def __init__(self, path1, path2):
26.         # 初始化函数,接收两个文件路径作为参数
27.         # path1 和 path2 分别表示两个类别的图像文件夹路径
28.         self.yourclass1 = glob(path1)          # 获取类别 1 的图像文件路径列表
29.         self.yourclass2 = glob(path2)          # 获取类别 2 的图像文件路径列表
30.
31.     # 获取数据集中的图像对
32.     def __getitem__(self, ix):
33.         # 获取类别 1 的图像路径,使用取余操作来循环遍历
34.         class1 = self.yourclass1[ix % len(self.yourclass1)]
35.         # 从类别 2 中随机选择一个图像路径
36.         class2 = random.choice(self.yourclass2)
37.
38.         # 打开图像文件并将其转换为 RGB 格式
39.         class1 = Image.open(class1).convert('RGB')
40.         class2 = Image.open(class2).convert('RGB')
41.
42.         # 返回类别 1 和类别 2 的图像
43.         return class1, class2
44.
45.     # 返回数据集的长度,取两个类别中图像数量的最大值
46.     def __len__(self):
47.         return max(len(self.yourclass1), len(self.yourclass2))
48.
49.     # 随机选择数据集中的一个样本
50.     def choose(self):
51.         return self[random.randint(len(self))]
52.
53.     # 定义用于组合一个批次数据的函数
54.     def collate_fn(self, batch):
55.         # 将批次中的源图像和目标图像分开
56.         srcs, trgs = list(zip(*batch))
```

```
57.
58.         # 将图像转换为 PyTorch 张量,并在 0 轴上拼接成一个批次
59.         srcs = torch.cat([transform(img)[None] for img in srcs], 0).to(device).float()
60.         trgs = torch.cat([transform(img)[None] for img in trgs], 0).to(device).float()
61.
62.         # 返回处理后的源图像和目标图像
63.         return srcs.to(device), trgs.to(device)
```

加载数据,注意,需要有 4 个文件夹,分别存放两类图像的训练数据集和测试数据集:

```
64. trn_ds = CycleGANDataset('your_class1_train_path/*.jpg', 'your_class2_train_pat/*.jpg')
65. val_ds = CycleGANDataset('your_class1_test_path/*.jpg', your_class1_test_path/*.jpg')
66.
67. trn_dl = DataLoader(trn_ds, batch_size=1, shuffle=True, collate_fn=trn_ds.collate_fn)
68. val_dl = DataLoader(val_ds, batch_size=5, shuffle=True, collate_fn=val_ds.collate_fn)
```

定义网络的权重初始化方法:

```
69. # 定义权重初始化函数 weights_init_normal
70. def weights_init_normal(m):
71.     # 获取当前模块的类名
72.     classname = m.__class__.__name__
73.     # 如果类名中包含 "Conv",表示当前模块是卷积层
74.     if classname.find("Conv") != -1:
75.         # 使用正态分布初始化卷积核权重
76.         torch.nn.init.normal_(m.weight.data, 0.0, 0.02)
77.         # 如果存在偏置项,则使用常数初始化
78.         if hasattr(m, "bias") and m.bias is not None:
79.             torch.nn.init.constant_(m.bias.data, 0.0)
80.     # 如果类名中包含 "BatchNorm2d",表示当前模块是批归一化层
81.     elif classname.find("BatchNorm2d") != -1:
82.         # 使用正态分布初始化批归一化的权重和常数初始化偏置项
83.         torch.nn.init.normal_(m.weight.data, 1.0, 0.02)
84.         torch.nn.init.constant_(m.bias.data, 0.0)
```

上文提到过,随着网络层数的增加,梯度消失和梯度爆炸问题会越来越明显。假设每一层的梯度误差是一个小于 1 的数,在反向传播的过程当中,每向前传播一次,都要乘上一个小于 1 的误差梯度。当网络越来越深的时候,乘上的小于 1 的系数就越来越趋近于 0,这样梯度越来越小,就造成了梯度消失的情况。反过来,梯度是一个大于 1 的数,在反向传播的过程中,每传播一次梯度就要乘上的一个大于 1 的数,当网络越来越深的时候,乘上的大于 1 的系数就无限大,梯度就越来越大,造成梯度爆炸的情况。

而残差块结构(residual block)是一种重要的网络设计模块。它通过引入跳跃连接来缓解梯度消失问题,提高网络性能。

残差块的一般结构如下。

(1) 输入(x):输入信号,如一个特征图。

(2) 主要路径(main path):包含多个卷积层、归一化层和激活函数的主要层路径,用于学习特征映射。

(3) 跳跃连接(skip connection):直接连接输入和主要路径的输出,形成残差连接。这个连接允许梯度直接通过,避免了梯度消失问题。

如图 3-10 所示,一个残差块的前向传播可以表示为

$$\text{Output}=\text{Activation}[\text{MainPath}(\text{Input})+\text{Input}]$$

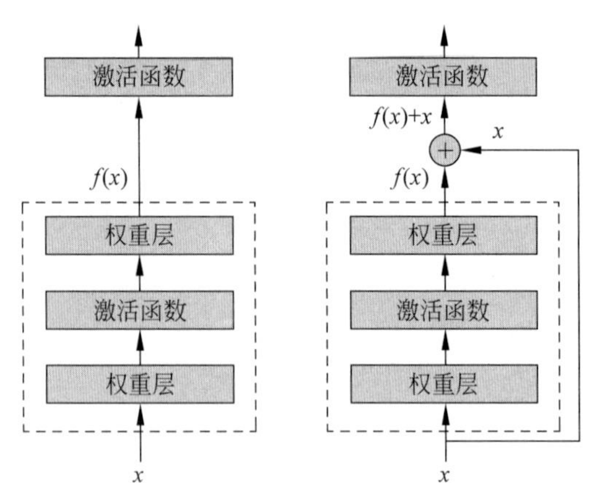

图 3-10 残差块前向传播

那么为什么残差块能够缓解梯度消失问题？由残差块的表示式可得

$$x_1 = x_0 + F(x_0, W_0)$$

$$x_2 = x_1 + F(x_1, W_1) = x_0 + F(x_0, W_0) + F(x_1, W_1)$$

$$\vdots$$

$$x_L = x_l + \sum_{i=l}^{L-1} F(x_i, W_i)$$

上述过程说明：L 层可以表示为任意一个比它浅的 l 层和它们之间的残差部分之和。也说明了残差网络在训练的过程中始终保留了原始信息，还增加了网络中获取的新知识。

设损失函数为 Loss，则根据 BP 算法的链式求导公式为

$$\frac{\partial \text{Loss}}{\partial x_l} = \frac{\partial \text{Loss}}{\partial x_L} \cdot \frac{\partial x_L}{\partial x_l} = \frac{\partial \text{Loss}}{\partial x_L} \cdot \left(1 + \frac{\partial \sum_{i=l}^{L-1} F(x_i, W_i)}{\partial x_l}\right) = \frac{\partial \text{Loss}}{\partial x_L} + \frac{\partial \text{Loss}}{\partial x_L} \cdot \frac{\partial \sum_{i=l}^{L-1} F(x_i, W_i)}{\partial x_l}$$

由损失函数的梯度计算结果可知，网络在进行反向传播时，错误信号可以不经过任何中间权重矩阵变换直接传播到低层，一定程度上可以缓解梯度弥散(梯度消失)问题（即使中间层矩阵权重很小，梯度也基本不会消失）。

本实例中，残差块的定义如下：

```
85.  class ResidualBlock(nn.Module):
86.      def __init__(self, in_features):
87.          super(ResidualBlock, self).__init__()
88.
89.          # 定义残差网络结构
90.          self.block = nn.Sequential(
91.              nn.ReflectionPad2d(1),
92.              nn.Conv2d(in_features, in_features, 3),
93.              nn.InstanceNorm2d(in_features),
94.              nn.ReLU(inplace = True),
95.              nn.ReflectionPad2d(1),
96.              nn.Conv2d(in_features, in_features, 3),
97.              nn.InstanceNorm2d(in_features),
98.          )
99.
```

```
100.     # 返回残差和输入之和
101.     def forward(self, x):
102.         return x + self.block(x)
```

定义生成器：

```
103. # 定义生成器网络类,继承自 PyTorch 的 nn.Module
104. class GeneratorResNet(nn.Module):
105.     # 初始化方法,接收残差块的数量作为参数,默认为 9 个
106.     def __init__(self, num_residual_blocks = 9):
107.         super(GeneratorResNet, self).__init__()
108.         # 初始特征数
109.         out_features = 64
110.         # 输入图像的通道数
111.         channels = 3
112.         # 定义模型列表,包含生成器的各个层
113.         model = [
114.             nn.ReflectionPad2d(3),
115.             nn.Conv2d(channels, out_features, 7),
116.             nn.InstanceNorm2d(out_features),
117.             nn.ReLU(inplace = True),
118.         ]
119.         # 记录输入特征数
120.         in_features = out_features
121. 
122.         # 下采样部分
123.         for _ in range(2):
124.             out_features * = 2
125.             model += [
126.                 nn.Conv2d(in_features, out_features, 3, stride = 2, padding = 1),
127.                 nn.InstanceNorm2d(out_features),
128.                 nn.ReLU(inplace = True),
129.             ]
130.             in_features = out_features
131. 
132.         # 残差块部分
133.         for _ in range(num_residual_blocks):
134.             model += [ResidualBlock(out_features)]
135. 
136.         # 上采样部分
137.         for _ in range(2):
138.             out_features //= 2
139.             model += [
140.                 nn.Upsample(scale_factor = 2),
141.                 nn.Conv2d(in_features, out_features, 3, stride = 1, padding = 1),
142.                 nn.InstanceNorm2d(out_features),
143.                 nn.ReLU(inplace = True),
144.             ]
145.             in_features = out_features
146. 
147.         # 输出层
148.         model += [nn.ReflectionPad2d(channels), nn.Conv2d(out_features, channels, 7),
     nn.Tanh()]
149. 
150.         # 将模型列表转换为 Sequential 模型
```

```
151.         self.model = nn.Sequential( * model)
152.         # 使用刚刚定义的权重初始化方法对生成器模型进行初始化
153.         self.apply(weights_init_normal)
154.
155.     # 定义前向传播方法
156.     def forward(self, x):
157.         return self.model(x)
```

定义判别器:

```
158. # 定义判别器网络类
159. class Discriminator(nn.Module):
160.     # 初始化方法
161.     def __init__(self):
162.         super(Discriminator, self).__init__()
163.
164.         channels, height, width = 3, IMAGE_SIZE, IMAGE_SIZE
165.
166.         # 定义判别器块的结构
167.         def discriminator_block(in_filters, out_filters, normalize = True):
168.             """Returns downsampling layers of each discriminator block"""
169.             layers = [nn.Conv2d(in_filters, out_filters, 4, stride = 2, padding = 1)]
170.             if normalize:
171.                 layers.append(nn.InstanceNorm2d(out_filters))
172.             layers.append(nn.LeakyReLU(0.2, inplace = True))
173.             return layers
174.
175.         # 判别器模型
176.         self.model = nn.Sequential(
177.             * discriminator_block(channels, 64, normalize = False),
178.             * discriminator_block(64, 128),
179.             * discriminator_block(128, 256),
180.             * discriminator_block(256, 512),
181.             nn.ZeroPad2d((1, 0, 1, 0)),
182.             nn.Conv2d(512, 1, 4, padding = 1)
183.         )
184.         # 初始化判别器权重
185.         self.apply(weights_init_normal)
186.
187.     # 判别器的前向传播方法
188.     def forward(self, img):
189.         return self.model(img)
```

定义图像样本生成函数:

```
190. # 使用 @torch.no_grad() 装饰器,确保在生成样本时不计算梯度
191. @torch.no_grad()
192. # 定义生成样本的函数
193. def generate_sample(G_AB, G_BA):
194.     # 从验证数据集加载一个批次的数据
195.     data = next(iter(val_dl))
196.     # 将生成器设置为评估模式
197.     G_AB.eval()
198.     G_BA.eval()
199.
200.     # 获取真实图像数据
```

```
201.        real_A, real_B = data
202.        # 使用生成器生成假图像
203.        fake_B = G_AB(real_A)
204.        fake_A = G_BA(real_B)
205.
206.        # 将图像排列在 x 轴上
207.        real_A = make_grid(real_A, nrow = 5, normalize = True)
208.        real_B = make_grid(real_B, nrow = 5, normalize = True)
209.        fake_A = make_grid(fake_A, nrow = 5, normalize = True)
210.        fake_B = make_grid(fake_B, nrow = 5, normalize = True)
211.
212.        # 将图像排列在 y 轴上
213.        image_grid = torch.cat((real_A, fake_B, real_B, fake_A), 1)
214.
215.        # 显示图像网格
216.        plt.imshow(image_grid.detach().cpu().permute(1, 2, 0).numpy())
217.        plt.show()
```

定义生成器训练函数：

```
218.    # 定义生成器训练步骤函数
219.    def generator_train_step(Gs, optimizer, real_A, real_B, D_A, D_B, criterion_identity,
    criterion_cycle, criterion_GAN, lambda_cyc, lambda_id):
220.        # 分别获取生成器 G_AB 和 G_BA
221.        G_AB, G_BA = Gs
222.        # 清零优化器梯度
223.        optimizer.zero_grad()
224.
225.        # 计算身份损失(Identity Loss)
226.        loss_id_A = criterion_identity(G_BA(real_A), real_A)
227.        loss_id_B = criterion_identity(G_AB(real_B), real_B)
228.        loss_identity = (loss_id_A + loss_id_B) / 2
229.
230.        # 生成假图像并计算生成对抗损失(GAN Loss)
231.        fake_B = G_AB(real_A)
232.        loss_GAN_AB = criterion_GAN(D_B(fake_B), torch.Tensor(np.ones((len(real_A), 1,
    16, 16))).to(device))
233.
234.        fake_A = G_BA(real_B)
235.        loss_GAN_BA = criterion_GAN(D_A(fake_A), torch.Tensor(np.ones((len(real_A), 1,
    16, 16))).to(device))
236.
237.        # 总体生成对抗损失
238.        loss_GAN = (loss_GAN_AB + loss_GAN_BA) / 2
239.
240.        # 重构图像并计算循环一致性损失(Cycle Consistency Loss)
241.        recov_A = G_BA(fake_B)
242.        loss_cycle_A = criterion_cycle(recov_A, real_A)
243.
244.        recov_B = G_AB(fake_A)
245.        loss_cycle_B = criterion_cycle(recov_B, real_B)
246.
247.        # 总体循环一致性损失
248.        loss_cycle = (loss_cycle_A + loss_cycle_B) / 2
249.
```

```
250.     # 计算生成器总体损失
251.     loss_G = loss_GAN + lambda_cyc * loss_cycle + lambda_id * loss_identity
252.
253.     # 反向传播和优化
254.     loss_G.backward()
255.     optimizer.step()
256.
257.     # 返回各个损失和生成的假图像
258.     return loss_G, loss_identity, loss_GAN, loss_cycle, loss_G, fake_A, fake_B
```

定义判别器训练函数:

```
259. def discriminator_train_step(D, real_data, fake_data, optimizer, criterion_GAN):
260.     optimizer.zero_grad()
261.
262.     # 真实图像的 GAN 损失
263.     loss_real = criterion_GAN(D(real_data), torch.Tensor(np.ones((len(real_data), 1,
   16, 16))).to(device))
264.     # 生成图像的 GAN 损失
265.     loss_fake = criterion_GAN(D(fake_data.detach()), torch.Tensor(np.zeros((len(real_
   data), 1, 16, 16))).to(device))
266.     # 判别器总损失
267.     loss_D = (loss_real + loss_fake) / 2
268.
269.     loss_D.backward()
270.     optimizer.step()
271.
272.     return loss_D
```

定义生成器、判别器对象、优化器和损失函数:

```
273. # 创建生成器 G_AB 和 G_BA 以及判别器 D_A 和 D_B 的实例,并将它们移动到设备上
274. G_AB = GeneratorResNet().to(device)
275. G_BA = GeneratorResNet().to(device)
276. D_A = Discriminator().to(device)
277. D_B = Discriminator().to(device)
278.
279. # 定义损失函数:GAN 损失使用均方误差(MSE)损失,循环一致性损失和身份损失使用 L1 损失
280. criterion_GAN = torch.nn.MSELoss()
281. criterion_cycle = torch.nn.L1Loss()
282. criterion_identity = torch.nn.L1Loss()
283.
284. # 定义生成器和判别器的优化器,分别优化 G_AB、G_BA、D_A 和 D_B 的参数
285. optimizer_G = torch.optim.Adam(
286.   itertools.chain(G_AB.parameters(), G_BA.parameters()), lr = 0.0002, betas = (0.5, 0.999)
287. )
288. optimizer_D_A = torch.optim.Adam(D_A.parameters(), lr = 0.0002, betas = (0.5, 0.999))
289. optimizer_D_B = torch.optim.Adam(D_B.parameters(), lr = 0.0002, betas = (0.5, 0.999))
290.
291. # 定义超参数,包括循环一致性损失权重(lambda_cyc)和身份损失权重(lambda_id)
292. lambda_cyc, lambda_id = 10.0, 5.0
```

训练网络:

```
293. # 设置训练的总轮数
294. n_epochs = 50
295.
```

```
296.  # 初始化记录器,用于记录训练过程中的损失
297.  log = Report(n_epochs)
298.
299.  # 初始化保存每个 epoch 的损失列表
300.  loss_D_epochs = []
301.  loss_G_epochs = []
302.  loss_GAN_epochs = []
303.  loss_cycle_epochs = []
304.  loss_identity_epochs = []
305.
306.  # 开始训练循环
307.  for epoch in range(n_epochs):
308.      # 获取训练数据集的长度
309.      N = len(trn_dl)
310.
311.      # 初始化存储每个 batch 的损失的列表
312.      loss_D_items = []
313.      loss_G_items = []
314.      loss_GAN_items = []
315.      loss_cycle_items = []
316.      loss_identity_items = []
317.
318.      # 遍历训练数据集中的每个 batch
319.      for bx, batch in enumerate(trn_dl):
320.          # 获取真实图像数据
321.          real_A, real_B = batch
322.
323.          # 调用生成器训练步骤函数,计算并优化生成器的损失
324.          loss_G, loss_identity, loss_GAN, loss_cycle, loss_G, fake_A, fake_B = generator_
    train_step((G_AB, G_BA), optimizer_G, real_A, real_B, D_A, D_B, criterion_identity,
    criterion_cycle, criterion_GAN, lambda_cyc, lambda_id)
325.
326.          # 调用判别器训练步骤函数,计算并优化判别器的损失
327.          loss_D_A = discriminator_train_step(D_A, real_A, fake_A, optimizer_D_A,
    criterion_GAN)
328.          loss_D_B = discriminator_train_step(D_B, real_B, fake_B, optimizer_D_B,
    criterion_GAN)
329.          loss_D = (loss_D_A + loss_D_B) / 2
330.
331.          # 将每个 batch 的损失记录到相应的列表中
332.          loss_D_items.append(loss_D.item())
333.          loss_G_items.append(loss_G.item())
334.          loss_GAN_items.append(loss_GAN.item())
335.          loss_cycle_items.append(loss_cycle.item())
336.          loss_identity_items.append(loss_identity.item())
337.
338.      # 计算并记录每个 epoch 的平均损失
339.      loss_D_epochs.append(np.average(loss_D_items))
340.      loss_G_epochs.append(np.average(loss_G_items))
341.      loss_GAN_epochs.append(np.average(loss_GAN_items))
342.      loss_cycle_epochs.append(np.average(loss_cycle_items))
343.      loss_identity_epochs.append(np.average(loss_identity_items))
```

训练模型后,测试模型生成图像:

```
344.  generate_sample(G_AB, G_BA)
```

第4章

视觉系统应用

CHAPTER 4

任务导入：

在之前的章节中我们介绍了在计算机视觉领域中最为经典的卷积神经网络以及它们的各种变体，上述卷积神经网络可以应用于图形分类的任务中。

本章内容基于前序章节的内容，探索了计算机视觉领域中的两个重要任务：目标检测（object detection）和语义分割（semantic segmentation）。本章首先介绍这两个任务的定义和基本概念，然后深入讨论目标检测的基础知识，包括区域卷积神经网络（R-CNN）和改进版本，以及UNet网络在语义分割任务中的应用。接着通过介绍基于单发多框检测（Single Shot Multibox Detector，SSD）和区域卷积神经网络的目标检测方法，以及基于UNet网络的语义分割方法，展示最新的技术进展和应用案例。通过学习本章内容，读者将深入了解目标检测和语义分割任务的基本原理、常用方法以及最新进展，从而能够在实际应用中更加准确地处理和分析图像数据。

知识目标：

（1）了解区域卷积神经网络与单发多框检测。

（2）了解UNet网络结构。

能力目标：

（1）能使用RNN与SSD方法完成目标检测。

（2）能实现UNet并基于UNet完成语义分割任务。

4.1　任务导学：什么是目标检测与语义分割

目标检测的任务是辨识图像中的物体，并精确定位它们的位置和大小，然后进行分类，从而实现对图像中物体的识别。通常，目标检测算法利用深度学习技术，在大量标注数据的训练下，学习如何从图像中识别物体的特征。

相较之下，语义分割的目标是识别图像中每像素所代表的类别。它通过对图像中的所有像素进行分类，以区分图像中不同的物体和背景，使得计算机能够理解图像的内容。语义分割算法同样采用深度学习技术，在大量标注数据的训练下，学习如何对像素进行分类。

4.2　任务知识

4.2.1　目标检测基础

首先介绍目标的位置。下面加载本节将使用的示例图像，如图 4-1 所示。可以看到图像左边是一只狗，右边是一只猫。它们是这幅图像里的两个主要目标。

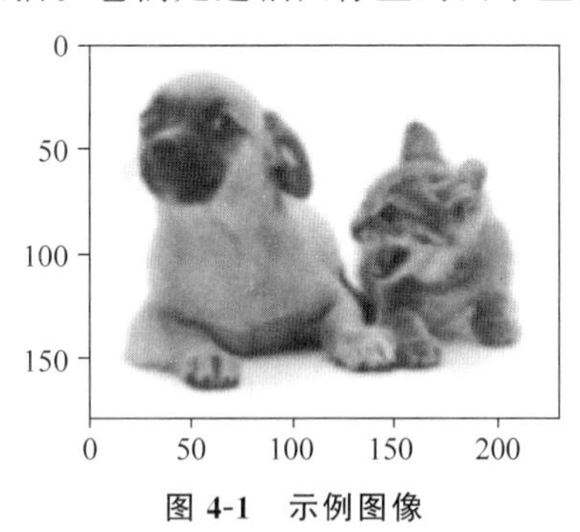

图 4-1　示例图像

1. 边界框

在目标检测中，一般使用边界框（bounding box）来描述对象在图像中的空间位置。这种边界框通常是矩形的，由左上角和右下角的坐标确定。另外一种常见的边界框表示方法是以边界框中心点的坐标(x,y)以及框的宽度和高度来描述。

在这里，定义了两个函数用于在这两种表示法之间进行转换：box_corner_to_center，用于将边界框从两个角的表示法转换为中心宽度的表示法，而 box_center_to_corner 则反之。输入参数 boxes 可以是长度为 4 的张量，也可以是形状为$(n,4)$的二维张量，其中 n 是边界框的数量。

```
1.  %matplotlib inline #jupyter notebook 中使用,否则不需要这行代码
2.  import torch
3.  from d2l import torch as d2l
4.  #@save
5.  def box_corner_to_center(boxes):
6.      """从(左上,右下)转换到(中间,宽度,高度)"""
```

```
7.    x1, y1, x2, y2 = boxes[:, 0], boxes[:, 1], boxes[:, 2], boxes[:, 3]
8.    cx = (x1 + x2) / 2
9.        cy = (y1 + y2) / 2
10.       w = x2 - x1
11.       h = y2 - y1
12.       boxes = torch.stack((cx, cy, w, h), axis = -1)
13.       return boxes
14.
15.   #@save
16.   def box_center_to_corner(boxes):
17.       """从(中间,宽度,高度)转换到(左上,右下)"""
18.       cx, cy, w, h = boxes[:, 0], boxes[:, 1], boxes[:, 2], boxes[:, 3]
19.       x1 = cx - 0.5 * w
20.       y1 = cy - 0.5 * h
21.       x2 = cx + 0.5 * w
22.       y2 = cy + 0.5 * h
23.       boxes = torch.stack((x1, y1, x2, y2), axis = -1)
24.       return boxes
```

上述代码以图像的左上角为坐标原点,定义了狗和猫在图像中的边界框。在这里,bbox 的 4 个值分别表示左上角 x 坐标,左上角 y 坐标,右下角 x 坐标,右下角 y 坐标。可根据读者使用的具体图像和图像大小重新设置这些值。

```
25.  # bbox 是边界框的英文缩写
26.  dog_bbox, cat_bbox = [15.0, 15.0, 125.0, 160.0], [130.0, 35.0, 210.0, 160.0]
```

可以将边界框在图中画出,以检查其是否准确。在画出边框之前,首先定义一个辅助函数 bbox_to_rect。它将边界框表示成 matplotlib 的边界框格式。

在图像上添加边界框之后,可以看到两个物体的主要轮廓基本上在两个框内,如图 4-2 所示。

```
27.    #@save
28.    def bbox_to_rect(bbox, color):
29.        # 将边界框(左上 x,左上 y,右下 x,右下 y)格式转换成 matplotlib 格式:
30.        # ((左上 x,左上 y),宽,高)
31.        return d2l.plt.Rectangle(
32.            xy = (bbox[0], bbox[1]), width = bbox[2] - bbox[0], height = bbox[3] - bbox[1],
33.            fill = False, edgecolor = color, linewidth = 2)
34.    fig = d2l.plt.imshow(img)
35.    fig.axes.add_patch(bbox_to_rect(dog_bbox, 'blue'))
36.    fig.axes.add_patch(bbox_to_rect(cat_bbox, 'red'));
```

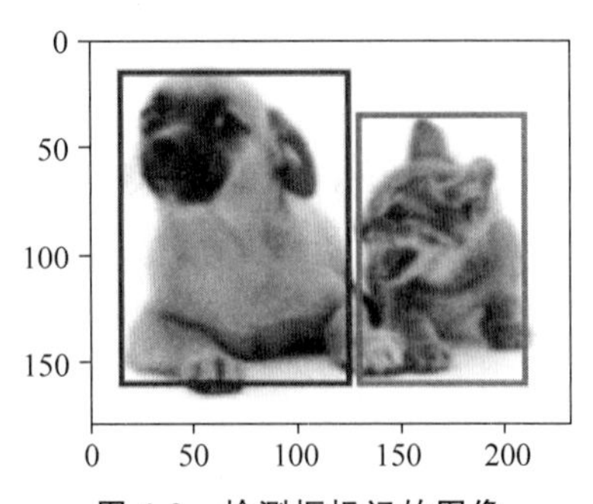

图 4-2　检测框标记的图像

2. 锚框

目标检测算法通常会在输入图像中采样大量的区域，然后判断这些区域中是否包含感兴趣的目标，并调整区域边界从而更准确地预测目标的真实边界框(ground-truth bounding box)。不同的模型使用的区域采样方法可能不同。这里介绍其中的一种方法：以每像素为中心，生成多个缩放比和宽高比(aspect ratio)不同的边界框。这些边界框被称为锚框(anchor box)。后续的 SSD 检测方法就是基于锚框实现的。

如何生成多个锚框？假设输入图像的高度为 h，宽度为 w。以图像的每像素为中心生成不同形状的锚框：缩放比为 $s\in(0,1]$，宽高比为 $r>0$。那么锚框的宽度和高度分别是 $hs\sqrt{r}$ 和 $hs/\sqrt{r}$。注意，当中心位置给定时，已知宽和高的锚框是确定的。

要生成多个不同形状的锚框，需要设置许多缩放比(scale)取值 $s_1, s_2,\cdots,s_n$ 和许多宽高比(aspect ratio)取值 $r_1,r_2,\cdots,r_m$。当使用这些比例和长宽比的所有组合以每像素为中心时，输入图像将总共有 whnm 个锚框。尽管这些锚框可能会覆盖所有真实边界框，但计算复杂性很容易过高。在实践中，只考虑包含 s_1 或 r_1 的组合：

$$(s_1, r_1),(s_1, r_2),\cdots,(s_1, r_m),(s_2, r_1),(s_3,r_1),\cdots,(s_n, r_1)$$

也就是说，以同一像素为中心的锚框的数量是 $n+m-1$。对于整个输入图像，将共生成 $wh(n+m-1)$ 个锚框。

上述生成锚框的方法在下面的 multibox_prior 函数中实现。通过指定输入图像、尺寸列表和宽高比列表，此函数将返回所有的锚框。

```
1.   %matplotlib inline #若不使用 jupyter notebook,则不需要这句代码
2.   import torch
3.   from d2l import torch as d2l
4.
5.   torch.set_printoptions(2)                               # 精简输出精度
6.   #@save
7.   def multibox_prior(data, sizes, ratios):
8.       """生成以每像素为中心具有不同形状的锚框"""
9.       in_height, in_width = data.shape[-2:]
10.          device, num_sizes, num_ratios = data.device, len(sizes), len(ratios)
11.          boxes_per_pixel = (num_sizes + num_ratios - 1)
12.          size_tensor = torch.tensor(sizes, device=device)
13.          ratio_tensor = torch.tensor(ratios, device=device)
14.
15.          # 为了将锚点移动到像素的中心,需要设置偏移量.
16.          # 因为 1 像素的高为 1 且宽为 1,选择偏移中心 0.5
17.          offset_h, offset_w = 0.5, 0.5
18.          steps_h = 1.0 / in_height                       # 在 y 轴上缩放步长
19.          steps_w = 1.0 / in_width                        # 在 x 轴上缩放步长
20.
21.          # 生成锚框的所有中心点
22.          center_h = (torch.arange(in_height, device=device) + offset_h) * steps_h
23.          center_w = (torch.arange(in_width, device=device) + offset_w) * steps_w
24.          shift_y, shift_x = torch.meshgrid(center_h, center_w)
25.          shift_y, shift_x = shift_y.reshape(-1), shift_x.reshape(-1)
26.
27.          # 生成"boxes_per_pixel"个高和宽,
```

```
28.         # 之后用于创建锚框的四角坐标(xmin,xmax,ymin,ymax)
29.         w = torch.cat((size_tensor * torch.sqrt(ratio_tensor[0]),
30.                        sizes[0] * torch.sqrt(ratio_tensor[1:])))\
31.                        * in_height / in_width          # 处理矩形输入
32.         h = torch.cat((size_tensor / torch.sqrt(ratio_tensor[0]),
33.                        sizes[0] / torch.sqrt(ratio_tensor[1:])))
34.         # 除以 2 来获得半高和半宽
35.         anchor_manipulations = torch.stack((-w, -h, w, h)).T.repeat(
36.                                             in_height * in_width, 1) / 2
37.
38.         # 每个中心点都将有"boxes_per_pixel"个锚框,
39.         # 所以生成含所有锚框中心的网格,重复了"boxes_per_pixel"次
40.         out_grid = torch.stack([shift_x, shift_y, shift_x, shift_y],
41.                     dim=1).repeat_interleave(boxes_per_pixel, dim=0)
42.         output = out_grid + anchor_manipulations
43.         return output.unsqueeze(0)
```

可以看到返回的锚框变量 Y 的形状是(批量大小,锚框的数量,4)。

```
44.     img = d2l.plt.imread('Your_Path_to_Image')  #图片存储的位置,最好用示例中的狗和
                                                    #猫的图片
45.     h, w = img.shape[:2]
46.
47.     print(h, w)
48.     X = torch.rand(size=(1, 3, h, w))
49.     Y = multibox_prior(X, sizes=[0.75, 0.5, 0.25], ratios=[1, 2, 0.5])
50.     Y.shape
```

将 Y 的形状调整为(图像高度, 图像宽度, 每像素作为中心的锚框数量, 4)后,可以获取以指定像素位置为中心的所有锚框。在接下来的内容中,将检索以(250,250)为中心的第一个锚框。它包含 4 个元素,分别表示锚框的左上角和右下角在 x 和 y 轴上的坐标。这两个轴上的坐标都经过了图像宽度和高度的归一化处理。

```
51.  boxes = Y.reshape(h, w, 5, 4)
```

为了显示图像中以某像素为中心的所有锚框,定义下面的 show_bboxes 函数来在图像上绘制多个边界框。

```
52.     X = torch.rand(size=(1, 3, h, w)
53.     #@save
54.     def show_bboxes(axes, bboxes, labels=None, colors=None):
55.         """显示所有边界框"""
56.         def _make_list(obj, default_values=None):
57.             if obj is None:
58.                 obj = default_values
59.             elif not isinstance(obj, (list, tuple)):
60.                 obj = [obj]
61.             return obj
62.
63.         labels = _make_list(labels)
64.         colors = _make_list(colors, ['b', 'g', 'r', 'm', 'c'])
65.         for i, bbox in enumerate(bboxes):
66.             color = colors[i % len(colors)]
67.             rect = d2l.bbox_to_rect(bbox.detach().numpy(), color)
68.             axes.add_patch(rect)
```

```
69.            if labels and len(labels) > i:
70.                text_color = 'k' if color == 'w' else 'w'
71.                axes.text(rect.xy[0], rect.xy[1], labels[i],
72.                        va = 'center', ha = 'center', fontsize = 9, color =
                 text_color, bbox = dict(facecolor = color, lw = 0))
```

正如代码中所示，变量 boxes 中的 x 轴和 y 轴坐标值已经归一化，分别除以了图像的宽度和高度。在绘制锚框时，需要将它们恢复为原始的坐标值。因此，定义变量 bbox_scale。现在，可以绘制出所有以(80,100)为中心的锚框了。需要注意的是，这里的(80,100)是根据示例图像选择的中心点，读者在实际实现中需要根据所使用图像的大小进行调整。如图 4-3 所示，具有缩放比为 0.75 且宽高比为 1 的蓝色锚框较好地围绕着图像中的狗。

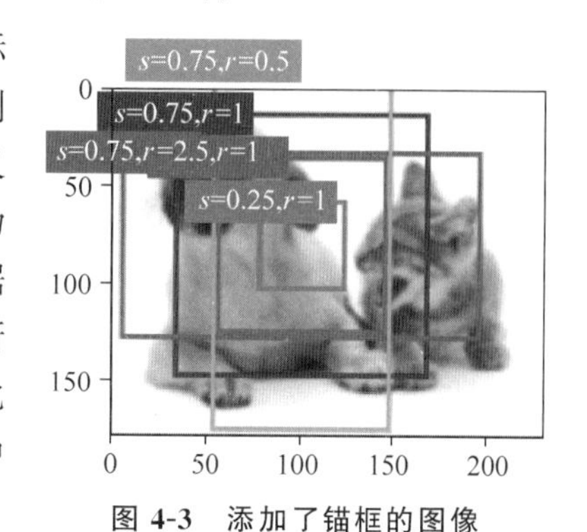

图 4-3 添加了锚框的图像

```
73.     d2l.set_figsize()
74.     bbox_scale = torch.tensor((w, h, w, h))
75.     fig = d2l.plt.imshow(img)
76.     show_bboxes(fig.axes, boxes[80, 100, :, :] * bbox_scale, ['s = 0.75, r = 1', 's = 0.5,
     r = 1', 's = 0.25, r = 1', 's = 0.75, r = 2', 's = 0.75, r = 0.5'])
```

刚刚提到某个锚框“较好地”覆盖了图像中的狗。但如果已知目标的真实边界框，那么如何量化这里的“好”呢？直观地说，可以通过衡量锚框和真实边界框之间的相似性来评估。杰卡德(Jaccard)系数可以用来衡量两组之间的相似性。给定集合 A 和 B，它们的杰卡德系数是它们交集的大小除以它们并集的大小：

$$J(A,B)=\frac{|A \cap B|}{|A \cup B|}$$

实际上，可以将任何边界框的像素区域视为一组像素。通过这种方法，可以利用它们的像素集之间的杰卡德系数来衡量两个边界框的相似性。对于两个边界框，它们的杰卡德系数通常称为交并比(Intersection over Union，IoU)，即两个边界框相交面积与相并面积之比，如图 4-4 所示。交并比的取值为 0～1：0 表示两个边界框没有重叠像素，1 表示两个边界框完全重叠。

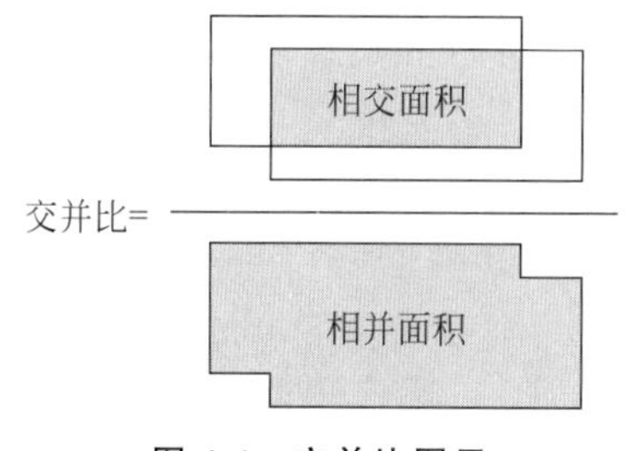

图 4-4 交并比图示

接下来将使用交并比来衡量锚框和真实边界框之间，以及不同锚框之间的相似度。给定两个锚框或边界框的列表，以下 box_iou 函数将在这两个列表中计算它们成对的交并比。

```
77.     #@save
78.     def box_iou(boxes1, boxes2):
79.         """计算两个锚框或边界框列表中成对的交并比"""
80.         box_area = lambda boxes: ((boxes[:, 2] - boxes[:, 0]) *
81.                                   (boxes[:, 3] - boxes[:, 1]))
82.         # boxes1,boxes2,areas1,areas2 的形状:
83.         # boxes1:(boxes1 的数量,4),
84.         # boxes2:(boxes2 的数量,4),
```

```
85.        # areas1:(boxes1 的数量,),
86.        # areas2:(boxes2 的数量,)
87.        areas1 = box_area(boxes1)
88.        areas2 = box_area(boxes2)
89.        # inter_upperlefts,inter_lowerrights,inters 的形状:
90.        # (boxes1 的数量,boxes2 的数量,2)
91.        inter_upperlefts = torch.max(boxes1[:, None, :2], boxes2[:, :2])
92.        inter_lowerrights = torch.min(boxes1[:, None, 2:], boxes2[:, 2:])
93.        inters = (inter_lowerrights - inter_upperlefts).clamp(min=0)
94.        # inter_areasandunion_areas 的形状:(boxes1 的数量,boxes2 的数量)
95.        inter_areas = inters[:, :, 0] * inters[:, :, 1]
96.        union_areas = areas1[:, None] + areas2 - inter_areas
97.        return inter_areas / union_areas
```

在训练数据集中,将每个锚框都视为一个训练样本。为了训练目标检测模型,需要为每个锚框提供类别和偏移量标签。其中,类别标签是与锚框相关的对象的类别,而偏移量则表示真实边界框相对于锚框的位置偏移。在预测阶段,会为每张图像生成多个锚框,并预测这些锚框的类别和偏移量。根据预测的偏移量调整锚框的位置以得到预测的边界框,最后只输出符合特定条件的预测边界框。

目标检测训练集包含真实边界框的位置以及其所包含的物体类别标签。对于任何生成的锚框,可以参考分配给它的最接近的真实边界框的位置和类别标签来进行标记。

在进行预测时,先为图像生成多个锚框,然后对这些锚框逐一进行类别和偏移量的预测。一旦某个边界框的预测完成,其坐标将根据其中某个带有预测偏移量的锚框进行生成。接下来实现一个名为 offset_inverse 的函数。该函数接收锚框和偏移量预测作为输入,并应用逆偏移变换以返回预测的边界框坐标。

```
98.    #@save
99.    def offset_inverse(anchors, offset_preds):
100.       """根据带有预测偏移量的锚框来预测边界框"""
101.       anc = d2l.box_corner_to_center(anchors)
102.       pred_bbox_xy = (offset_preds[:, :2] * anc[:, 2:] / 10) + anc[:, :2]
103.       pred_bbox_wh = torch.exp(offset_preds[:, 2:] / 5) * anc[:, 2:]
104.       pred_bbox = torch.cat((pred_bbox_xy, pred_bbox_wh), axis=1)
105.       predicted_bbox = d2l.box_center_to_corner(pred_bbox)
106.       return predicted_bbox
```

当存在许多锚框时,可能会输出许多相似的、明显重叠的预测边界框,它们都围绕着同一个目标。为了简化输出,可以使用非极大值抑制(Non-Maximum Suppression,NMS)来合并属于同一目标的类似的预测边界框。

以下是非极大值抑制的工作原理。对于一个预测边界框 B,目标检测模型会计算每个类别的预测概率。假设最大的预测概率为 p,则该概率所对应的类别 B 即为预测的类别。具体来说,将 p 称为预测边界框 B 的置信度(confidence)。在同一张图像中,所有预测的非背景边界框都按置信度降序排序,以生成列表 L。然后通过以下步骤对排序列表 L 进行操作。

(1) 从 L 中选取置信度最高的预测边界框 B1 作为基准,然后将所有与 B1 的 IoU 超过预定阈值 ϵ 的非基准预测边界框从 L 中移除。这时 L 保留了置信度最高的预测边界框,去除了与其太过相似的其他预测边界框。简言之,那些具有非极大值置信度的边界框被抑制了。

(2) 从 L 中选取置信度第二高的预测边界框 B2 作为又一个基准,然后将所有与 B2 的 IoU 大于 ε 的非基准预测边界框从 L 中移除。

(3) 重复上述过程,直到 L 中的所有预测边界框都曾被用作基准。此时,L 中任意一对预测边界框的 IoU 都小于阈值 ε；因此,没有一对边界框过于相似。

(4) 输出列 L 中的所有预测边界框。

以下是一个按置信度降序排序并返回其索引的 NMS 函数。

```
107.    #@save
108.    def nms(boxes, scores, iou_threshold):
109.        """对预测边界框的置信度进行排序"""
110.        B = torch.argsort(scores, dim = -1, descending = True)
111.        keep = []                                    # 保留预测边界框的指标
112.        while B.numel() > 0:
113.            i = B[0]
114.            keep.append(i)
115.            if B.numel() == 1: break
116.            iou = box_iou(boxes[i, :].reshape(-1, 4),
117.                          boxes[B[1:], :].reshape(-1, 4)).reshape(-1)
118.            inds = torch.nonzero(iou <= iou_threshold).reshape(-1)
119.            B = B[inds + 1]
120.        return torch.tensor(keep, device = boxes.device)
```

定义以下 multibox_detection 函数来将非极大值抑制应用于预测边界框。这里的实现有点复杂,请不要担心。在实现之后,会用一个具体的例子来展示它是如何工作的。

```
121.    #@save
122.    def multibox_detection(cls_probs, offset_preds, anchors, nms_threshold = 0.5,
123.                           pos_threshold = 0.009999999):
124.        """使用非极大值抑制来预测边界框"""
125.        device, batch_size = cls_probs.device, cls_probs.shape[0]
126.        anchors = anchors.squeeze(0)
127.        num_classes, num_anchors = cls_probs.shape[1], cls_probs.shape[2]
128.        out = []
129.        for i in range(batch_size):
130.            cls_prob, offset_pred = cls_probs[i], offset_preds[i].reshape(-1, 4)
131.            conf, class_id = torch.max(cls_prob[1:], 0)
132.            predicted_bb = offset_inverse(anchors, offset_pred)
133.            keep = nms(predicted_bb, conf, nms_threshold)
134.
135.            # 找到所有的 non_keep 索引,并将类设置为背景
136.            all_idx = torch.arange(num_anchors, dtype = torch.long, device = device)
137.            combined = torch.cat((keep, all_idx))
138.            uniques, counts = combined.unique(return_counts = True)
139.            non_keep = uniques[counts == 1]
140.            all_id_sorted = torch.cat((keep, non_keep))
141.            class_id[non_keep] = -1
142.            class_id = class_id[all_id_sorted]
143.            conf, predicted_bb = conf[all_id_sorted], predicted_bb[all_id_sorted]
144.            # pos_threshold 是一个用于非背景预测的阈值
145.            below_min_idx = (conf < pos_threshold)
146.            class_id[below_min_idx] = -1
147.            conf[below_min_idx] = 1 - conf[below_min_idx]
148.            pred_info = torch.cat((class_id.unsqueeze(1),
```

```
149.                                conf.unsqueeze(1),
150.                                predicted_bb), dim = 1)
151.            out.append(pred_info)
152.        return torch.stack(out)
```

现在将上述算法应用到一个带有 4 个锚框的具体示例中。为简单起见,假设预测的偏移量都是零,这意味着预测的边界框即锚框。对于背景、狗和猫其中的每个类,还定义了它的预测概率。还可以在图像上绘制这些预测边界框和置信度,各个预测框如图 4-5 所示。

```
153.    anchors = torch.tensor([[0.1, 0.08, 0.52, 0.92], [0.08, 0.2, 0.56, 0.95],
154.                    [0.15, 0.3, 0.62, 0.91], [0.55, 0.2, 0.9, 0.88]])
155.    offset_preds = torch.tensor([0] * anchors.numel())
156.    cls_probs = torch.tensor([[0] * 4,                  # 背景的预测概率
157.                    [0.9, 0.8, 0.7, 0.1],               # 狗的预测概率
158.                    [0.1, 0.2, 0.3, 0.9]])              # 猫的预测概率
159.    fig = d2l.plt.imshow(img)
160.    show_bboxes(fig.axes, anchors * bbox_scale,
161.            ['dog = 0.9', 'dog = 0.8', 'dog = 0.7', 'cat = 0.9'])
```

现在可以使用 multibox_detection 函数执行非极大值抑制,设定阈值为 0.5。需要注意的是,在示例的张量输入中添加了额外的维度。返回结果的形状是(批量大小,锚框数量,6)。最内层维度的 6 个元素提供了同一预测边界框的输出信息。第一个元素表示预测的类别索引,从 0 开始(0 代表狗,1 代表猫),而值为−1 则表示背景或已在非极大值抑制中被移除。第二个元素表示预测边界框的置信度。剩下的 4 个元素分别表示预测边界框的左上角和右下角在 x 和 y 轴上的坐标(取值为 0~1)。删除类别为−1 的(背景)预测边界框后,可以输出由非极大值抑制保留的最终预测边界框,如图 4-6 所示。

```
162.    output = multibox_detection(cls_probs.unsqueeze(dim = 0),
163.                            offset_preds.unsqueeze(dim = 0),
164.                            anchors.unsqueeze(dim = 0),
165.                            nms_threshold = 0.5)
166.    fig = d2l.plt.imshow(img)
167.    for i in output[0].detach().numpy():
168.        if i[0] == -1:
169.            continue
170.        label = ('dog = ', 'cat = ')[int(i[0])] + str(i[1])
171.        show_bboxes(fig.axes, [torch.tensor(i[2:]) * bbox_scale], label)
```

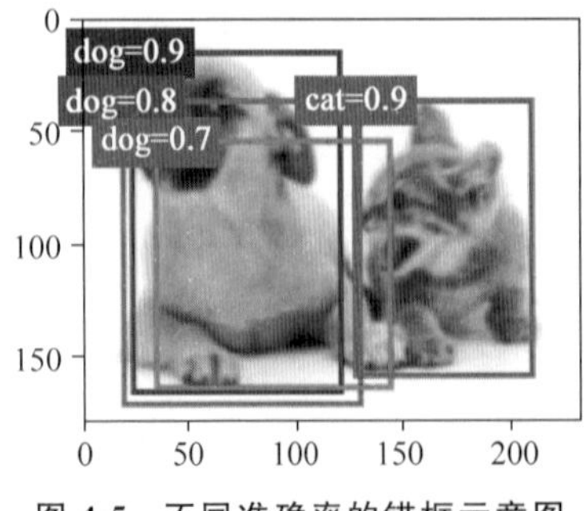

图 4-5 不同准确率的锚框示意图

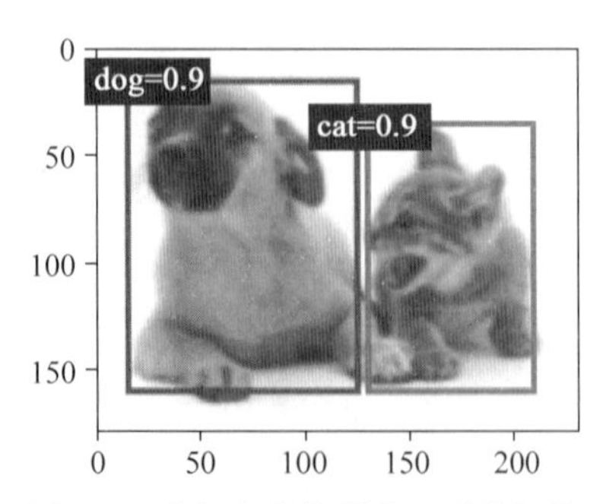

图 4-6 非极大值抑制处理后的图像

实践中,在执行非极大值抑制前,甚至可以将置信度较低的预测边界框移除,从而减少此算法中的计算量。也可以对非极大值抑制的输出结果进行后处理。例如,只保留置信度

更高的结果作为最终输出。

3. 多尺度目标检测

在说明锚框时，是以输入图像的每像素为中心生成的多个锚框。基本上，这些锚框代表了图像不同区域的样本。然而，如果为所有像素都生成锚框，最终可能会得到太多需要计算的锚框。想象一下，对于一个 561×728 像素的输入图像，如果以每像素为中心生成 5 个形状不同的锚框，那就需要在图像上标记和预测超过 200 万个锚框(561×728×5)。

减少图像上的锚框数量并不困难。例如，可以在输入图像中均匀采样一小部分像素，并以它们为中心生成锚框。此外，在不同尺度下，可以生成不同数量和不同大小的锚框。直观地说，比起较大的目标，较小的目标在图像上出现的可能性更多样。例如，1×1、1×2 和 2×2 的目标可以分别以 4、2 和 1 种可能的方式出现在 2×2 图像上。因此，当使用较小的锚框检测较小的物体时，可以采样更多的区域，而对于较大的物体，可以采样较少的区域。

为了演示如何在多个尺度下生成锚框，先读取一张图像。高度和宽度分别为 180 像素和 233 像素。

我们将卷积图层的二维数组输出称为特征图。通过定义特征图的形状，可以确定任何图像上均匀采样锚框的中心。

定义以下的 display_anchors 函数。在特征图(fmap)上生成锚框(anchors)，以每个单位(像素)作为锚框的中心。由于锚框中在 x 和 y 轴上的坐标值已经被除以特征图(fmap)的宽度和高度，因此这些值介于 0 和 1 之间，表示特征图中锚框的相对位置。因锚框的中心分布于特征图上的所有单位，因此这些中心必须根据其相对空间位置在任何输入图像上均匀分布。

更具体地说，给定特征图的宽度和高度 fmap_w 和 fmap_h，以下函数将均匀地对任何输入图像中 fmap_h 行和 fmap_w 列中的像素进行采样。以这些均匀采样的像素为中心，将会生成大小为 s(假设列表 s 的长度为 1)且宽高比(ratios)不同的锚框。

```
1.  %matplotlib inline
2.  import torch
3.  from d2l import torch as d2l
4.
5.  img = d2l.plt.imread('Your_Path_to_Image')
6.  def display_anchors(fmap_w, fmap_h, s):
7.      d2l.set_figsize()
8.      # 前两个维度上的值不影响输出
9.      fmap = torch.zeros((1, 10, fmap_h, fmap_w))
10.         anchors = d2l.multibox_prior(fmap, sizes = s, ratios = [1, 2, 0.5])
11.         bbox_scale = torch.tensor((w, h, w, h))
12.         d2l.show_bboxes(d2l.plt.imshow(img).axes,
13.                         anchors[0] * bbox_scale)
14.     display_anchors(fmap_w = 4, fmap_h = 4, s = [0.15])
```

我们首先考虑探测小目标。为了在显示时更容易分辨，在这里具有不同中心的锚框不会重叠：锚框的尺度设置为 0.15，特征图的高度和宽度设置为 4。从图 4-7 可以看到，图像上 4 行和 4 列的锚框的中心是均匀分布的。

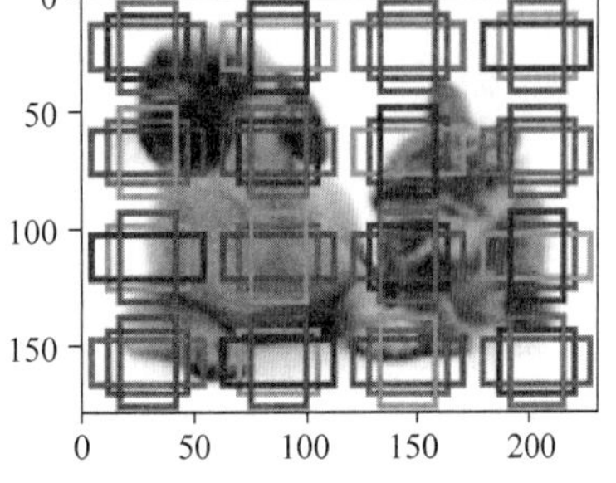

图 4-7　小目标锚框

其次,将特征图的高度和宽度减小一半,再使用较大的锚框来检测较大的目标。当尺度设置为 0.4 时,一些锚框将彼此重叠,如图 4-8 所示。

```
15.   display_anchors(fmap_w = 2, fmap_h = 2, s = [0.4])
```

最后,进一步将特征图的高度和宽度减小一半,再将锚框的尺度增加到 0.8。此时,锚框的中心即图像的中心,如图 4-9 所示。

```
16.   display_anchors(fmap_w = 1, fmap_h = 1, s = [0.8])
```

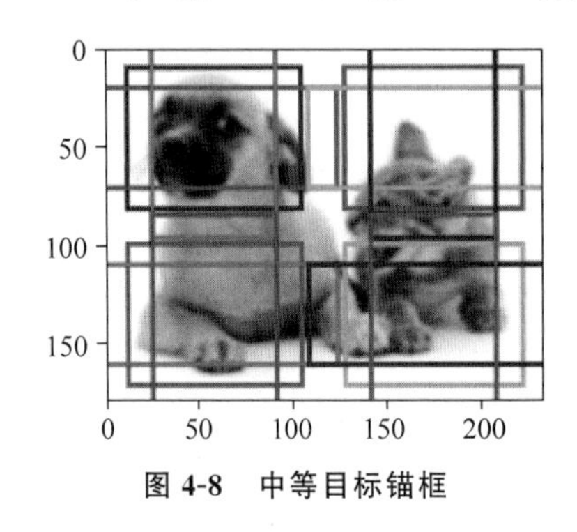

图 4-8　中等目标锚框

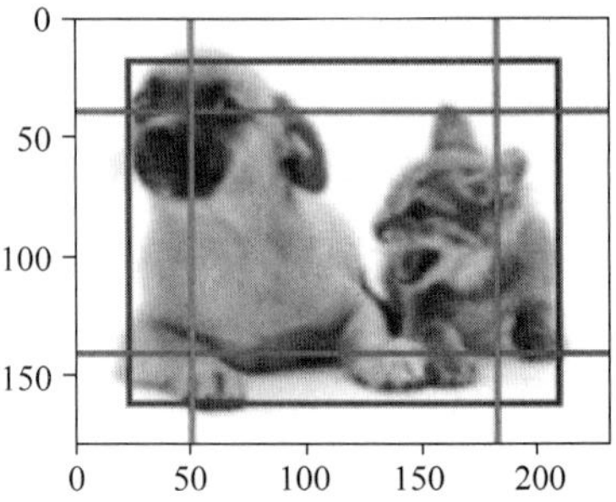

图 4-9　大目标锚框

上述就是多尺度检测需要用到的所有基础知识,后面会用一个 SSD 的例子来说明如何基于上述技术实现目标检测。

4.2.2　区域卷积神经网络

目标检测是在给定的图片上精确找到物体所在位置,并且标注出物体的类别的视觉任务。需要解决的问题有物体在哪里和物体是什么,然后在实际场景中物体的尺寸变化范围很大,物体呈现的角度也不同,并且物体可以出现在图片中的任何地方,物体的类别也可以是多种类的。

目前现有的目标检测算法可以分为以下 3 类。

(1) 传统的目标检测算法：Cascade＋HOG/DGM＋Haar/SVM 以及上述方法的诸多改进与优化方法。

(2) 候选区域/框＋基于深度学习的分类问题：通过提取候选区域,并对相应区域进行以深度学习方法为主的分类的方案,如 R-CNN、SPP-net、R-FCN 等。

(3) 基于深度学习的回归方法：这种路线将目标检测任务作为回归任务进行处理,如 YOLO、SSD、DenseBox 等方法。

在此处选择区域卷积神经网络(R-CNN)及其改进方法进行介绍,并且之后基于该网络实现目标检测。

1. R-CNN

R-CNN 首先从输入图像中选取若干(如 2000 个)提议区域(如锚框也是一种选取方法),并标注它们的类别和边界框(如偏移量)。然后,用卷积神经网络对每个提议区域进行前向传播以抽取其特征。接下来用每个提议区域的特征来预测类别和边界框。

R-CNN 模型架构如图 4-10 所示。

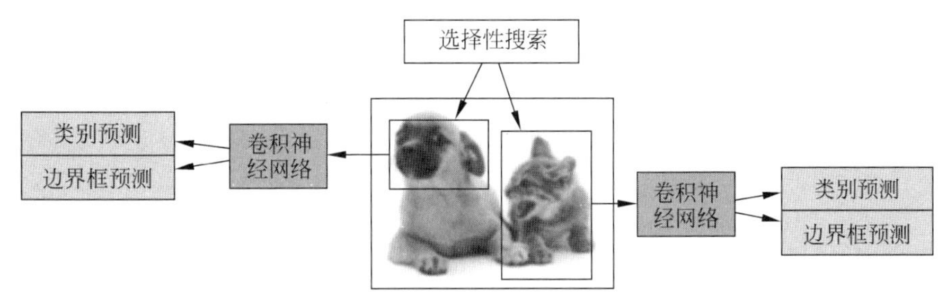

图 4-10　R-CNN 模型架构

具体来说，R-CNN 包括以下 4 个步骤。

(1) 对输入图像使用选择性搜索来选取多个高质量的提议区域。这些提议区域通常是在多个尺度下选取的，并具有不同的形状和大小。每个提议区域都将被标注类别和真实边界框。

(2) 选择一个预训练的卷积神经网络，并将其在输出层之前截断。将每个提议区域变形为网络需要的输入尺寸，并通过前向传播输出抽取的提议区域特征。

(3) 将每个提议区域的特征连同其标注的类别作为一个样本。训练多个支持向量机对目标分类，其中每个支持向量机用来判断样本是否属于某个类别。

(4) 将每个提议区域的特征连同其标注的边界框作为一个样本，训练线性回归模型来预测真实边界框。

2. Fast R-CNN

R-CNN 的主要性能瓶颈在于，对每个提议区域，卷积神经网络的前向传播是独立的，而没有共享计算。由于这些区域通常有重叠，独立的特征抽取会导致重复的计算。Fast R-CNN 对 R-CNN 的主要改进之一，是仅在整张图像上执行卷积神经网络的前向传播。Fast R-CNN 模型如图 4-11 所示。

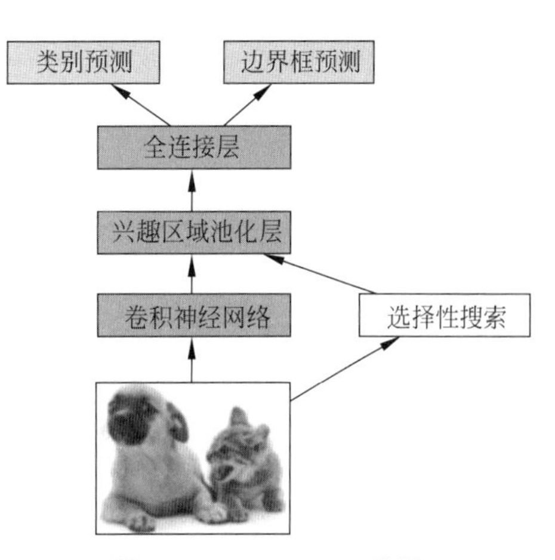

图 4-11　Fast R-CNN 模型

它的主要计算如下。

(1) 与 R-CNN 相比，Fast R-CNN 用来提取特征的卷积神经网络的输入是整幅图像，而不是各个提议区域。此外，这个网络通常会参与训练。设输入为一幅图像，将卷积神经网络的输出形状记为 $1\times c\times h_1\times w_1$。

(2) 假设选择性搜索生成了 n 个提议区域。这些形状各异的提议区域在卷积神经网络的输出上分别标出了形状各异的兴趣区域。然后，这些感兴趣的区域需要进一步抽取出形状相同的特征(如指定高度 h_2 和宽度 w_2)，以便于连接后输出。为了实现这一目标，Fast R-CNN 引入了兴趣区域汇聚层(RoI pooling)：将卷积神经网络的输出和提议区域作为输入，输出连接后的各个提议区域抽取的特征，形状为 $n\times c\times h_2\times w_2$。

(3) 通过全连接层将输出形状变换为 $n\times d$，其中超参数 d 取决于模型设计。

(4) 预测 n 个提议区域中每个区域的类别和边界框。更具体地说，在预测类别和边界框时,将全连接层的输出分别转换为形状为 $n \times q$(q 是类别的数量)的输出和形状为 $n \times 4$ 的输出。其中预测类别时使用 Softmax 回归。

在 Fast R-CNN 中提出的兴趣区域汇聚层与一般的汇聚层有所不同。在汇聚层中,通过设置汇聚窗口、填充和步幅的大小来间接控制输出形状。而兴趣区域汇聚层对每个区域的输出形状是可以直接指定的。

例如,指定每个区域输出的高和宽分别为 h_2 和 w_2。对于任何形状为 $h \times w$ 的兴趣区域窗口,该窗口将被划分为 $h_2 \times w_2$ 个子窗口网格,其中每个子窗口的大小约为 $(h/h_2) \times (w/w_2)$。在实践中,任何子窗口的高度和宽度都应向上取整,其中的最大元素作为该子窗口的输出。因此,兴趣区域汇聚层可从形状各异的兴趣区域中均抽取出形状相同的特征。

作为说明性示例,如图 4-12 所示,在 4×4 的输入中,选取了左上角 3×3 的兴趣区域。对于该兴趣区域,通过 2×2 的兴趣区域汇聚层得到一个 2×2 的输出。请注意,4 个划分后的子窗口中分别含有元素 0、1、4、5(5 最大);2、6(6 最大);8、9(9 最大);以及 10。

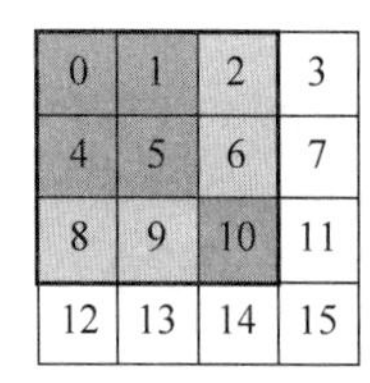

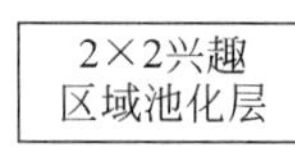

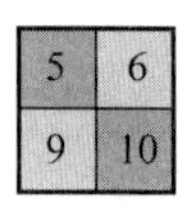

图 4-12　一个 2×2 的兴趣区域汇聚层

下面演示了兴趣区域汇聚层的计算方法。假设卷积神经网络抽取的特征 X 的高度和宽度都是 4,且只有单通道,输出结果如图 4-13 所示。

```
1.  import torch # 在 jupyter notebook 中打开
2.  import torchvision
3.  X = torch.arange(16.).reshape(1, 1, 4, 4)
4.  X
```

进一步假设输入图像的高度和宽度都是 40 像素,且选择性搜索在此图像上生成了两个提议区域。每个区域由 5 个元素表示:区域目标类别、左上角和右下角在 x 和 y 轴上的坐标。

由于 X 的高和宽是输入图像高和宽的 1/10,因此,两个提议区域的坐标先按 spatial_scale 乘以 0.1。然后,在 X 上分别标出这两个兴趣区域 $X[:,:,0:3,0:3]$ 和 $X[:,:,1:4,0:4]$。最后,在 2×2 的兴趣区域汇聚层中,每个兴趣区域被划分为子窗口网格,并进一步抽取相同形状 2×2 的特征,输出结果如图 4-14 所示。

```
5.  torchvision.ops.roi_pool(X, rois, output_size = (2, 2), spatial_scale = 0.1)
```

```
tensor([[[[ 0.,  1.,  2.,  3.],
          [ 4.,  5.,  6.,  7.],
          [ 8.,  9., 10., 11.],
          [12., 13., 14., 15.]]]])
```

图 4-13　Fast R-CNN 兴趣区域汇聚层输出结果

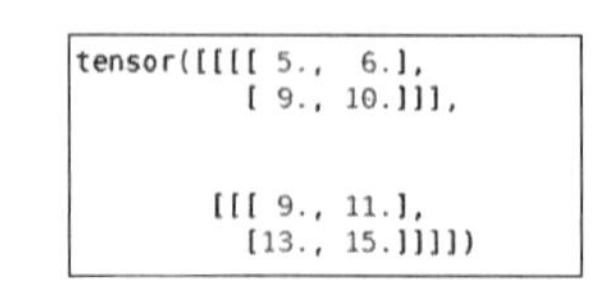

图 4-14　Fast R-CNN 兴趣区域汇聚层输出结果

3. Faster R-CNN

为了较精确地检测目标结果,Fast R-CNN 模型通常需要在选择性搜索中生成大量的提议区域。Faster R-CNN 提出将选择性搜索替换为区域提议网络(region proposal network),

从而减少提议区域的生成数量，并保证目标检测的精度。

Faster R-CNN 模型如图 4-15 所示。

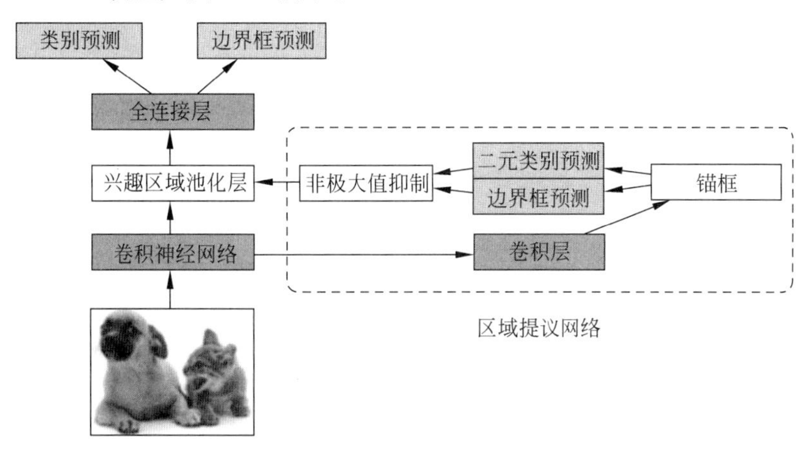

图 4-15 Faster R-CNN 模型

与 Fast R-CNN 相比，Faster R-CNN 只将生成提议区域的方法从选择性搜索改为区域提议网络，模型的其余部分保持不变。具体来说，区域提议网络的计算步骤如下。

（1）使用填充为 1 的 3×3 的卷积层变换卷积神经网络的输出，并将输出通道数记为 c。这样，卷积神经网络为图像抽取的特征图中的每个单元均得到一个长度为 c 的新特征。

（2）以特征图的每个像素为中心，生成多个不同大小和宽高比的锚框并标注它们。

（3）使用锚框中心单元长度为 c 的特征，分别预测该锚框的二元类别（含目标还是背景）和边界框。

（4）使用非极大值抑制，从预测类别为目标的预测边界框中移除相似的结果。最终输出的预测边界框即兴趣区域汇聚层所需的提议区域。

值得一提的是，区域提议网络作为 Faster R-CNN 模型的一部分，是和整个模型一起训练得到的。换句话说，Faster R-CNN 的目标函数不仅包括目标检测中的类别和边界框预测，还包括区域提议网络中锚框的二元类别和边界框预测。作为端到端训练的结果，区域提议网络能够学习到如何生成高质量的提议区域，从而在减少了从数据中学习的提议区域的数量的情况下，仍保持目标检测的精度。

4. Mask R-CNN

如果在训练集中还标注了每个目标在图像上的像素级位置，那么 Mask R-CNN 能够有效地利用这些详尽的标注信息进一步提升目标检测的精度。

如图 4-16 所示，Mask R-CNN 是基于 Faster R-CNN 修改而来的。具体来说，Mask R-CNN 将兴趣区域汇聚层替换为兴趣区域对齐层，使用双线性插值（bilinear interpolation）来保留特征图上的空间信息，从而更适于像素级预测。兴趣区域对齐层的输出包含了所有与兴趣区域的形状相同的特征图。它们不仅被用于预测每个兴趣区域的类别和边界框，还通过额外的全卷积网络预测目标的像素级位置。

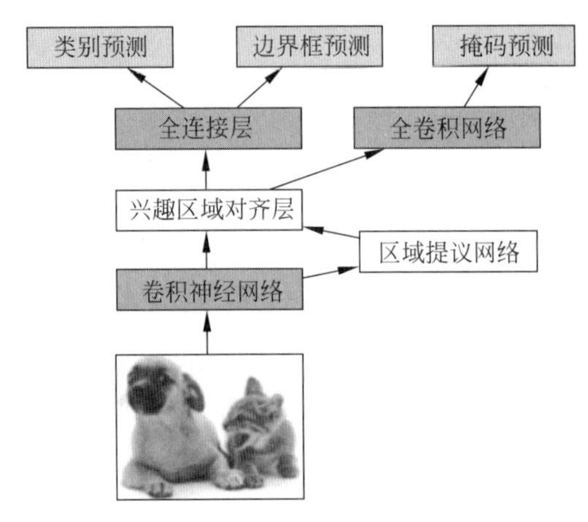

图 4-16　Mask R-CNN 模型

4.2.3　UNet 网络

UNet 是一种深度学习网络结构,用于图像分割任务。该网络的名称来源于其 U 形的架构,属于全卷积网络 FCN(Fully Convolutional Network)的一种变体。UNet 主要用于语义分割、医学图像分割等领域,其优点在于可以有效地学习和还原输入图像的细节。

UNet 与 FCN 一样都是 Encoder-Decoder,该架构使得网络在编码和解码过程中能够捕捉多尺度的特征信息,其中 Encoder 负责特征提取,而 Decoder 负责恢复原始分辨率,该过程关键的步骤就是 upsampling 与 skip-connection。

UNet 可以分为 3 部分,如图 4-17 所示。

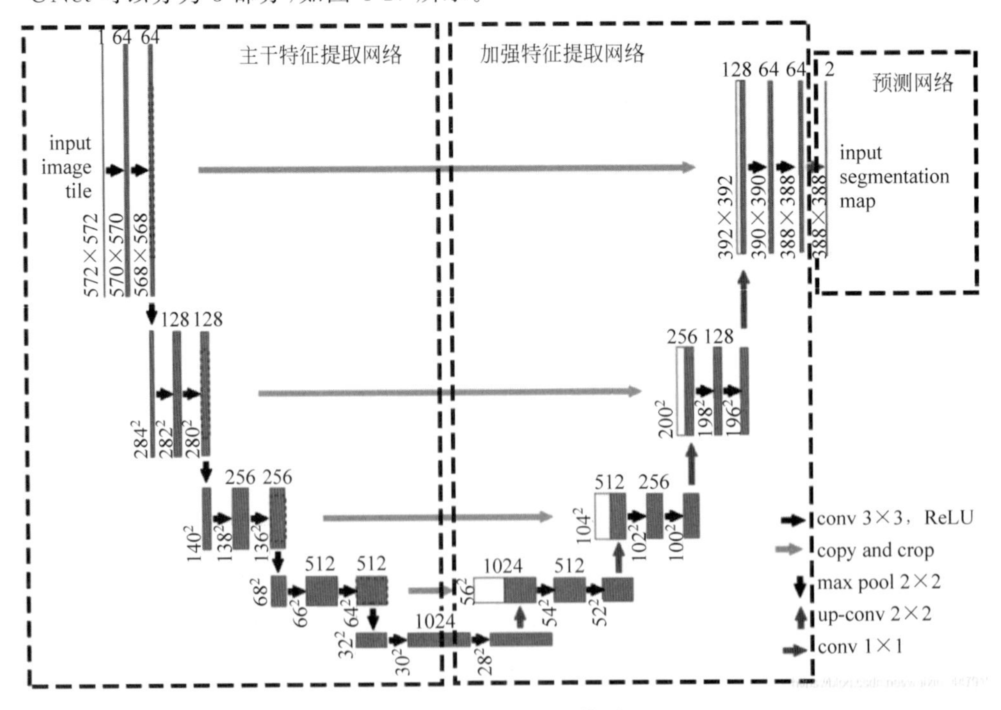

图 4-17　UNet 网络模型

第一部分是特征提取：它是一个收缩网络，通过4个下采样，使图片尺寸减小，在不断下采样的过程中，特征提取到的是浅层信息。

第二部分是copy and crop拼接：在UNet中有4个拼接操作。有人也叫skip connect，目的是融合特征信息，使深层和浅层的信息融合起来，在拼接的时候要注意，不仅图片大小要一致，特征的维度(channels)也要一样才可以进行拼接。

第三部分是上采样部分up-conv：也叫扩张网络，图片尺寸变大，提取的是深层信息，使用了4个上采样，在上采样的过程中，图片的通道数是减半的，与左部分的特征提取通道数的变化相反。在上采样的过程融合了左边的浅层的信息即拼接了左边的特征。

4.3 基于SSD和RNN的目标检测

在线视频

4.3.1 单发多框检测

在4.2节中分别介绍了边界框、锚框以及多尺度目标检测的相关知识。现在，通过这些背景知识来设计一个目标检测模型：单发多框检测。该模型简单、快速且被广泛使用。尽管这只是其中一种目标检测模型，但本节中的一些设计原则和实现细节也适用于其他模型。

在设计具体的模型之前，首先来说明此处使用的数据集。

目标检测领域没有像MNIST和Fashion-MNIST那样的小数据集。为了快速测试目标检测模型，首先拍摄了一组香蕉的照片，并生成了1000张不同角度和大小的香蕉图像。其次，在一些背景图片的随机位置上放置了这些香蕉的图像。最后，在图片上为这些香蕉标记了边界框。包含所有图像和CSV标签文件的香蕉检测数据集可以从提供的附加材料中获取。

通过read_data_bananas函数可以读取香蕉检测数据集。该数据集包括一个CSV文件，内含目标类别标签和真实边界框的左上角和右下角坐标。其中data_dir是解压出来的banana-detection所在的位置，需要在代码中改成读者相对应的位置。

```
1.  %matplotlib inline                    #jupyter notebook 中才使用这句话
2.  import os
3.  import pandas as pd
4.  import torch
5.  import torchvision
6.  from d2l import torch as d2l
7.  from torch import nn
8.  from torch.nn import functional as F
9.
10.     #@save
11.     def read_data_bananas(is_train = True):
12.         """读取香蕉检测数据集中的图像和标签"""
13.         data_dir = 'Your_Path_to_Dataset'
14.         csv_fname = os.path.join(data_dir, 'bananas_train' if is_train
15.                                 else 'bananas_val', 'label.csv')
16.         csv_data = pd.read_csv(csv_fname)
17.         csv_data = csv_data.set_index('img_name')
18.         images, targets = [], []
19.         for img_name, target in csv_data.iterrows():
```

```
20.            images.append(torchvision.io.read_image(
21.                os.path.join(data_dir, 'bananas_train' if is_train else
22.                        'bananas_val', 'images', f'{img_name}')))
23.            # 这里的 target 包含(类别,左上角 x,左上角 y,右下角 x,右下角 y),
24.            # 其中所有图像都具有相同的香蕉类(索引为 0)
25.            targets.append(list(target))
26.        return images, torch.tensor(targets).unsqueeze(1) / 256
```

利用 read_data_bananas 函数读取图像和标签后,下面的 BananasDataset 类别允许创建一个自定义 Dataset 实例来加载香蕉检测数据集。最后,通过定义 load_data_bananas 函数,为训练集和测试集返回两个数据加载器实例。对于测试集,无须按随机顺序读取它。

```
27.    #@save
28.    class BananasDataset(torch.utils.data.Dataset):
29.        """一个用于加载香蕉检测数据集的自定义数据集"""
30.        def __init__(self, is_train):
31.            self.features, self.labels = read_data_bananas(is_train)
32.            print('read ' + str(len(self.features)) + (f' training examples' if
33.                is_train else f' validation examples'))
34.
35.        def __getitem__(self, idx):
36.            return (self.features[idx].float(), self.labels[idx])
37.
38.        def __len__(self):
39.            return len(self.features)
40.
41.    #@save
42.    def load_data_bananas(batch_size):
43.        """加载香蕉检测数据集"""
44.        train_iter = torch.utils.data.DataLoader(BananasDataset(is_train=True),
45.                                    batch_size, shuffle=True)
46.        val_iter = torch.utils.data.DataLoader(BananasDataset(is_train=False),
47.                                    batch_size)
48.        return train_iter, val_iter
```

现在读取一个小批量,并打印其中的图像和标签的形状。图像的小批量的形状为(批量大小、通道数、高度、宽度),看起来很眼熟:它与之前图像分类任务中的相同。标签的小批量的形状为(批量大小,m,5),其中 m 是数据集的任何图像中边界框可能出现的最大数量。

小批量计算虽然高效,但它要求每张图像含有相同数量的边界框,以便放在同一个批量中。通常来说,图像可能拥有不同数量个边界框;因此,在达到 m 之前,边界框少于 m 的图像将被非法边界框填充。这样,每个边界框的标签将被长度为 5 的数组表示。数组中的第一个元素是边界框中对象的类别,其中 -1 表示用于填充的非法边界框。数组的其余 4 个元素是边界框左上角和右下角的(x,y)坐标值(值域为 0～1)。对于香蕉数据集而言,由于每张图像上只有一个边界框,因此 $m=1$。

```
49.    batch_size, edge_size = 32, 256
50.    train_iter, _ = load_data_bananas(batch_size)
51.    batch = next(iter(train_iter))
52.    batch[0].shape, batch[1].shape
```

从图 4-18 中可以看到,在所有这些图像中香蕉的旋转角度、大小和位置都有所不同。当然,这只是一个简单的人工数据集,实践中真实世界的数据集通常要复杂得多。

```
53.     imgs = (batch[0][0:10].permute(0, 2, 3, 1)) / 255
54.     axes = d2l.show_images(imgs, 2, 5, scale = 2)
55.     for ax, label in zip(axes, batch[1][0:10]):
56.         d2l.show_bboxes(ax, [label[0][1:5] * edge_size], colors = ['w'])
```

图 4-18　香蕉数据集展示

下面将介绍单发多框检测模型。图 4-19 描述了单发多框检测模型的结构设计。该模型主要由基础网络组成，接着是几个多尺度特征块。基础网络用于从输入图像中提取特征，因此可以采用深度卷积神经网络。单发多框检测论文中选择了在分类层之前截断的 VGG，现在也常用 ResNet 来替代。可以通过设计基础网络，使得其输出的高和宽较大。这样一来，基于该特征图生成的锚框数量较多，可以用来检测尺寸较小的目标。接下来的每个多尺度特征块将上一层提供的特征图的高和宽缩小（如减半），并且使得特征图中每个单元在输入图像上的感受野变得更加广阔。通过多尺度特征块，单发多框检测生成不同大小的锚框，并通过预测边界框的类别和偏移量来检测大小不同的目标，因此这是一个多尺度目标检测模型。

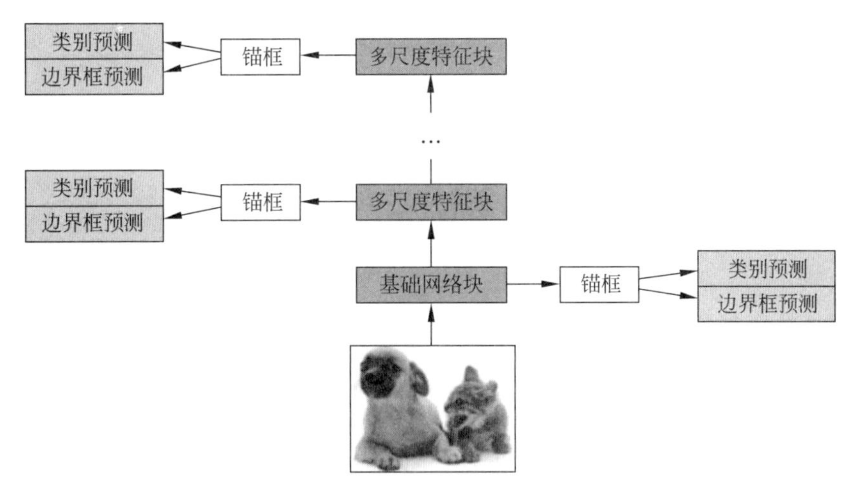

图 4-19　单发多框检测的模型结构

下面首先介绍如何实施类别和边界框预测。

类别预测层：设目标类别的数量为 q。这样一来，锚框有 $q+1$ 个类别，其中 0 类是背景。在某个尺度下，设特征图的高和宽分别为 h 和 w。如果以其中每个单元为中心生成

a 个锚框,那么需要对 hwa 个锚框进行分类。如果使用全连接层作为输出,很容易导致模型参数过多。之前介绍过使用卷积层的通道来输出类别预测的方法,单发多框检测采用同样的方法来降低模型复杂度。

具体来说,类别预测层使用一个保持输入高和宽的卷积层。这样一来,输出和输入在特征图宽和高上的空间坐标一一对应。考虑输出和输入同一空间坐标(x,y):输出特征图上(x,y)坐标的通道里包含了以输入特征图(x,y)坐标为中心生成的所有锚框的类别预测。因此输出通道数为 $a(q+1)$,其中索引为 $i(q+1)+j$,($0\leqslant j\leqslant q$)的通道代表了索引为 i 的锚框有关类别索引为 j 的预测。

下面定义了这样一个类别预测层,通过参数 num_anchors 和 num_classes 分别指定了 a 和 q。该图层使用填充为 1 的 3×3 的卷积层。此卷积层的输入和输出的宽度和高度保持不变。

```
57.    def cls_predictor(num_inputs, num_anchors, num_classes):
58.        return nn.Conv2d(num_inputs, num_anchors * (num_classes + 1),
59.                         kernel_size = 3, padding = 1)
```

边界框预测层的设计与类别预测层的设计类似。唯一不同的是,这里需要为每个锚框预测 4 个偏移量,而不是 $q+1$ 个类别。

```
60.    def bbox_predictor(num_inputs, num_anchors):
61.        return nn.Conv2d(num_inputs, num_anchors * 4, kernel_size = 3, padding = 1)
```

正如上文所提到的,单发多框检测使用多尺度特征图来生成锚框并预测其类别和偏移量。在不同的尺度下,特征图的形状或以同一单元为中心的锚框的数量可能会有所不同。因此,不同尺度下预测输出的形状可能会有所不同。

以下示例为同一个小批量构建两个不同比例($Y1$ 和 $Y2$)的特征图,其中 $Y2$ 的高度和宽度是 $Y1$ 的一半。以类别预测为例,假设 $Y1$ 和 $Y2$ 的每个单元分别生成了 5 个和 3 个锚框。进一步假设目标类别的数量为 10,对于特征图 $Y1$ 和 $Y2$,类别预测输出中的通道数分别为 $5\times(10+1)=55$ 和 $3\times(10+1)=3$,其中任一输出的形状是(批量大小,通道数,高度,宽度)。

```
62.    def forward(x, block):
63.        return block(x)
64.
65.    Y1 = forward(torch.zeros((2, 8, 20, 20)), cls_predictor(8, 5, 10))
66.    Y2 = forward(torch.zeros((2, 16, 10, 10)), cls_predictor(16, 3, 10))
67.    Y1.shape, Y2.shape                #在 Jupyter Notebook 中,对象会被直接输出属性值
```

正如所观察到的,除了批量大小这一维度外,其他 3 个维度都具有不同的尺寸。为了提高计算效率,需要将这两个预测输出进行连接,并将这些张量转换为更一致的格式。

通道维度包含中心相同的锚框的预测结果。首先将通道维度移到最后一维。由于在不同尺度下批量大小仍保持不变,可以将预测结果转换为二维格式(批量大小,高×宽×通道数),以便于在维度 1 上进行连接操作。

```
68.    def flatten_pred(pred):
69.        return torch.flatten(pred.permute(0, 2, 3, 1), start_dim = 1)
70.
71.    def concat_preds(preds):
72.        return torch.cat([flatten_pred(p) for p in preds], dim = 1)
```

这样一来，尽管 $Y1$ 和 $Y2$ 在通道数、高度和宽度方面具有不同的大小，仍然可以在同一个小批量的两个不同尺度上连接这两个预测输出。

为了在多个尺度下检测目标，在下面定义了高和宽减半块 down_sample_blk，该模块将输入特征图的高度和宽度减半。更具体地说，每个高和宽减半块由两个填充为 1 的 3×3 卷积层，以及步幅为 2 的 2×2 最大汇聚层组成。填充为 1 的 3×3 卷积层不改变特征图的形状。但是，其后的 2×2 的最大汇聚层将输入特征图的高度和宽度减少了一半。对于此高和宽减半块的输入和输出特征图，因为 1×2+(3−1)+(3−1)=6，所以输出中的每个单元在输入上都有一个 6×6 的感受野。因此，高和宽减半块会扩大每个单元在其输出特征图中的感受野。

```
73.    def down_sample_blk(in_channels, out_channels):
74.        blk = []
75.        for _ in range(2):
76.            blk.append(nn.Conv2d(in_channels, out_channels,
77.                                 kernel_size = 3, padding = 1))
78.            blk.append(nn.BatchNorm2d(out_channels))
79.            blk.append(nn.ReLU())
80.            in_channels = out_channels
81.        blk.append(nn.MaxPool2d(2))
82.        return nn.Sequential( * blk)
```

基本网络块用于从输入图像中抽取特征。为了计算简洁，构造了一个小的基础网络，该网络串联 3 个高和宽减半块，并逐步将通道数翻倍。给定输入图像的形状为 256×256，此基本网络块输出的特征图形状为 32×32(256/23=32)。

```
83.    def base_net():
84.        blk = []
85.        num_filters = [3, 16, 32, 64]
86.        for i in range(len(num_filters) - 1):
87.           blk.append(down_sample_blk(num_filters[i], num_filters[i + 1]))
88.        return nn.Sequential( * blk)
```

完整的单发多框检测模型由 5 个模块组成。每个模块生成的特征图既用于生成锚框，又用于预测这些锚框的类别和偏移量。在这 5 个模块中，第 1 个模块是基本网络块，第 2～4 个模块是高和宽减半块，最后一个模块使用全局最大池将高度和宽度都降到 1。从技术上讲，第 2～5 个模块是上面结构图中的多尺度特征块。

```
89.    def get_blk(i):
90.        if i == 0:
91.           blk = base_net()
92.        elif i == 1:
93.           blk = down_sample_blk(64, 128)
94.        elif i == 4:
95.           blk = nn.AdaptiveMaxPool2d((1,1))
96.        else:
97.           blk = down_sample_blk(128, 128)
98.        return blk
```

现在为每个模块定义前向传播。与图像分类任务不同，此处的输出包括：CNN 特征图 Y；在当前尺度下根据 Y 生成的锚框；预测的这些锚框的类别和偏移量(基于 Y)。

```
99.    def blk_forward(X, blk, size, ratio, cls_predictor, bbox_predictor):
```

```
100.        Y = blk(X)
101.        anchors = d2l.multibox_prior(Y, sizes = size, ratios = ratio)
102.        cls_preds = cls_predictor(Y)
103.        bbox_preds = bbox_predictor(Y)
104.        return (Y, anchors, cls_preds, bbox_preds)
```

一个较接近顶部的多尺度特征块是用于检测较大目标的,因此需要生成更大的锚框。在上面的前向传播中,在每个多尺度特征块上,通过调用的 multibox_prior 函数(在锚框的部分定义的)的 sizes 参数传递两个比例值的列表。在下面 0.2 和 1.05 之间的区间被均匀分成 5 部分,以确定 5 个模块的在不同尺度下的较小值:0.2、0.37、0.54、0.71 和 0.88。之后,它们较大的值由 $\sqrt{0.2\times0.37}=0.272$,$\sqrt{0.37\times0.54}=0.447$ 等给出。

```
105.    sizes = [[0.2, 0.272], [0.37, 0.447], [0.54, 0.619], [0.71, 0.79],
106.             [0.88, 0.961]]
107.    ratios = [[1, 2, 0.5]] * 5
108.    num_anchors = len(sizes[0]) + len(ratios[0]) - 1
```

现在,就可以按如下方式定义完整的模型 TinySSD 了。

```
109.    class TinySSD(nn.Module):
110.        def __init__(self, num_classes, * * kwargs):
111.            super(TinySSD, self).__init__( * * kwargs)
112.            self.num_classes = num_classes
113.            idx_to_in_channels = [64, 128, 128, 128, 128]
114.            for i in range(5):
115.                # 即赋值语句 self.blk_i = get_blk(i)
116.                setattr(self, f'blk_{i}', get_blk(i))
117.                setattr(self, f'cls_{i}', cls_predictor(idx_to_in_channels[i],
118.                                                    num_anchors, num_classes))
119.                setattr(self, f'bbox_{i}', bbox_predictor(idx_to_in_channels[i],
120.                                                    num_anchors))
121.
122.        def forward(self, X):
123.            anchors, cls_preds, bbox_preds = [None] * 5, [None] * 5, [None] * 5
124.            for i in range(5):
125.                # getattr(self,'blk_ %d' % i)即访问 self.blk_i
126.                X, anchors[i], cls_preds[i], bbox_preds[i] = blk_forward(
127.                    X, getattr(self, f'blk_{i}'), sizes[i], ratios[i],
128.                    getattr(self, f'cls_{i}'), getattr(self, f'bbox_{i}'))
129.            anchors = torch.cat(anchors, dim = 1)
130.            cls_preds = concat_preds(cls_preds)
131.            cls_preds = cls_preds.reshape(
132.                cls_preds.shape[0], -1, self.num_classes + 1)
133.            bbox_preds = concat_preds(bbox_preds)
134.            return anchors, cls_preds, bbox_preds
```

创建一个模型实例,然后使用它对一个 256×256 像素的小批量图像 X 执行前向传播。

正如前面的内容所展示的,第一个模块输出特征图的形状为 32×32。回想一下,第 2～4 个模块为高和宽减半块,第 5 个模块为全局汇聚层。由于以特征图的每个单元为中心有 44 个锚框生成,因此在所有 5 个尺度下,每个图像总共生成 $(32^2+16^2+8^2+4^2+1)\times4=5444$ 个锚框。

```
135.    net = TinySSD(num_classes = 1)
```

```
136.  X = torch.zeros((32, 3, 256, 256))
137.  anchors, cls_preds, bbox_preds = net(X)
138.
139.  print('output anchors:', anchors.shape)
140.  print('output class preds:', cls_preds.shape)
141.  print('output bbox preds:', bbox_preds.shape)
```

在定义了使用的模型架构后，接下来介绍如何训练用于目标检测的单发多框检测模型。首先读取准备好的香蕉检测数据集。

```
142.  batch_size = 16
143.  train_iter, _ = load_data_bananas(batch_size)
```

香蕉检测数据集中，目标的类别数为1。定义好模型后，需要初始化其参数并定义优化算法。

```
144.  device, net = d2l.try_gpu(), TinySSD(num_classes = 1)
145.  trainer = torch.optim.SGD(net.parameters(), lr = 0.2, weight_decay = 5e - 4)
```

接下来定义损失函数和评价函数。目标检测有两种类型的损失。第一种是有关锚框类别的损失：可以简单地复用之前图像分类问题里一直使用的交叉熵损失函数来计算。第二种是有关正类锚框偏移量的损失：预测偏移量是一个回归问题。但是，对于这个回归问题，在这里不使用平方损失，而是使用L1范数损失，即预测值和真实值之差的绝对值。掩码变量bbox_masks令负类锚框和填充锚框不参与损失的计算。最后，将锚框类别和偏移量的损失相加，以获得模型的最终损失函数。

```
146.     cls_loss = nn.CrossEntropyLoss(reduction = 'none')
147.     bbox_loss = nn.L1Loss(reduction = 'none')
148.
149.     def calc_loss(cls_preds, cls_labels, bbox_preds, bbox_labels, bbox_masks):
150.         batch_size, num_classes = cls_preds.shape[0], cls_preds.shape[2]
151.         cls = cls_loss(cls_preds.reshape( - 1, num_classes),
152.                        cls_labels.reshape( - 1)).reshape(batch_size, - 1).mean(dim = 1)
153.         bbox = bbox_loss(bbox_preds * bbox_masks,
154.                          bbox_labels * bbox_masks).mean(dim = 1)
155.         return cls + bbox
```

我们可以沿用准确率评价分类结果。由于偏移量使用了L1范数损失，这里使用平均绝对误差来评价边界框的预测结果。这些预测结果是从生成的锚框及其预测偏移量中获得的。

```
156.    def cls_eval(cls_preds, cls_labels):
157.        # 由于类别预测结果放在最后一维,argmax需要指定最后一维
158.        return float((cls_preds.argmax(dim = - 1).type(
159.           cls_labels.dtype) == cls_labels).sum())
160.
161.    def bbox_eval(bbox_preds, bbox_labels, bbox_masks):
162.        return float((torch.abs((bbox_labels - bbox_preds) * bbox_masks)).sum())
```

在训练模型时，需要在模型的前向传播过程中生成多尺度锚框，并预测其类别(cls_preds)和偏移量(bbox_preds)。然后，根据标签信息Y为生成的锚框标记类别(cls_labels)和偏移量(bbox_labels)。最后，根据类别和偏移量的预测和标注值计算损失函数。为了代码简洁，这里没有评价测试数据集。

```
163.     num_epochs, timer = 20, d2l.Timer()
164.     animator = d2l.Animator(xlabel = 'epoch', xlim = [1, num_epochs],
165.                             legend = ['class error', 'bbox mae'])
166.     net = net.to(device)
167.     for epoch in range(num_epochs):
168.         # 训练精确度的和,训练精确度的和中的示例数
169.         # 绝对误差的和,绝对误差的和中的示例数
170.         metric = d2l.Accumulator(4)
171.         net.train()
172.         for features, target in train_iter:
173.             timer.start()
174.             trainer.zero_grad()
175.             X, Y = features.to(device), target.to(device)
176.             # 生成多尺度的锚框,为每个锚框预测类别和偏移量
177.             anchors, cls_preds, bbox_preds = net(X)
178.             # 为每个锚框标注类别和偏移量
179.             bbox_labels, bbox_masks, cls_labels = d2l.multibox_target(anchors, Y)
180.             # 根据类别和偏移量的预测和标注值计算损失函数
181.             l = calc_loss(cls_preds, cls_labels, bbox_preds, bbox_labels, bbox_masks)
182.             l.mean().backward()
183.             trainer.step()
184.             metric.add(cls_eval(cls_preds, cls_labels), cls_labels.numel(),
185.                        bbox_eval(bbox_preds, bbox_labels, bbox_masks),
186.                        bbox_labels.numel())
187.         cls_err, bbox_mae = 1 - metric[0] / metric[1], metric[2] / metric[3]
188.         animator.add(epoch + 1, (cls_err, bbox_mae))
189.     print(f'class err {cls_err:.2e}, bbox mae {bbox_mae:.2e}')
190.     print(f'{len(train_iter.dataset) / timer.stop():.1f} examples/sec on ' f'{str(device)}')
```

训练之后来到预测阶段。在预测阶段,希望能把图像里面所有感兴趣的目标检测出来。下面读取并调整测试图像的大小,然后将其转成卷积层需要的四维格式。用于测试的图像在 banana-detection 中,名为 banana.jpeg,请根据自己的路径填写图像的读取路径。

```
191. X = torchvision.io.read_image('Your_Path_to_Image').unsqueeze(0).float()
192. img = X.squeeze(0).permute(1, 2, 0).long()
```

使用下面的 multibox_detection 函数,可以根据锚框及其预测偏移量得到预测边界框。然后,通过非极大值抑制来移除相似的预测边界框。

```
193.     def predict(X):
194.         net.eval()
195.         anchors, cls_preds, bbox_preds = net(X.to(device))
196.         cls_probs = F.softmax(cls_preds, dim = 2).permute(0, 2, 1)
197.         output = d2l.multibox_detection(cls_probs, bbox_preds, anchors)
198.         idx = [i for i, row in enumerate(output[0]) if row[0] != - 1]
199.         return output[0, idx]
200.
201.     output = predict(X)
```

最后,筛选所有置信度不低于 0.9 的边界框,作为最终输出。

```
202.     def display(img, output, threshold):
203.         d2l.set_figsize((5, 5))
204.         fig = d2l.plt.imshow(img)
205.         for row in output:
206.             score = float(row[1])
```

```
207.            if score < threshold:
208.                continue
209.            h, w = img.shape[0:2]
210.            bbox = [row[2:6] * torch.tensor((w, h, w, h), device = row.device)]
211.            d2l.show_bboxes(fig.axes, bbox, '%.2f' % score, 'w')
212.
213.    display(img, output.cpu(), threshold = 0.9)
```

结果如图 4-20 所示。

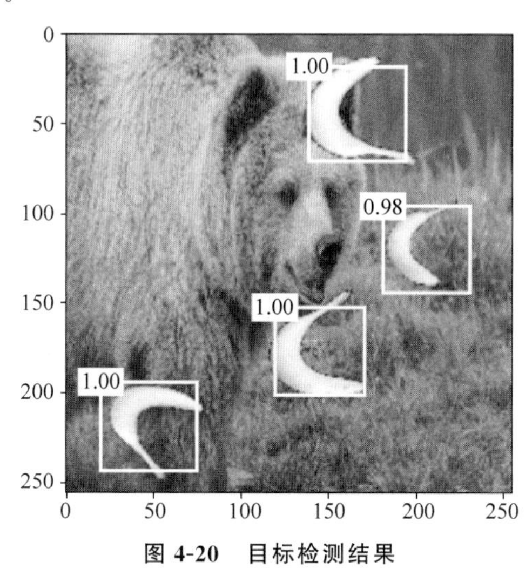

图 4-20　目标检测结果

4.3.2　区域卷积神经网络

在前面我们介绍了 RNN 和它的进阶版模型。这里使用 Faster R-CNN 方法实现目标检测。

1. Faster R-CNN 的预测

Faster R-CNN 的预测可以分为以下 6 步，接下来分别介绍各部分内容。

1）主干网络

Faster R-CNN 可以采用多种主干特征提取网络，常用的有 VGG，ResNet，Xception 等，本文以 ResNet 网络为例来演示。

Faster R-CNN 对输入进来的图片尺寸没有限定，但是一般会把输入进来的图片短边固定成 600，如输入一张 1200×1800 的图片，会把图片不失真地改为 600×900。

ResNet50 有两个基本的块，分别为 Conv Block 和 Identity Block，其中 Conv Block 输入和输出的维度是不一样的，所以不能连续串联，它的作用是改变网络的维度；Identity Block 输入维度和输出维度相同，可以串联，用于加深网络。

Conv Block 和 Identity Block 的结构如图 4-21 所示。

这两个都是残差网络结构。

Faster R-CNN 的主干特征提取网络部分只包含了长宽压缩了 4 次的内容，第 5 次压缩后的内容在 RoI 中使用，即 Faster R-CNN 在主干特征提取网络所用的网络层如图 4-22 所示,以输入的图片为 600×600 为例,显示 shape 变化。

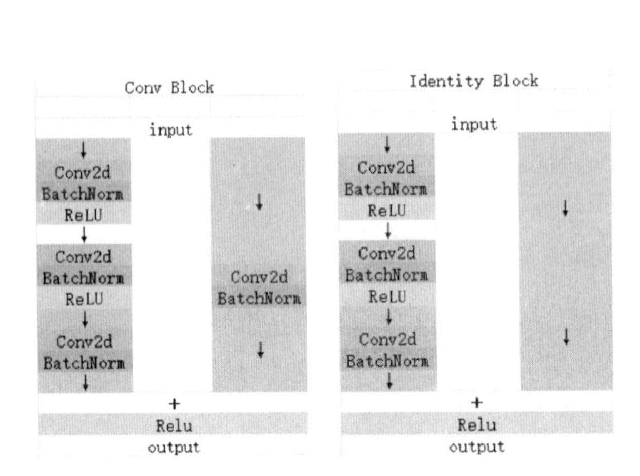

图 4-21 Conv Block 和 Identity Block 结构

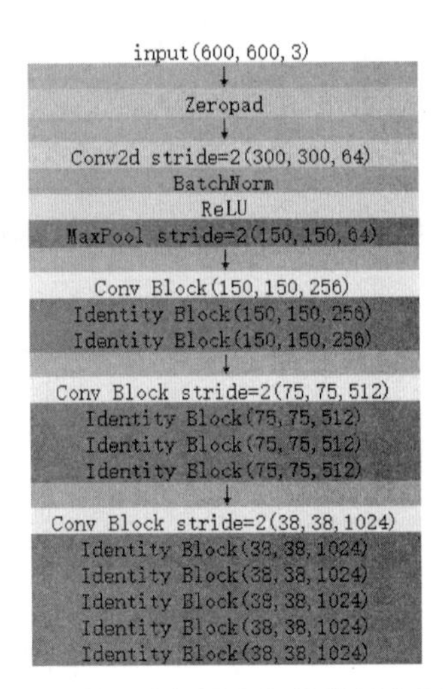

图 4-22 主干特征提取网络的网络层结构

最后一层的输出就是公用特征层。

在代码中,使用 resnet50()函数来获得 ResNet50 的公用特征层。其中 features 部分为公用特征层,classifier 部分为第二阶段用到的分类器。

```
1.  import math
2.
3.  import torch.nn as nn
4.  from torchvision.models.utils import load_state_dict_from_url
5.
6.  class Bottleneck(nn.Module):
7.      expansion = 4
8.      def __init__(self, inplanes, planes, stride = 1, downsample = None):
9.          super(Bottleneck, self).__init__()
10.             self.conv1 = nn.Conv2d(inplanes, planes, kernel_size = 1, stride = stride,
    bias = False)
11.             self.bn1 = nn.BatchNorm2d(planes)
12.
13.             self.conv2 = nn.Conv2d(planes, planes, kernel_size = 3, stride = 1, padding =
    1, bias = False)
14.             self.bn2 = nn.BatchNorm2d(planes)
15.
16.             self.conv3 = nn.Conv2d(planes, planes * 4, kernel_size = 1, bias = False)
17.             self.bn3 = nn.BatchNorm2d(planes * 4)
18.
19.             self.relu = nn.ReLU(inplace = True)
20.             self.downsample = downsample
21.             self.stride = stride
22.
23.         def forward(self, x):
24.             residual = x
25.
26.             out = self.conv1(x)
27.             out = self.bn1(out)
28.             out = self.relu(out)
```

```
29.
30.             out = self.conv2(out)
31.             out = self.bn2(out)
32.             out = self.relu(out)
33.
34.             out = self.conv3(out)
35.             out = self.bn3(out)
36.             if self.downsample is not None:
37.                 residual = self.downsample(x)
38.
39.             out += residual
40.             out = self.relu(out)
41.
42.             return out
43.
44.     class ResNet(nn.Module):
45.         def __init__(self, block, layers, num_classes = 1000):
46.             # ---------------------------------------- #
47.             #   假设输入进来的图片是 600,600,3
48.             # ---------------------------------------- #
49.             self.inplanes = 64
50.             super(ResNet, self).__init__()
51.
52.             # 600,600,3 -> 300,300,64
53.             self.conv1 = nn.Conv2d(3, 64, kernel_size = 7, stride = 2, padding = 3, bias = False)
54.             self.bn1 = nn.BatchNorm2d(64)
55.             self.relu = nn.ReLU(inplace = True)
56.
57.             # 300,300,64 -> 150,150,64
58.             self.maxpool = nn.MaxPool2d(kernel_size = 3, stride = 2, padding = 0, ceil_mode = True)
59.
60.             # 150,150,64 -> 150,150,256
61.             self.layer1 = self._make_layer(block, 64, layers[0])
62.             # 150,150,256 -> 75,75,512
63.             self.layer2 = self._make_layer(block, 128, layers[1], stride = 2)
64.             # 75,75,512 -> 38,38,1024 到这里可以获得一个 38,38,1024 的共享特征层
65.             self.layer3 = self._make_layer(block, 256, layers[2], stride = 2)
66.             # self.layer4 被用在 classifier 模型中
67.             self.layer4 = self._make_layer(block, 512, layers[3], stride = 2)
68.
69.             self.avgpool = nn.AvgPool2d(7)
70.             self.fc = nn.Linear(512 * block.expansion, num_classes)
71.
72.             for m in self.modules():
73.                 if isinstance(m, nn.Conv2d):
74.                     n = m.kernel_size[0] * m.kernel_size[1] * m.out_channels
75.                     m.weight.data.normal_(0, math.sqrt(2. / n))
76.                 elif isinstance(m, nn.BatchNorm2d):
77.                     m.weight.data.fill_(1)
78.                     m.bias.data.zero_()
79.
80.         def _make_layer(self, block, planes, blocks, stride = 1):
81.             downsample = None
82.             # -------------------------------------------------------------- #
```

```
83.             #   当模型需要进行高和宽的压缩的时候,就需要用到残差边的 downsample
84.             # -------------------------------------------------------------- #
85.             if stride != 1 or self.inplanes != planes * block.expansion:
86.                 downsample = nn.Sequential(
87.                     nn.Conv2d(self.inplanes, planes * block.expansion, kernel_size = 1,
    stride = stride, bias = False),
88.                     nn.BatchNorm2d(planes * block.expansion),
89.                 )
90.             layers = []
91.             layers.append(block(self.inplanes, planes, stride, downsample))
92.             self.inplanes = planes * block.expansion
93.             for i in range(1, blocks):
94.                 layers.append(block(self.inplanes, planes))
95.             return nn.Sequential( * layers)
96.
97.         def forward(self, x):
98.             x = self.conv1(x)
99.             x = self.bn1(x)
100.            x = self.relu(x)
101.            x = self.maxpool(x)
102.
103.            x = self.layer1(x)
104.            x = self.layer2(x)
105.            x = self.layer3(x)
106.            x = self.layer4(x)
107.
108.            x = self.avgpool(x)
109.            x = x.view(x.size(0), -1)
110.            x = self.fc(x)
111.            return x
112.
113.    def resnet50(pretrained = False):
114.        model = ResNet(Bottleneck, [3, 4, 6, 3])
115.        if pretrained:
116.            state_dict = load_state_dict_from_url("https://download.pytorch.org/
    models/resnet50-19c8e357.pth", model_dir = "./model_data")
117.            model.load_state_dict(state_dict)
118.        # -------------------------------------------------------------- #
119.        #   获取特征提取部分,从 conv1 到 model.layer3,最终获得一个 38,38,1024 的特征层
120.        # -------------------------------------------------------------- #
121.        features = list([model.conv1, model.bn1, model.relu, model.maxpool, model.
    layer1, model.layer2, model.layer3])
122.        # -------------------------------------------------------------- #
123.        #   获取分类部分,从 model.layer4 到 model.avgpool
124.        # -------------------------------------------------------------- #
125.        classifier  = list([model.layer4, model.avgpool])
126.
127.        features    = nn.Sequential( * features)
128.        classifier  = nn.Sequential( * classifier)
129.        return features, classifier
```

2) 获得 proposal 建议框

获得的公用特征层在图像中就是特征图,其有两个应用,一个是和 ROI 池化结合使用、另一个是进行一次 3×3 的卷积后,进行一个 18 通道的 1×1 卷积,还有一个 36 通道的 1×1

卷积。

在Faster R-CNN中，num_priors也就是先验框的数量就是9，所以两个1×1卷积的结果实际上也就是：9×4的卷积用于预测公用特征层上每个网格点上每个先验框的变化情况。为什么说是变化情况呢？这是因为Faster R-CNN的预测结果需要结合先验框获得预测框，预测结果就是先验框的变化情况。9×2的卷积用于预测公用特征层上每个网格点上每个预测框内部是否包含了物体，序号为1的内容为包含物体的概率。

当输入的图片的shape是600×600×3时，公用特征层的shape就是38×38×1024，相当于把输入进来的图像分割成38×38的网格，然后每个网格存在9个先验框，这些先验框有不同的大小，在图像上密密麻麻。9×4的卷积的结果会对这些先验框进行调整，获得一个新的框。9×2的卷积会判断上述获得的新框是否包含物体。

到这里获得了一些有用的框，这些框会利用9×2的卷积判断是否存在物体。到此位置还只是粗略的一个框的获取，也就是一个建议框。然后会在建议框里面继续寻找。

实现代码为：

```
130.     class RegionProposalNetwork(nn.Module):
131.         def __init__(
132.             self,
133.             in_channels     = 512,
134.             mid_channels    = 512,
135.             ratios          = [0.5, 1, 2],
136.             anchor_scales   = [8, 16, 32],
137.             feat_stride     = 16,
138.             mode            = "training",
139.         ):
140.             super(RegionProposalNetwork, self).__init__()
141.             # ------------------------------------------ #
142.             #   生成基础先验框,shape 为[9, 4]
143.             # ------------------------------------------ #
144.             self.anchor_base = generate_anchor_base(anchor_scales = anchor_scales,
    ratios = ratios)
145.             n_anchor        = self.anchor_base.shape[0]
146.
147.             # ------------------------------------------ #
148.             #   先进行一个 3×3 的卷积,可理解为特征整合
149.             # ------------------------------------------ #
150.             self.conv1  = nn.Conv2d(in_channels, mid_channels, 3, 1, 1)
151.             # ------------------------------------------ #
152.             #   分类预测先验框内部是否包含物体
153.             # ------------------------------------------ #
154.             self.score  = nn.Conv2d(mid_channels, n_anchor * 2, 1, 1, 0)
155.             # ------------------------------------------ #
156.             #   回归预测对先验框进行调整
157.             # ------------------------------------------ #
158.             self.loc    = nn.Conv2d(mid_channels, n_anchor * 4, 1, 1, 0)
159.
160.             # ------------------------------------------ #
161.             #   特征点间距步长
162.             # ------------------------------------------ #
163.             self.feat_stride    = feat_stride
164.             # ------------------------------------------ #
```

```
165.            #   用于对建议框解码并进行非极大值抑制
166.            # ----------------------------------------- #
167.            self.proposal_layer = ProposalCreator(mode)
168.            # ------------------------------------- #
169.            #   对 FPN 的网络部分进行权值初始化
170.            # ------------------------------------- #
171.            normal_init(self.conv1, 0, 0.01)
172.            normal_init(self.score, 0, 0.01)
173.            normal_init(self.loc, 0, 0.01)
174.
175.        def forward(self, x, img_size, scale=1.):
176.            n, _, h, w = x.shape
177.            # ----------------------------------------- #
178.            #   先进行一个 3×3 的卷积,可理解为特征整合
179.            # ----------------------------------------- #
180.            x = F.relu(self.conv1(x))
181.            # ----------------------------------------- #
182.            #   回归预测对先验框进行调整
183.            # ----------------------------------------- #
184.            rpn_locs = self.loc(x)
185.            rpn_locs = rpn_locs.permute(0, 2, 3, 1).contiguous().view(n, -1, 4)
186.            # ----------------------------------------- #
187.            #   分类预测先验框内部是否包含物体
188.            # ----------------------------------------- #
189.            rpn_scores = self.score(x)
190.            rpn_scores = rpn_scores.permute(0, 2, 3, 1).contiguous().view(n, -1, 2)
191.
192.            # ----------------------------------------- #
193.            #   进行 softmax 概率计算,每个先验框只有两个判别结果
194.            #   内部包含物体或者内部不包含物体,rpn_softmax_scores[:, :, 1]的内容为包
    # 含物体的概率
195.            # ---------------------------------------- #
196.            rpn_softmax_scores  = F.softmax(rpn_scores, dim=-1)
197.            rpn_fg_scores       = rpn_softmax_scores[:, :, 1].contiguous()
198.            rpn_fg_scores       = rpn_fg_scores.view(n, -1)
```

3）Proposal 建议框的解码

通过第 2)步我们获得了 38×38×9 个先验框的预测结果。预测结果包含两部分。9×4 的卷积用于预测公用特征层的每个网格点上所有先验框的变化情况。9×2 的卷积用于预测公用特征层的每个网格点上所有预测框内部是否包含了物体。

相当于就是将整个图像分成 38×38 个网格；然后从每个网格中心建立 9 个先验框，一共 38×38×9=12996 个先验框。

当输入图像的 shape 不同时，先验框的数量也会发生改变。先验框虽然可以代表一定的框的位置信息与框的大小信息，但是它是有限的，无法表示任意情况，因此还需要调整。9×4 中的 9 表示了这个网格点所包含的先验框数量，其中的 4 表示了框的中心与长宽的调整情况。

实现代码如下：

```
199.    class ProposalCreator():
200.        def __init__(
201.            self,
```

```
202.            mode,
203.            nms_iou              = 0.7,
204.            n_train_pre_nms      = 12000,
205.            n_train_post_nms     = 600,
206.            n_test_pre_nms       = 3000,
207.            n_test_post_nms      = 300,
208.            min_size             = 16
209.
210.        ):
211.            # ---------------------------------------- #
212.            #   设置预测还是训练
213.            # ---------------------------------------- #
214.            self.mode            = mode
215.            # ---------------------------------------- #
216.            #   建议框非极大值抑制的 iou 大小
217.            # ---------------------------------------- #
218.            self.nms_iou         = nms_iou
219.            # ---------------------------------------- #
220.            #   训练用到的建议框数量
221.            # ---------------------------------------- #
222.            self.n_train_pre_nms  = n_train_pre_nms
223.            self.n_train_post_nms = n_train_post_nms
224.            # ---------------------------------------- #
225.            #   预测用到的建议框数量
226.            # ---------------------------------------- #
227.            self.n_test_pre_nms   = n_test_pre_nms
228.            self.n_test_post_nms  = n_test_post_nms
229.            self.min_size         = min_size
230.
231.        def __call__(self, loc, score, anchor, img_size, scale=1.):
232.            if self.mode == "training":
233.                n_pre_nms        = self.n_train_pre_nms
234.                n_post_nms       = self.n_train_post_nms
235.            else:
236.                n_pre_nms        = self.n_test_pre_nms
237.                n_post_nms       = self.n_test_post_nms
238.
239.            # ---------------------------------------- #
240.            #   将先验框转换成张量
241.            # ---------------------------------------- #
242.            anchor = torch.from_numpy(anchor)
243.            if loc.is_cuda:
244.                anchor = anchor.cuda()
245.            # ---------------------------------------- #
246.            #   将 RPN 网络预测结果转换为建议框
247.            # ---------------------------------------- #
248.            roi = loc2bbox(anchor, loc)
249.            # ---------------------------------------- #
250.            #   防止建议框超出图像边缘
251.            # ---------------------------------------- #
252.            roi[:, [0, 2]] = torch.clamp(roi[:, [0, 2]], min = 0, max = img_size[1])
253.            roi[:, [1, 3]] = torch.clamp(roi[:, [1, 3]], min = 0, max = img_size[0])
254.
```

```
255.            # ------------------------------------ #
256.            #   建议框的宽高的最小值不可以小于 16
257.            # ------------------------------------ #
258.            min_size                = self.min_size * scale
259.            keep                    = torch.where(((roi[:, 2] - roi[:, 0]) >= min_size)
    & ((roi[:, 3] - roi[:, 1]) >= min_size))[0]
260.            # ------------------------------------ #
261.            #   将对应的建议框保留下来
262.            # ------------------------------------ #
263.            roi                     = roi[keep, :]
264.            score                   = score[keep]
265.
266.            # ------------------------------------ #
267.            #   根据得分进行排序,取出建议框
268.            # ------------------------------------ #
269.            order                   = torch.argsort(score, descending = True)
270.            if n_pre_nms > 0:
271.                order               = order[:n_pre_nms]
272.            roi                     = roi[order, :]
273.            score                   = score[order]
274.
275.            # ------------------------------------ #
276.            #   对建议框进行非极大值抑制
277.            #   使用官方的非极大值抑制会快很多
278.            # ------------------------------------ #
279.            keep                    = nms(roi, score, self.nms_iou)
280.            keep                    = keep[:n_post_nms]
281.            roi                     = roi[keep]
282.            return roi
```

4) 对 Proposal 建议框加以利用(RoiPoolingConv)

我们首先对建议框有一个整体的理解：事实上建议框就是对图片哪一个区域有物体存在进行初步筛选。

通过主干特征提取网络,可以获得一个公用特征层,当输入图片为 600×600×3 的时候,它的 shape 是 38×38×1024,然后建议框会对这个公用特征层进行截取。其实公用特征层里面的 38×38 对应着图片里的 38×38 个区域,38×38 中的每一个点相当于这个区域内部所有特征的浓缩。

建议框会对这 38×38 个区域进行截取,也就是认为这些区域里存在目标,然后将截取的结果进行 resize,resize 到 14×14×1024 的大小。然后再对每个建议框再进行 ResNet 原有的第 5 次压缩。压缩完后进行一个平均池化,再进行一个 Flatten,最后分别进行一个 num_classes 的全连接和(num_classes)×4 的全连接。

num_classes 的全连接用于对最后获得的框进行分类,(num_classes)×4 的全连接用于对相应的建议框进行调整。通过这些操作,可以获得所有建议框的调整情况,以及这个建议框调整后框内物体的类别。事实上,在第 3)步获得的建议框就是 ROI 的先验框。

对 Proposal 建议框加以利用的过程与 shape 的变化如图 4-23 所示。

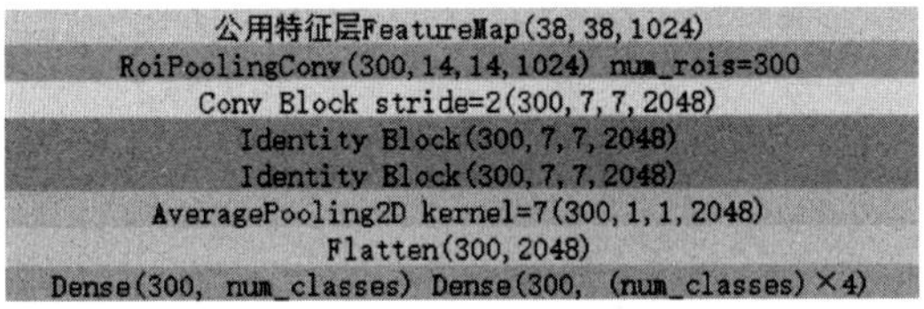

公用特征层FeatureMap(38, 38, 1024)
RoiPoolingConv(300, 14, 14, 1024) num_rois=300
Conv Block stride=2(300, 7, 7, 2048)
Identity Block(300, 7, 7, 2048)
Identity Block(300, 7, 7, 2048)
AveragePooling2D kernel=7(300, 1, 1, 2048)
Flatten(300, 2048)
Dense(300, num_classes) Dense(300, (num_classes)×4)

图 4-23 Proposal 建议框的利用过程

建议框调整后的结果就是最终的预测结果了,可以在图上进行绘画了。

```
283.    class Resnet50RoIHead(nn.Module):
284.        def __init__(self, n_class, roi_size, spatial_scale, classifier):
285.            super(Resnet50RoIHead, self).__init__()
286.            self.classifier = classifier
287.            # ----------------------------------------- #
288.            #   对 ROIPooling 后的结果进行回归预测
289.            # ----------------------------------------- #
290.            self.cls_loc = nn.Linear(2048, n_class * 4)
291.            # ------------------------------------- #
292.            #   对 ROIPooling 后的结果进行分类
293.            # ------------------------------------- #
294.            self.score = nn.Linear(2048, n_class)
295.            # ------------------------------------- #
296.            #   权值初始化
297.            # ------------------------------------- #
298.            normal_init(self.cls_loc, 0, 0.001)
299.            normal_init(self.score, 0, 0.01)
300.
301.            self.roi = RoIPool((roi_size, roi_size), spatial_scale)
302.
303.        def forward(self, x, rois, roi_indices, img_size):
304.            n, _, _, _ = x.shape
305.            if x.is_cuda:
306.                roi_indices = roi_indices.cuda()
307.                rois = rois.cuda()
308.
309.            rois_feature_map = torch.zeros_like(rois)
310.            rois_feature_map[:, [0,2]] = rois[:, [0,2]] / img_size[1] * x.size()[3]
311.            rois_feature_map[:, [1,3]] = rois[:, [1,3]] / img_size[0] * x.size()[2]
312.
313.            indices_and_rois = torch.cat([roi_indices[:, None], rois_feature_map], dim = 1)
314.            # ------------------------------------- #
315.            #   利用建议框对公用特征层进行截取
316.            # ------------------------------------- #
317.            pool = self.roi(x, indices_and_rois)
318.            # ------------------------------------- #
319.            #   利用 classifier 网络进行特征提取
320.            # ------------------------------------- #
321.            fc7 = self.classifier(pool)
322.            # ------------------------------------------------------------ #
323.            #   当输入为一张图片的时候,这里获得的 f7 的 shape 为[300, 2048]
324.            # ------------------------------------------------------------ #
325.            fc7 = fc7.view(fc7.size(0), -1)
326.
```

```
327.            roi_cls_locs     = self.cls_loc(fc7)
328.            roi_scores       = self.score(fc7)
329.            roi_cls_locs     = roi_cls_locs.view(n, -1, roi_cls_locs.size(1))
330.            roi_scores       = roi_scores.view(n, -1, roi_scores.size(1))
331.            return roi_cls_locs, roi_scores
```

5）在原图上绘制

在第4)步的结尾,对建议框进行再一次解码后,可以获得预测框在原图上的位置,而且这些预测框都是经过筛选的。这些筛选后的框可以直接绘制在图片上,就可以获得结果了。

6）整体的执行流程

整体的执行流程为：输入图片→利用主干特征提取网络获得共享特征层→利用共享特征层获得建议框→对建议框解码获得需要截取的位置→对共享特征层进行截取→对截取后的特征层进行Resize和下一步的卷积→获得最终预测结果并解码。注意以下几个小的知识点：①共包含两次解码过程。②先进行粗略的筛选再细调。③第一次获得的建议框解码后的结果是对共享特征层featuremap进行截取。

2. Faster R-CNN的训练过程

Faster R-CNN的训练过程和它的预测过程一样,分为两部分,首先要训练获得建议框网络,然后再训练后面利用ROI获得预测结果的网络。

1）建议框网络的训练

公用特征层如果要获得建议框的预测结果,需要进行一次3×3的卷积后,再进行一个2通道的1×1卷积,之后还有一个36通道的1×1卷积。

在Faster R-CNN中,num_priors是先验框的数量也就是9,所以两个1×1卷积的结果实际上也就是：

9×4的卷积用于预测公用特征层上每个网格点上每个先验框的变化情况。

9×2的卷积用于预测公用特征层上每个网格点上每个预测框内部是否包含了物体。也就是说,直接利用Faster R-CNN建议框网络预测到的结果,并不是建议框在图片上的真实位置,需要解码才能得到真实位置。

而在训练的时候,需要计算Loss函数,Loss函数是相对于Faster R-CNN建议框网络的预测结果的。需要把图片输入当前的Faster-RCNN建议框的网络中,得到建议框的结果；同时还需要进行编码,这个编码是把真实框的位置信息格式转化为Faster R-CNN建议框预测结果的格式信息。

也就是需要找到每一张用于训练的图片的每个真实框对应的先验框,并求出如果想要得到这样一个真实框,建议框预测结果应该是怎么样的。从建议框预测结果获得真实框的过程被称作解码,而从真实框获得建议框预测结果的过程就是编码的过程。因此只需要将解码过程逆过来就是编码过程了。

focal会忽略一些重合度相对较高但是不是非常高的先验框,一般将重合度为0.3～0.7的先验框进行忽略。实现代码如下：

```
332.     def bbox_iou(bbox_a, bbox_b):
333.         if bbox_a.shape[1] != 4 or bbox_b.shape[1] != 4:
334.             print(bbox_a, bbox_b)
335.             raise IndexError
```

```
336.            tl = np.maximum(bbox_a[:, None, :2], bbox_b[:, :2])
337.            br = np.minimum(bbox_a[:, None, 2:], bbox_b[:, 2:])
338.            area_i = np.prod(br - tl, axis=2) * (tl < br).all(axis=2)
339.            area_a = np.prod(bbox_a[:, 2:] - bbox_a[:, :2], axis=1)
340.            area_b = np.prod(bbox_b[:, 2:] - bbox_b[:, :2], axis=1)
341.            return area_i / (area_a[:, None] + area_b - area_i)
342.
343.        def bbox2loc(src_bbox, dst_bbox):
344.            width = src_bbox[:, 2] - src_bbox[:, 0]
345.            height = src_bbox[:, 3] - src_bbox[:, 1]
346.            ctr_x = src_bbox[:, 0] + 0.5 * width
347.            ctr_y = src_bbox[:, 1] + 0.5 * height
348.
349.            base_width = dst_bbox[:, 2] - dst_bbox[:, 0]
350.            base_height = dst_bbox[:, 3] - dst_bbox[:, 1]
351.            base_ctr_x = dst_bbox[:, 0] + 0.5 * base_width
352.            base_ctr_y = dst_bbox[:, 1] + 0.5 * base_height
353.
354.            eps = np.finfo(height.dtype).eps
355.            width = np.maximum(width, eps)
356.            height = np.maximum(height, eps)
357.
358.            dx = (base_ctr_x - ctr_x) / width
359.            dy = (base_ctr_y - ctr_y) / height
360.            dw = np.log(base_width / width)
361.            dh = np.log(base_height / height)
362.
363.            loc = np.vstack((dx, dy, dw, dh)).transpose()
364.            return loc
365.
366.        class AnchorTargetCreator(object):
367.            def __init__(self, n_sample=256, pos_iou_thresh=0.7, neg_iou_thresh=0.3,
        pos_ratio=0.5):
368.                self.n_sample         = n_sample
369.                self.pos_iou_thresh   = pos_iou_thresh
370.                self.neg_iou_thresh   = neg_iou_thresh
371.                self.pos_ratio        = pos_ratio
372.
373.            def __call__(self, bbox, anchor):
374.                argmax_ious, label = self._create_label(anchor, bbox)
375.                if (label > 0).any():
376.                    loc = bbox2loc(anchor, bbox[argmax_ious])
377.                    return loc, label
378.                else:
379.                    return np.zeros_like(anchor), label
380.
381.            def _calc_ious(self, anchor, bbox):
382.                # ---------------------------------------------------------- #
383.                #   anchor 和 bbox 的 iou
384.                #   获得的 ious 的 shape 为[num_anchors, num_gt]
385.                # ---------------------------------------------------------- #
386.                ious = bbox_iou(anchor, bbox)
387.
388.                if len(bbox) == 0:
```

```
389.            return np.zeros(len(anchor), np.int32), np.zeros(len(anchor)), np.zeros
    (len(bbox))
390.        # ---------------------------------------------------------------- #
391.        #   获得每个先验框最对应的真实框  [num_anchors, ]
392.        # ---------------------------------------------------------------- #
393.        argmax_ious = ious.argmax(axis = 1)
394.        # ---------------------------------------------------------------- #
395.        #   找出每个先验框最对应的真实框的 iou  [num_anchors, ]
396.        # ---------------------------------------------------------------- #
397.        max_ious = np.max(ious, axis = 1)
398.        # ---------------------------------------------------------------- #
399.        #   获得每个真实框最对应的先验框  [num_gt, ]
400.        # ---------------------------------------------------------------- #
401.        gt_argmax_ious = ious.argmax(axis = 0)
402.        # ---------------------------------------------------------------- #
403.        #   保证每个真实框都存在对应的先验框
404.        # ---------------------------------------------------------------- #
405.        for i in range(len(gt_argmax_ious)):
406.            argmax_ious[gt_argmax_ious[i]] = i
407.
408.        return argmax_ious, max_ious, gt_argmax_ious
409.
410.    def _create_label(self, anchor, bbox):
411.        # ------------------------------------------------ #
412.        #   1 是正样本,0 是负样本, - 1 忽略
413.        #   初始化的时候全部设置为 - 1
414.        # ------------------------------------------------ #
415.        label = np.empty((len(anchor),), dtype = np.int32)
416.        label.fill( - 1)
417.
418.        # ---------------------------------------------------------------- #
419.        # argmax_ious 为每个先验框对应的最大的真实框的序号      [num_anchors, ]
420.        # max_ious 为每个真实框对应的最大的真实框的 iou         [num_anchors, ]
421.        # gt_argmax_ious 为每个真实框对应的最大的先验框的序号  [num_gt, ]
422.        # ---------------------------------------------------------------- #
423.        argmax_ious, max_ious, gt_argmax_ious = self._calc_ious(anchor, bbox)
424.
425.        # ---------------------------------------------------------------- #
426.        #   如果小于门限值则设置为负样本
427.        #   如果大于门限值则设置为正样本
428.        #   每个真实框至少对应一个先验框
429.        # ---------------------------------------------------------------- #
430.        label[max_ious < self.neg_iou_thresh] = 0
431.        label[max_ious >= self.pos_iou_thresh] = 1
432.        if len(gt_argmax_ious)> 0:
433.            label[gt_argmax_ious] = 1
434.
435.        # ---------------------------------------------------------------- #
436.        #   判断正样本数量是否大于 128,如果大于则限制在 128
437.        # ---------------------------------------------------------------- #
438.        n_pos = int(self.pos_ratio * self.n_sample)
439.        pos_index = np.where(label == 1)[0]
440.        if len(pos_index) > n_pos:
441.            disable_index = np.random.choice(pos_index, size = (len(pos_index) - n_
```

```
    pos), replace = False)
442.                label[disable_index] = -1
443.
444.            # ---------------------------------------------------------- #
445.            #   平衡正负样本,保持总数量为 256
446.            # ---------------------------------------------------------- #
447.            n_neg = self.n_sample - np.sum(label == 1)
448.            neg_index = np.where(label == 0)[0]
449.            if len(neg_index) > n_neg:
450.                disable_index = np.random.choice(neg_index, size = (len(neg_index) - n_
    neg), replace = False)
451.                label[disable_index] = -1
452.
453.            return argmax_ious, label
```

2）ROI 网络的训练

接下来是 ROI 网络的训练,通过前边的步骤已经可以对建议框网络进行训练了,建议框网络会提供一些位置的建议,在 ROI 网络部分,其会将建议框进行一定的截取,并获得对应的预测结果,事实上就是将建议框网络的训练的建议框当作 ROI 网络的先验框。

因此,需要计算所有建议框和真实框的重合程度,并进行筛选,如果某个真实框和建议框的重合程度大于 0.5 则认为该建议框为正样本,如果重合程度小于 0.5 则认为该建议框为负样本。因此可以对真实框进行编码,这个编码是相对于建议框的,也就是说,当存在这些建议框时,ROI 预测网络需要有什么样的预测结果才能将这些建议框调整成真实框。每次训练都放入 128 个建议框进行训练,同时要注意正负样本的平衡。

实现代码如下:

```
454.    class ProposalTargetCreator(object):
455.        def __init__(self, n_sample = 128, pos_ratio = 0.5, pos_iou_thresh = 0.5, neg_iou
    _thresh_high = 0.5, neg_iou_thresh_low = 0):
456.            self.n_sample = n_sample
457.            self.pos_ratio = pos_ratio
458.            self.pos_roi_per_image = np.round(self.n_sample * self.pos_ratio)
459.            self.pos_iou_thresh = pos_iou_thresh
460.            self.neg_iou_thresh_high = neg_iou_thresh_high
461.            self.neg_iou_thresh_low = neg_iou_thresh_low
462.
463.        def __call__(self, roi, bbox, label, loc_normalize_std = (0.1, 0.1, 0.2, 0.2)):
464.            roi = np.concatenate((roi.detach().cpu().numpy(), bbox), axis = 0)
465.            # ---------------------------------------------------------- #
466.            #   计算建议框和真实框的重合程度
467.            # ---------------------------------------------------------- #
468.            iou = bbox_iou(roi, bbox)
469.
470.            if len(bbox) == 0:
471.                gt_assignment = np.zeros(len(roi), np.int32)
472.                max_iou = np.zeros(len(roi))
473.                gt_roi_label = np.zeros(len(roi))
474.            else:
475.                # ------------------------------------------------------ #
476.                #   获得每个建议框最对应的真实框  [num_roi, ]
477.                # ------------------------------------------------------ #
```

```
478.                 gt_assignment = iou.argmax(axis=1)
479.                 # ---------------------------------------------------------- #
480.                 #   获得每个建议框最对应的真实框的 iou  [num_roi, ]
481.                 # ---------------------------------------------------------- #
482.                 max_iou = iou.max(axis=1)
483.                 # ---------------------------------------------------------- #
484.                 #   真实框的标签要+1因为有背景的存在
485.                 # ---------------------------------------------------------- #
486.                 gt_roi_label = label[gt_assignment] + 1
487.
488.             # ---------------------------------------------------------- #
489.             #   满足建议框和真实框重合程度大于 neg_iou_thresh_high 的作为负样本
490.             #   将正样本的数量限制在 self.pos_roi_per_image 以内
491.             # ---------------------------------------------------------- #
492.             pos_index = np.where(max_iou >= self.pos_iou_thresh)[0]
493.             pos_roi_per_this_image = int(min(self.pos_roi_per_image, pos_index.size))
494.             if pos_index.size > 0:
495.                 pos_index = np.random.choice(pos_index, size=pos_roi_per_this_image,
    replace=False)
496.
497.             # ---------------------------------------------------------- #
498.             #   满足建议框和真实框重合程度小于 neg_iou_thresh_high 大于 neg_iou_
    thresh_low 的作为负样本
499.             #   将正样本的数量和负样本的数量的总和固定成 self.n_sample
500.             # ---------------------------------------------------------- #
501.             neg_index = np.where((max_iou < self.neg_iou_thresh_high) & (max_iou >=
    self.neg_iou_thresh_low))[0]
502.             neg_roi_per_this_image = self.n_sample - pos_roi_per_this_image
503.             neg_roi_per_this_image = int(min(neg_roi_per_this_image, neg_index.size))
504.             if neg_index.size > 0:
505.                 neg_index = np.random.choice(neg_index, size=neg_roi_per_this_image,
    replace=False)
506.
507.             # ---------------------------------------------------------- #
508.             #   sample_roi      [n_sample, ]
509.             #   gt_roi_loc      [n_sample, 4]
510.             #   gt_roi_label    [n_sample, ]
511.             # ---------------------------------------------------------- #
512.             keep_index = np.append(pos_index, neg_index)
513.
514.             sample_roi = roi[keep_index]
515.             if len(bbox) == 0:
516.                 return sample_roi, np.zeros_like(sample_roi), gt_roi_label[keep_index]
517.
518.             gt_roi_loc = bbox2loc(sample_roi, bbox[gt_assignment[keep_index]])
519.             gt_roi_loc = (gt_roi_loc / np.array(loc_normalize_std, np.float32))
520.
521.             gt_roi_label = gt_roi_label[keep_index]
522.             gt_roi_label[pos_roi_per_this_image:] = 0
523.             return sample_roi, gt_roi_loc, gt_roi_label
```

接下来进行具体的网络训练。首先需要在虚拟环境中安装依赖包。要注意的是,需要卸载 setuptools 然后重新安装旧版本的 setuptools：pip install setuptools==59.5.0。

首先是数据集的准备。本文使用 VOC 格式进行训练,训练前需要自己制作好数据集,如果没有自己的数据集，可以从随书文件中找到 VOC12+07 的数据集。

训练前将标签文件放在 VOCdevkit 文件夹下 VOC2007 文件夹下的 Annotation 中。训练前将图片文件放在 VOCdevkit 文件夹下 VOC2007 文件夹下的 JPEGImages 中。

摆放好数据集后需要进行数据集的处理。目的是获得训练用的 2007_train. txt 以及 2007_val. txt，需要用到根目录下的 voc_annotation. py。voc_annotation. py 里面有一些参数需要设置。分别是 annotation_mode、classes_path、trainval_percent、train_percent、VOCdevkit_path，第一次训练可以仅修改 classes_path。classes_path 用于指向检测类别所对应的 txt，以 voc 数据集为例，所用到的 txt 为项目中的 voc_classes. txt。训练自己的数据集时，可以自己建立一个 cls_classes. txt，里面写自己所需要区分的类别。

之后可以开始网络训练。通过 voc_annotation. py 已经生成了 2007_train. txt 以及 2007_val. txt，此时可以开始训练了。训练的参数较多，代码中给出了较为详细的注释，其中最重要的部分依然是 train. py 里的 classes_path。

classes_path 用于指向检测类别所对应的 txt，这个 txt 和 voc_annotation. py 里面的 txt 一样！训练自己的数据集必须要修改！修改完 classes_path 后就可以运行 train. py 开始训练了，在训练多个 epoch 后，权值会生成在 logs 文件夹中。其他参数的作用也在项目文件中注释说明了。

训练结束后需要进行预测。训练结果预测需要用到两个文件，分别是 yolo. py 和 predict. py。首先需要去 yolo. py 里面修改 model_path 以及 classes_path，这两个参数必须修改。model_path 指向训练好的权值文件，在 logs 文件夹里。classes_path 指向检测类别所对应的 txt。

完成修改后就可以运行 predict. py 进行检测了。运行后输入图片路径即可检测。

4.4　基于 UNet 网络的语义分割

在目标检测问题中，一直使用方形边界框来标注和预测图像中的目标。本节将探讨语义分割(semantic segmentation)问题，它重点关注如何将图像分割成属于不同语义类别的区域。与目标检测不同，语义分割可以识别并理解图像中每个像素的内容：其语义区域的标注和预测是像素级的。如图 4-24 展示了语义分割中图像有关狗、猫和背景的标签。与目标检测相比，语义分割标注的像素级的边框显然更加精细。

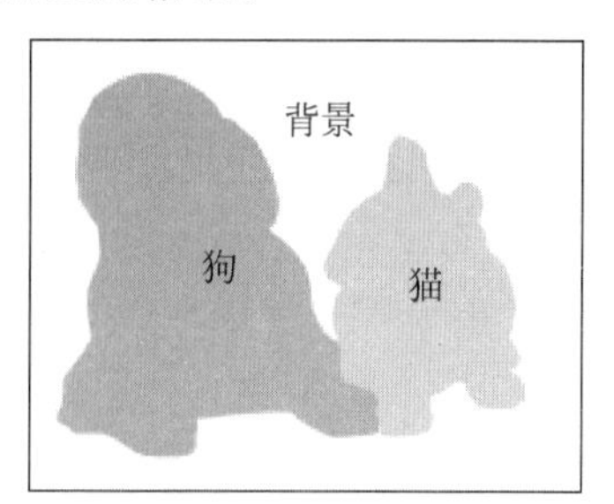

图 4-24　语义分割任务

计算机视觉领域还有两个与语义分割相似的重要问题，即图像分割(image segmentation)和实例分割(instance segmentation)。在这里将它们同语义分割简单区分一下。

图像分割将图像划分为若干组成区域,这类问题的方法通常利用图像中像素之间的相关性。它在训练时不需要有关图像像素的标签信息,在预测时也无法保证分割出的区域具有希望得到的语义。以上图中的图像作为输入,图像分割可能会将狗分为两个区域:一个覆盖以黑色为主的嘴和眼睛,另一个覆盖以黄色为主的其余部分身体。

实例分割也叫同时检测并分割(simultaneous detection and segmentation),它研究如何识别图像中各个目标实例的像素级区域。与语义分割不同,实例分割不仅需要区分语义,还要区分不同的目标实例。例如,如果图像中有两条狗,则实例分割需要区分像素属于两条狗中的哪一条。

接下来来实战完成一个基于 UNet 的语义分割任务。完整的项目可以在提供的代码中找到,在介绍中仅展示与所解释内容相关的部分代码。

UNet 的网络结构在上文中已做过讨论,主要分为 3 部分:主干特征提取部分,加强特征提取部分以及预测部分。接下来分别进行介绍。

1. 主干特征提取部分

UNet 的主干特征提取部分由卷积+最大池化组成,整体结构与 VGG 类似。本文所采用的主干特征提取网络为 VGG16,这样也方便使用 imagnet 上的预训练权重。VGG 是由 Simonyan 和 Zisserman 提出的卷积神经网络模型,其名称来源于作者所在的牛津大学视觉几何组(Visual Geometry Group)的缩写,其网络结构如图 4-25 所示。

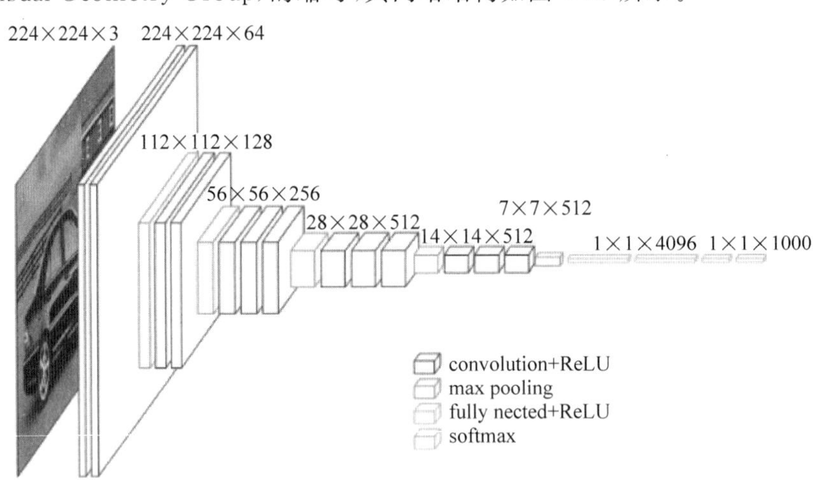

彩图 4-25

图 4-25 VGG 网络结构

当使用 VGG16 作为主干特征提取网络时,只会用到两种类型的层,分别是卷积层和最大池化层。

当输入的图像大小为 512×512×3 时,具体执行方式如下(图 4-26)。

(1) conv1:进行两次[3,3]的 64 通道的卷积,获得一个[512,512,64]的初步有效特征层,再进行 2×2 最大池化,获得一个[256,256,64]的特征层。

(2) conv2:进行两次[3,3]的 128 通道的卷积,获得一个[256,256,128]的初步有效特征层,再进行 2×2 最大池化,获得一个[128,128,128]的特征层。

(3) conv3:进行三次[3,3]的 256 通道的卷积,获得一个[128,128,256]的初步有效特

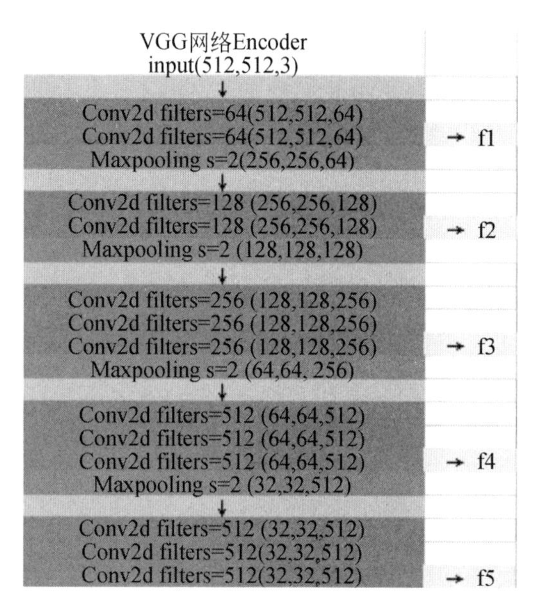

图 4-26　主干特征提取网络

征层，再进行 2×2 最大池化，获得一个[64，64，256]的特征层。

（4）conv4：进行三次[3，3]的 512 通道的卷积，获得一个[64，64，512]的初步有效特征层，再进行 2×2 最大池化，获得一个[32，32，512]的特征层。

（5）conv5：进行三次[3，3]的 512 通道的卷积，获得一个[32，32，512]的初步有效特征层。

这部分代码如下所示：

```
1.  import torch
2.  import torch.nn as nn
3.  from torchvision.models.utils import load_state_dict_from_url
4.
5.  class VGG(nn.Module):
6.      def __init__(self, features, num_classes = 1000):
7.          super(VGG, self).__init__()
8.          self.features = features
9.          self.avgpool = nn.AdaptiveAvgPool2d((7, 7))
10.             self.classifier = nn.Sequential(
11.                 nn.Linear(512 * 7 * 7, 4096),
12.                 nn.ReLU(True),
13.                 nn.Dropout(),
14.                 nn.Linear(4096, 4096),
15.                 nn.ReLU(True),
16.                 nn.Dropout(),
17.                 nn.Linear(4096, num_classes),
18.             )
19.             self._initialize_weights()
20.
21.         def forward(self, x):
22.             x = self.features(x)
23.             x = self.avgpool(x)
24.             x = torch.flatten(x, 1)
```

```
25.             x = self.classifier(x)
26.             return x
27.
28.         def _initialize_weights(self):
29.             for m in self.modules():
30.                 if isinstance(m, nn.Conv2d):
31.                     nn.init.kaiming_normal_(m.weight, mode = 'fan_out', nonlinearity = 'relu')
32.                     if m.bias is not None:
33.                         nn.init.constant_(m.bias, 0)
34.                 elif isinstance(m, nn.BatchNorm2d):
35.                     nn.init.constant_(m.weight, 1)
36.                     nn.init.constant_(m.bias, 0)
37.                 elif isinstance(m, nn.Linear):
38.                     nn.init.normal_(m.weight, 0, 0.01)
39.                     nn.init.constant_(m.bias, 0)
40.
41.
42.     def make_layers(cfg, batch_norm = False, in_channels = 3):
43.         layers = []
44.         for v in cfg:
45.             if v == 'M':
46.                 layers += [nn.MaxPool2d(kernel_size = 2, stride = 2)]
47.             else:
48.                 conv2d = nn.Conv2d(in_channels, v, kernel_size = 3, padding = 1)
49.                 if batch_norm:
50.                     layers += [conv2d, nn.BatchNorm2d(v), nn.ReLU(inplace = True)]
51.                 else:
52.                     layers += [conv2d, nn.ReLU(inplace = True)]
53.                 in_channels = v
54.         return nn.Sequential( * layers)
55.
56.     cfgs = {
57.         'D': [64, 64, 'M', 128, 128, 'M', 256, 256, 256, 'M', 512, 512, 512, 'M', 512, 512,
    512, 'M']
58.     }
59.
60.
61.     def VGG16(pretrained, in_channels, * * kwargs):
62.         model = VGG(make_layers(cfgs["D"], batch_norm = False, in_channels = in_
    channels), * * kwargs)
63.         if pretrained:
64.             state_dict = load_state_dict_from_url("https://download.pytorch.org/models/
    vgg16 - 397923af.pth", model_dir = "./model_data")
65.             model.load_state_dict(state_dict)
66.
67.         del model.avgpool
68.         del model.classifier
69.         return model
```

2. 加强特征提取网络

UNet 所使用的加强特征提取网络是一个 U 的形状。

利用第 1 步可以获得 5 个初步的有效特征层，在加强特征提取网络里，会利用这 5 个初步的有效特征层进行特征融合，特征融合的方式就是对特征层进行上采样并且进行堆叠。

为了方便网络的构建与更好的通用性，UNet 在上采样时直接进行两倍上采样再进行特征融合，最终获得的特征层和输入图片的高宽相同，如图 4-27 所示。

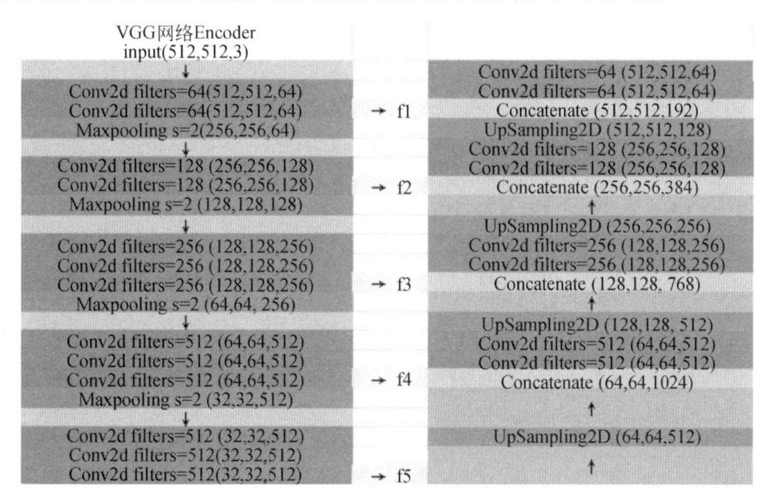

图 4-27　加强特征提取网络

这部分代码如下所示：

```
1.  import torch
2.  import torch.nn as nn
3.  import torch.nn.functional as F
4.  from torchsummary import summary
5.  from nets.vgg import VGG16
6.  class UNetUp(nn.Module):
7.      def __init__(self, in_size, out_size):
8.          super(UNetUp, self).__init__()
9.          self.conv1 = nn.Conv2d(in_size, out_size, kernel_size = 3, padding = 1)
10.             self.conv2 = nn.Conv2d(out_size, out_size, kernel_size = 3, padding = 1)
11.             self.up = nn.UpsamplingBilinear2d(scale_factor = 2)
12.
13.         def forward(self, inputs1, inputs2):
14.
15.             outputs = torch.cat([inputs1, self.up(inputs2)], 1)
16.             outputs = self.conv1(outputs)
17.             outputs = self.conv2(outputs)
18.             return outputs
19.
20.
21.     class UNet(nn.Module):
22.         def __init__(self, num_classes = 21, in_channels = 3, pretrained = False):
23.             super(UNet, self).__init__()
24.             self.vgg = VGG16(pretrained = pretrained, in_channels = in_channels)
25.             in_filters = [192, 384, 768, 1024]
26.             out_filters = [64, 128, 256, 512]
27.             # upsampling
28.             self.up_concat4 = UNetUp(in_filters[3], out_filters[3])
29.             self.up_concat3 = UNetUp(in_filters[2], out_filters[2])
30.             self.up_concat2 = UNetUp(in_filters[1], out_filters[1])
```

```
31.             self.up_concat1 = UNetUp(in_filters[0], out_filters[0])
32.
33.             # final conv (without any concat)
34.             self.final = nn.Conv2d(out_filters[0], num_classes, 1)
35.
36.         def forward(self, inputs):
37.             feat1 = self.vgg.features[  :4 ](inputs)
38.             feat2 = self.vgg.features[4 :9 ](feat1)
39.             feat3 = self.vgg.features[9 :16](feat2)
40.             feat4 = self.vgg.features[16:23](feat3)
41.             feat5 = self.vgg.features[23: - 1](feat4)
42.
43.             up4 = self.up_concat4(feat4, feat5)
44.             up3 = self.up_concat3(feat3, up4)
45.             up2 = self.up_concat2(feat2, up3)
46.             up1 = self.up_concat1(feat1, up2)
47.
48.             final = self.final(up1)
49.
50.             return final
51.
52.         def _initialize_weights(self, * stages):
53.             for modules in stages:
54.                 for module in modules.modules():
55.                     if isinstance(module, nn.Conv2d):
56.                         nn.init.kaiming_normal_(module.weight)
57.                         if module.bias is not None:
58.                             module.bias.data.zero_()
59.                     elif isinstance(module, nn.BatchNorm2d):
60.                         module.weight.data.fill_(1)
61.                         module.bias.data.zero_()
```

3. 利用特征获得预测结果

利用第1、2步,可以获取输入进来的图片的特征,此时,需要利用特征获得预测结果。

利用特征获得预测结果的过程为:利用一个1×1卷积进行通道调整,将最终特征层的通道数调整成num_classes。至此获得完整的网络结构,如图4-28所示。

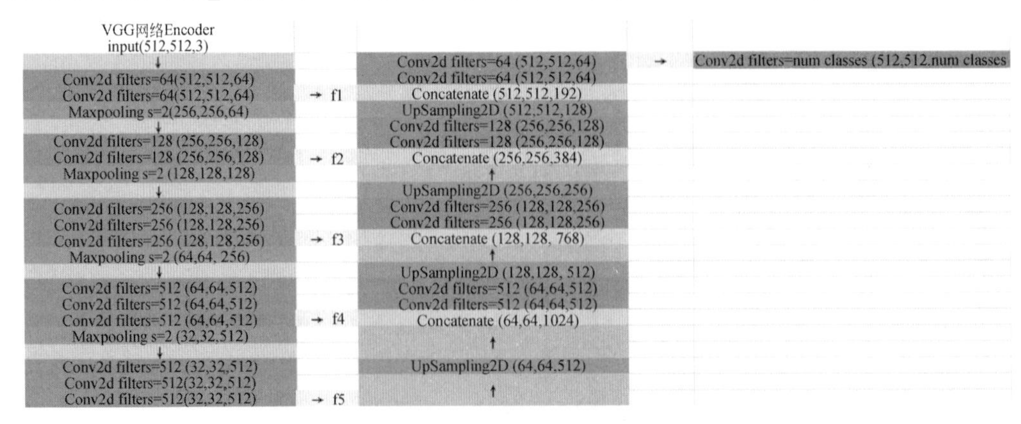

图4-28　完整的网络结构

介绍完具体的网络结构及实现代码之后，下面介绍具体的训练步骤，首先解析训练文件与 Loss。

（1）训练文件详解：使用的训练文件采用 VOC 的格式。语义分割模型训练的文件分为两部分。一部分是原图，如图 4-29(a)所示，另一部分是标签，如图 4-29(b)所示。

(a) 原图

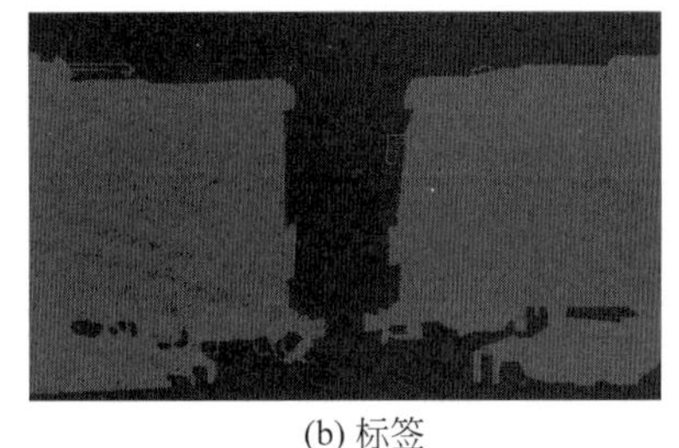
(b) 标签

图 4-29 训练文件示例

原图就是普通的 RGB 图像，标签就是灰度图或者 8 位彩色图。原图的 shape 为[height，width，3]，标签的 shape 就是[height，width]，对于标签而言，每个像素点的内容是一个数字，如 0、1、2、3、4、5、…，代表这个像素点所属的类别。

语义分割的工作就是对原始的图片的每一个像素点进行分类，所以通过预测结果中每个像素点属于每个类别的概率与标签对比，可以对网络进行训练。

（2）Loss 解析：本文所使用的 Loss 由两部分组成：Cross Entropy Loss 和 Dice Loss。

Cross Entropy Loss 就是普通的交叉熵损失，当语义分割平台利用 Softmax 函数对像素点进行分类时，进行使用。

DiceLoss 将语义分割的评价指标作为 Loss，Dice 系数是一种集合相似度度量函数，通常用于计算两个样本的相似度，取值范围为[0，1]。计算公式如下：

$$S=\frac{2|X\cap Y|}{|X|+|Y|}$$

就是预测结果和真实结果的交乘上 2，除上预测结果加上真实结果，其值在 0～1 之间。值越大表示预测结果和真实结果重合度越大，所以 Dice 系数是越大越好。

如果作为 Loss 的话是越小越好，所以使得 Dice Loss＝1－Dice，就可以将 Loss 作为语义分割的损失了。实现代码如下：

```
62.     import torch
63.     import torch.nn.functional as F
64.     import numpy as np
65.     from torch import nn
66.     from torch.autograd import Variable
67.     from random import shuffle
68.     from matplotlib.colors import rgb_to_hsv, hsv_to_rgb
69.     from PIL import Image
70.     import cv2
71.
72.     def CE_Loss(inputs, target, num_classes = 21):
73.         n, c, h, w = inputs.size()
74.         nt, ht, wt = target.size()
75.         if h != ht and w != wt:
76.             inputs = F.interpolate(inputs, size = (ht, wt), mode = "bilinear", align_
    corners = True)
77.
```

```
78.        temp_inputs = inputs.transpose(1, 2).transpose(2, 3).contiguous().view(-1, c)
79.        temp_target = target.view(-1)
80.
81.        CE_loss  = nn.NLLLoss(ignore_index = num_classes)(F.log_softmax(temp_inputs,
   dim = -1), temp_target)
82.        return CE_loss
83.
84.    def Dice_loss(inputs, target, beta = 1, smooth = 1e-5):
85.        n, c, h, w = inputs.size()
86.        nt, ht, wt, ct = target.size()
87.
88.        if h != ht and w != wt:
89.            inputs = F.interpolate(inputs, size = (ht, wt), mode = "bilinear", align_
   corners = True)
90.        temp_inputs = torch.softmax(inputs.transpose(1, 2).transpose(2, 3).contiguous().
   view(n, -1, c), -1)
91.        temp_target = target.view(n, -1, ct)
92.
93.        # -------------------------------------------- #
94.        #   计算 dice loss
95.        # -------------------------------------------- #
96.        tp = torch.sum(temp_target[..., :-1] * temp_inputs, axis = [0,1])
97.        fp = torch.sum(temp_inputs                       , axis = [0,1]) - tp
98.        fn = torch.sum(temp_target[..., :-1]              , axis = [0,1]) - tp
99.
100.       score = ((1 + beta ** 2) * tp + smooth) / ((1 + beta ** 2) * tp + beta **
   2 * fn + fp + smooth)
101.       dice_loss = 1 - torch.mean(score)
102.       return dice_loss
```

如果想训练自己的 UNet 模型,首先获取提供的项目代码。注意打开的根目录必须正确,否则相对目录不正确的情况下,代码将无法运行。项目目录应如图 4-30 所示。

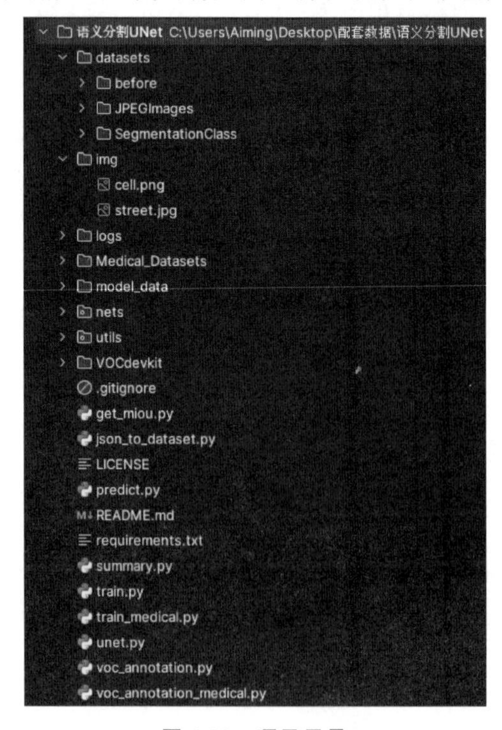

图 4-30　项目目录

接下来是具体的训练步骤。

(1) 数据集的准备：本文使用VOC格式进行训练，建议使用已经在项目中准备好的VOC12+07的数据集，当然也可以自己准备数据集。

训练前将图片文件放在VOCdevkit文件夹下VOC2007文件夹下的JPEGImages中。训练前将标签文件放在VOCdevkit文件夹下VOC2007文件夹下的SegmentationClass中。如果使用准备好的数据集则可以略过此步，数据集摆放结构如图4-31所示。

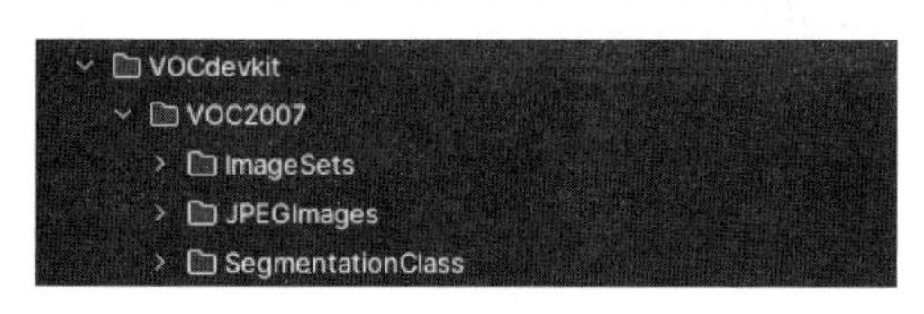

图4-31 数据集摆放结构

(2) 数据集的处理：在完成数据集的摆放之后，需要对数据集进行下一步的处理，目的是获得训练用的train.txt以及val.txt，需要用到根目录下的voc_annotation.py，运行根目录下的voc_annotation.py，从而生成train.txt和val.txt。

(3) 网络训练：通过voc_annotation.py已经生成了train.txt以及val.txt，此时可以开始训练了。训练的参数较多，读者可以在下载库后仔细看注释，其中最重要的部分依然是train.py里的num_classes。num_classes用于指向检测类别的个数+1，如果训练自己的数据集则该值必须要修改。

(4) 训练结果预测：训练结果预测需要用到两个文件，分别是UNet.py和predict.py。首先需要去UNet.py里修改model_path以及num_classes，这两个参数必须要修改。model_path指向训练好的权值文件，在logs文件夹里。num_classes指向检测类别的个数+1。完成修改后就可以运行predict.py进行检测了。运行后输入图片路径即可检测。

第 5 章

循环神经网络

CHAPTER 5

任务导入：

目前处理的数据主要分为表格数据和图像数据。针对图像数据，可以采用卷积神经网络进行建模，需要充分考虑像素位置的影响。然而，大部分数据并非独立同分布的，而是具有一定的顺序性，因此需要针对性的模型进行处理。循环神经网络在这种情况下尤为有效，特别是在处理文本等序列数据时。为了解决数值不稳定性等问题，需要引入门控循环单元和长短期记忆网络。除此之外还将探讨编码器-解码器架构等技术，以应对各种序列学习问题。在此基础上本章最后会完成情感分析的任务。

知识目标：

(1) 了解循环神经网络(RNN)及其现代变体 LSTM 与 GRU。
(2) 了解编码器-解码器(Encoder-Decoder)方法。

能力目标：

(1) 能自主搭建循环神经网络(RNN)。
(2) 能自主搭建现代循环神经网络。
(3) 能使用循环神经网络与卷积神经网络完成情感分析。

5.1　任务导学：基于深度学习方法的文本情感分析

为了完成情感分析的任务，需要使模型能够理解语言的语法和语义，并且具备分析能力。本章将探讨如何使用循环神经网络来处理这一任务，重点解决序列数据处理的难点。在实践中将讨论数据预处理技术、模型架构设计以及训练和评估策略。通过本章的学习，读者将掌握情感分析任务中循环神经网络的应用技巧，为解决类似序列生成问题奠定基础。

5.2　任务知识

5.2.1　循环神经网络

在观众欣赏影视作品的过程中，一位热情的影迷往往会对每一部作品进行评价。毕竟，优秀的电影值得更多的赞誉和认同。但实际情况远比这要复杂。随着时间的推移，观众对电影的评价可能会有显著的波动。心理学家为这些现象赋予了专业的术语。

(1) 锚定(anchoring)效应：观众的评价可能会受到他人观点的影响。例如，一部电影在获得重要奖项后，其评分可能会上升，尽管电影本身并未改变。这种效应可能会持续数月，直到人们逐渐忘记该电影的荣誉。研究表明，这种效应足以使评分上升超过 0.5 个百分点。

(2) 享乐适应(hedonic adaption)：观众很快会对较好的或较差的观影体验产生适应，并将其视为新的标准。例如，在连续观看了几部佳片后，观众可能会对下一部影片抱有更高的期望。因此，一部普通的电影在众多精彩的电影之后可能会被认为不尽如人意。

(3) 季节性(seasonality)：某些电影在特定季节更受欢迎。例如，圣诞节主题的电影在 8 月可能不会吸引太多观众。

(4) 有时，电影可能会因为制作人员的不当行为而变得不受待见。

(5) 一些电影因其质量欠佳而只能吸引少数观众。

简言之，电影评分并非一成不变。因此，运用时间序列分析可以更准确地推荐电影。此外，序列数据的应用远不止于电影评分。以下是一些其他场景的例子。

(1) 用户在使用软件时往往形成特定的习惯。例如，放学后学生更倾向于使用社交媒体应用，而交易时间内股市交易软件的使用频率会上升。

(2) 预测未来的股价比预测过去的股价更具挑战性，尽管两者都是对数字的预测。毕竟，预测未知比回顾已知要困难得多。在统计学中，前者称为外推法，后者称为内插法。

(3) 音乐、语言、文本和视频本质上是连续的序列。如果它们的顺序被打乱，原有的意义就会丧失。例如，文本标题“狗咬人”与“人咬狗”虽然由相同的字组成，但给人的冲击完全不同。

(4) 地震之间存在强烈的相关性。大规模地震发生后，通常会伴随几次强度较大的余震，这些余震的强度通常比没有大地震时的余震要大。实际上，地震在时间和空间上都具有相关性，余震往往在短时间内和近距离内发生。

(5) 人与人之间的互动也是连续的，这一点可以从社交媒体上的争论和讨论中得到体现。

处理这类序列数据需要运用统计工具和创新的深度学习网络架构。为了简单起见，以图 5-1 所示的股票价格(富时 100 指数)为例。

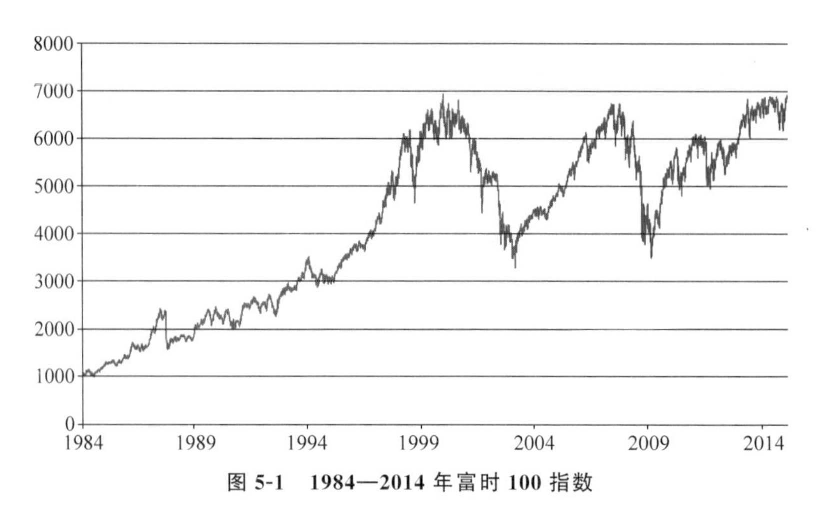

图 5-1 1984—2014 年富时 100 指数

其中,用 x_t 表示价格,当时间处于时间步(time step)$t \in \mathbf{Z}^+$ 时,价格为 x_t。需要注意的是,时间 t 对于上述序列来说往往是离散的,并在整数或其子集上变化。假设一个交易员想在 t 日的股市中表现良好,于是通过以下途径预测 x_t:

$$x_t \sim P(x_t \mid x_{t-1}, \cdots, x_1)$$

首先,我们来探讨回归分析模型。交易员为了进行市场预测,可以采用回归分析方法。面临的主要挑战是如何确定输入数据的规模,因为随着时间的推移,输入数据集 $x_{t-1}, \cdots, x_1$ 会不断扩展。简言之,随着新数据的加入,输入集的规模也在不断增长,这就要求我们采用一种简化计算的方法。后续的讨论将主要集中于如何高效地预测 $P(x_t|x_{t-1}, \cdots, x_1)$ 的概率分布。简言之,我们可以采取两种主要策略。

第一种策略基于这样的假设:在实际情况中,可能不需要考虑整个历史序列 $x_{t-1}, \cdots, x_1$,而只需考虑最近 τ 期的数据,即序列 $x_{t-1}, \cdots, x_{t-\tau}$。这样做的直接优势是,一旦确定了 τ,模型参数的数量就保持不变,至少在 $t > \tau$ 的情况下是这样,这为训练深度学习网络提供了可能。这种模型称为自回归模型,因为它本质上是对自身进行回归分析。

第二种策略,如图 5-2 所示,涉及保留对过往观测的概括性描述 h_t,并同时更新预测结果 $\hat{x}_t$ 和总结 h_t。这就产生了基于 $\hat{x}_t = P(x_t \mid h_t)$ 估计 x_t,以及公式 $h_t = g(h_{t-1}, x_{t-1})$ 更新的模型。由于 h_t 本身并不是直接观测到的数据,这类模型也称作隐变量自回归模型(latent autoregressive models)。

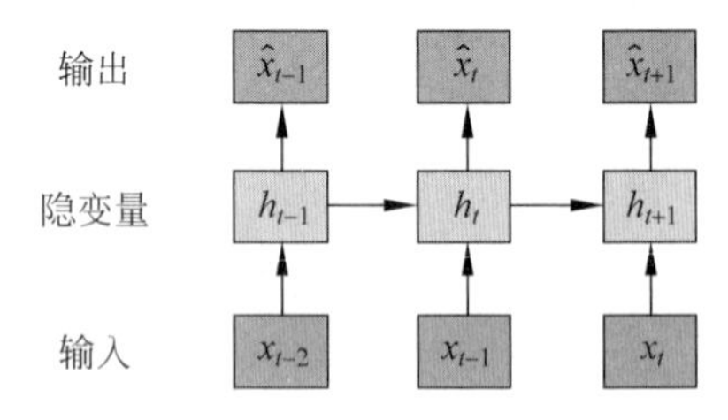

图 5-2 隐变量自回归模型

接下来,我们讨论马尔可夫模型。回想一下,在自回归模型的近似过程中,我们使用了 $x_{t-1}, \cdots, x_{t-\tau}$ 而不是 $x_{t-1}, \cdots, x_1$ 来估计 x_t。如果这种近似足够精确,那么我们可以说这个序列满足马尔可夫性质。特别是,如果 $\tau=1$,得到一个一阶马尔可夫模型(first-order Markov model):

$$P(x_1, x_2, \cdots, x_T) = \prod_{t=1}^{T} P(x_t \mid x_{t-1}) \quad 当\ P(x_1 \mid x_0) = P(x_1)$$

当假设 x_t 仅是离散值时,这样的模型非常好,因为在这种情况下,使用动态规划可以沿着马尔可夫链精确地计算结果。例如,此处可以高效地计算 $P(x_{t+1}|x_{t-1})$:

$$P(x_{t+1} \mid x_{t-1}) = \frac{\sum_{x_t} P(x_{t+1}, x_t, x_{t-1})}{P(x_{t-1})}$$

$$= \frac{\sum_{x_t} P(x_{t+1} \mid x_t, x_{t-1}) P(x_t, x_{t-1})}{P(x_{t-1})}$$

$$= \sum_{x_t} P(x_{t+1} \mid x_t) P(x_t \mid x_{t-1})$$

利用这一事实,只需要考虑过去观察中的一个非常短的历史:

$$P(x_{t+1} \mid x_t, x_{t-1}) = P(x_{t+1} \mid x_t)$$

隐马尔可夫模型中的动态规划超出了此处学习知识点的范围,而动态规划这些计算工具已经在控制算法和强化学习算法广泛使用。

原则上,将 $P(x_1, x_2, \cdots, x_T)$倒序展开也没什么问题。毕竟,基于条件概率公式总是可以写出:

$$P(x_1, x_2, \cdots, x_T) = \prod_{t=T}^{1} P(x_t \mid x_{t+1}, \cdots, x_T)$$

实际上,马尔可夫模型还能够推导出一个逆向的条件概率分布。但是,在许多实际情况中,数据遵循一个明确的时间方向,即时间是单向前进的。这是显而易见的,因为未来的事件不可能对过去产生影响。因此,如果改变 x_t,可能会影响未来发生的事情 x_{t+1},但不能反过来。也就是说,如果改变 x_t,基于过去事件得到的分布不会改变。因此,解释 $P(x_{t+1}|x_t)$应该比解释 $P(x_t|x_{t+1})$更容易。例如,在某些情况下,对于某些类型的可加性噪声 ε,我们可以明确地确定 $x_{t+1} = f(x_t) + \varepsilon$ 的关系,而反过来则不成立。而这个正向的时间推进方向,也正是我们通常关注的焦点。

现在,让我们开始进行模型训练的实践。在掌握了前述的统计工具之后,我们可以将理论应用于实际操作中。首先,我们可以创建一些数据样本:利用正弦波函数和一些随机的可加性噪声生成一个时间序列,时间点从 1 延伸到 1000,数据可视化结果如图 5-3 所示。

```
1.  %matplotlib inline
2.  import torch
3.  from torch import nn
4.  from d2l import torch as d2l
5.  T = 1000                              # 总共产生 1000 个点
6.  time = torch.arange(1, T + 1, dtype = torch.float32)
7.  x = torch.sin(0.01 * time) + torch.normal(0, 0.2, (T,))
8.  d2l.plot(time, [x], 'time', 'x', xlim = [1, 1000], figsize = (6, 3))
```

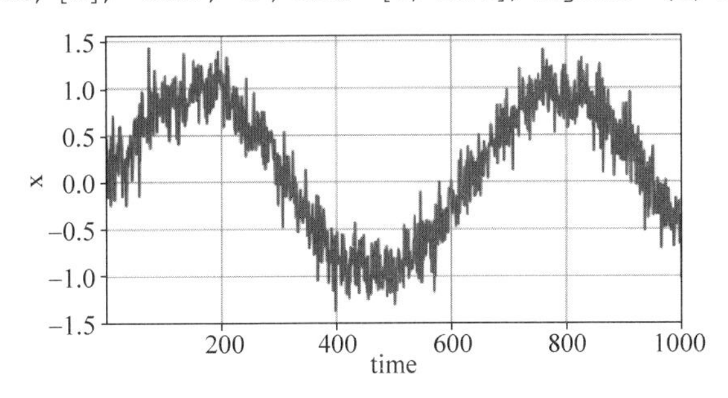

图 5-3　生成的数据

随后,我们需要将生成的时间序列数据转换为适合模型学习的格式,即特征-标签(feature-label)配对。这一过程涉及根据时间嵌入维度 τ,将序列数据重新构造为 $y_t = x_t$ 和 $x_t = [x_{t-\tau}, \cdots, x_{t-1}]$。由于序列的初始部分缺乏足够的历史数据来构建完整的 τ 个特征,这将导致生成的特征-标签对数量少于原始序列的长度。为了解决这个问题,我们可以选择两种方法:一是如果序列足够长,就忽略前 τ 个数据点;二是用零来填充这些缺失的数据点。

```
9.  tau = 4
10.     features = torch.zeros((T - tau, tau))
11.     for i in range(tau):
12.         features[:, i] = x[i: T - tau + i]
13.     labels = x[tau:].reshape((-1, 1))
14.     batch_size, n_train = 16, 600
15.     # 只有前 n_train 个样本用于训练
16.     train_iter = d2l.load_array((features[:n_train], labels[:n_train]), batch_size, is_
    train=True)
```

在这里,使用一个相当简单的架构训练模型:一个拥有两个全连接层的多层感知机,ReLU 激活函数和平方损失。

```
17.     # 初始化网络权重的函数 def init_weights(m):
18.         if type(m) == nn.Linear:
19.             nn.init.xavier_uniform_(m.weight)
20.
21.     # 一个简单的多层感知机 def get_net():
22.         net = nn.Sequential(nn.Linear(4, 10),
23.                             nn.ReLU(),
24.                             nn.Linear(10, 1))
25.         net.apply(init_weights)
26.         return net
27.     # 平方损失.注意:MSELoss 计算平方误差时不带系数 1/2
28.     loss = nn.MSELoss(reduction='none')
```

现在准备训练模型了。实现下面的训练代码的方式与循环训练基本相同。因此,此处不会深入探讨太多细节。

```
29.     def train(net, train_iter, loss, epochs, lr):
30.         trainer = torch.optim.Adam(net.parameters(), lr)
31.         for epoch in range(epochs):
32.             for X, y in train_iter:
33.                 trainer.zero_grad()
34.                 l = loss(net(X), y)
35.                 l.sum().backward()
36.                 trainer.step()
37.             print(f'epoch {epoch + 1}, '
38.                   f'loss: {d2l.evaluate_loss(net, train_iter, loss):f}')
39.     net = get_net()train(net, train_iter, loss, 5, 0.01)
```

训练过程如图 5-4 所示。

训练完成后,模型将进入预测阶段。鉴于训练过程中的损失值较低,预期模型在实际应用中将表现出色。为了验证这一点,首先需要测试模型对下一个时间点的预测能力,即进行单步预测。这涉及使用模型基于当前和历史数据来预测紧接着的下一个数据点。通过比较

```
epoch 1, loss: 0.076846
epoch 2, loss: 0.056340
epoch 3, loss: 0.053779
epoch 4, loss: 0.056320
epoch 5, loss: 0.051650
```

图 5-4　序列模型训练过程

模型的预测结果与实际观测值,可以评估模型的准确性和可靠性,如图 5-5 所示。

```
40.     onestep_preds = net(features)d2l.plot([time, time[tau:]],
41.             [x.detach().numpy(), onestep_preds.detach().numpy()], 'time',
42.             'x', legend = ['data', '1 - step preds'], xlim = [1, 1000],
43.             figsize = (6, 3))
```

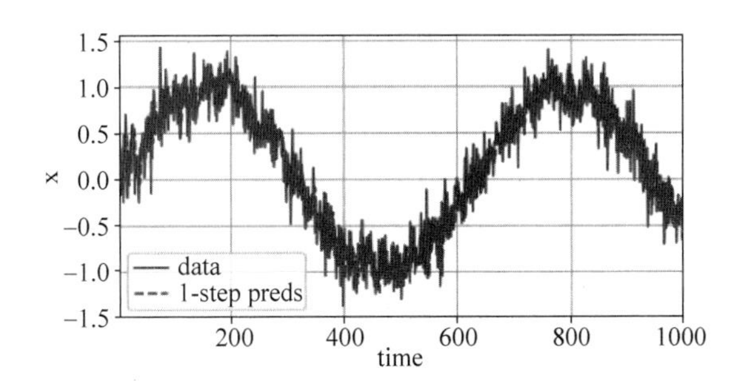

图 5-5　单步预测结果

正如预期,单步预测的性能表现良好。即便在预测超过训练数据范围的时间步 600+4(n_train + tau),预测结果依然显得合理。但是,如果观察到的数据序列仅到时间步 604,那么模型需要通过逐步预测的方式来进行更长时间的预测,即利用时间步 605 的预测值作为基础,逐步向后进行预测。这种方法称为递归预测或滚动预测,它允许模型在没有未来数据的情况下,逐步生成后续时间步的预测。

通常,对于直到 x_t 的观测序列,其在时间步 $t+k$ 处的预测输出称为 k 步提前预测(k-step-ahead-prediction)。由于观察点已经到了 x_{604},它的 k 步预测是 $\hat{x}_{604+k}$。换句话说,必须使用自己的预测(而不是原始数据)来进行多步预测,预测结果如图 5-6 所示。

```
44.     multistep_preds = torch.zeros(T)
45.     multistep_preds[: n_train + tau] = x[: n_train + tau]
46.     for i in range(n_train + tau, T):
47.         multistep_preds[i] = net(
48.             multistep_preds[i - tau:i].reshape((1, -1)))
49.     d2l.plot([time, time[tau:], time[n_train + tau:]],
50.             [x.detach().numpy(), onestep_preds.detach().numpy(),
51.             multistep_preds[n_train + tau:].detach().numpy()], 'time',
52.             'x', legend = ['data', '1 - step preds', 'multistep preds'],
53.             xlim = [1, 1000], figsize = (6, 3))
```

在上述示例中,多步预测的线条代表的预测表现并不尽如人意。随着预测步骤的增加,预测结果很快就会趋于一个常数值,显示出明显的衰减趋势。这种现象背后的原因可能是预测错误的累积效应:假设在步骤 1 之后积累了一些错误 $\epsilon_1=\bar{\epsilon}$。于是,步骤 2 的输入被扰动了 ϵ_1,结果积累的误差是依照次序的 $\epsilon_2=\bar{\epsilon}+c+c\epsilon_1$,其中 c 为某个常数,后面的预测误差以此类推。这种扰动会导致后续步骤的误差累积,形成一个递增的误差序列。随着时

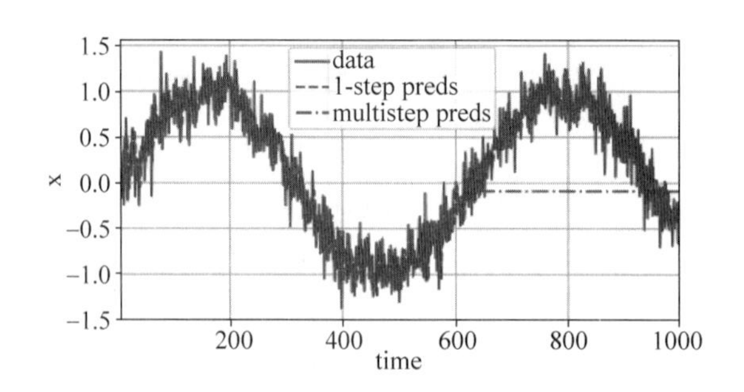

图 5-6 多步预测结果

间的推移,这种累积的误差可能会导致预测值迅速偏离实际观测值。

例如,短期天气预报,如未来24小时内的预测,通常相当准确。但是,一旦预测的时间范围超出这个短期,预测的准确性就会迅速降低。为了更深入地理解这种累积误差的影响,可以通过计算基于 $k=1,4,16,64$ 的 k 步预测来仔细观察预测的挑战。这种方法允许我们评估模型在不同预测范围下的稳定性和可靠性,同样的预测结果如图5-7所示。

```
54.     max_steps = 64
55.     features = torch.zeros((T - tau - max_steps + 1, tau + max_steps))# 列 i(i<tau)
    #是来自 x 的观测,其时间步从(i)到(i+T-tau-max_steps+1)for i in range(tau):
56.         features[:, i] = x[i: i + T - tau - max_steps + 1]
57.     # 列 i(i>=tau)是来自(i-tau+1)步的预测,其时间步从(i)到(i+T-tau-max_steps+
    #1)for i in range(tau, tau + max_steps):
58.         features[:, i] = net(features[:, i - tau:i]).reshape(-1)
59.     steps = (1, 4, 16, 64)d2l.plot([time[tau + i - 1: T - max_steps + i] for i in steps],
60.             [features[:, (tau + i - 1)].detach().numpy() for i in steps], 'time', 'x',
61.             legend=[f'{i}-step preds' for i in steps], xlim=[5, 1000],
62.             figsize=(6, 3))
```

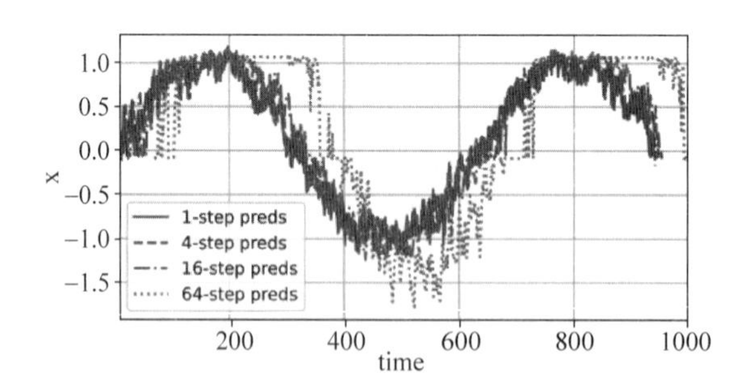

图 5-7 不同步数多步预测结果

以上例子清楚地说明了当试图预测更远的未来时,预测的质量是如何变化的。虽然“4步预测”看起来仍然不错,但超过这个跨度的任何预测几乎都是无用的。

在深入了解循环神经网络之前,我们必须掌握文本数据的预处理方法。这是因为只有当文本被转换成适合语言模型处理的格式时,我们才能继续后续的工作。文本数据通常以一系列单词或字符的形式出现。本节将首先介绍文本预处理的常规步骤:

(1) 将文本内容加载为内存中的字符串。

(2) 将字符串分割成基本的语言单位,如单词或字符。

(3) 建立一个词汇表,将这些语言单位映射到对应的数字索引。

(4) 将文本转换成数字索引序列,以便模型能够处理。

首先是数据集的读取:从 H. G. Wells 的 *The Time Machine* 中提取文本数据。这个数据集相对较小,仅包含大约 30000 个单词,但它足以用于初步的实验。在实际应用中,文档集合可能包含数十亿个单词。下面的函数将文本数据读取为一个由多行文本组成的列表,每行文本作为一个单独的字符串。为了简化处理,在此忽略了标点符号和大小写的区别。

接下来是词元化过程:输入是一个文本行列表,列表中的每个元素代表一个文本序列,如一行文本。每个文本序列进一步被分割成一个词元列表,其中词元是文本的基本构成元素。最终,我们得到一个由词元列表构成的列表,其中的每个词元都是一个字符串。

紧接着是构建词汇表的步骤:由于词元的类型是字符串,而模型需要的是数字输入,因此我们需要将这些字符串类型的词元转换为模型可用的形式。我们首先将训练集中的所有文档合并,统计其中出现的唯一词元,这一统计结果被称为语料库。然后,根据每个唯一词元在语料库中的出现频率,为其分配一个从 0 开始的数字索引。为了降低模型的复杂性,通常会移除那些出现频率较低的词元。此外,对于那些在语料库中不存在或已被移除的词元,我们会将它们映射到一个特定的未知词元标记"< unk >"。我们还可以添加一些特殊的词元,如用于填充的"< pad >",表示序列开始的"< bos >"和表示序列结束的"< eos >",以完善词汇表的构建。

下面介绍 RNN 原理的相关内容。在 n 元语法模型中,其单词 x_t 在时间步 t 的条件概率仅取决于前面 $n-1$ 个单词。对于时间步 $t-(n-1)$之前的单词,如果想将其可能产生的影响合并到 x_t 上,需要增加 n,然而模型参数的数量也会随之呈指数增长,因为词表 γ 需要存储$|\gamma|n$ 个数字,因此与其将 $P(x_t|x_{t-1},\cdots,x_{t-n+1})$模型化,不如使用隐变量模型:

$$P(x_t \mid x_{t-1},\cdots,x_1) \approx P(x_t \mid h_{t-1})$$

其中,h_{t-1} 是隐变量(hidden variable),也称为隐状态(hidden state),它存储了到时间步 $t-1$ 的序列信息。通常,可以基于当前输入 x_t 和先前隐状态 h_{t-1}来计算时间步 t 处的隐状态:

$$h_t = f(x_t, h_{t-1})$$

在讨论的数学模型中,函数 f 代表的是一个精确的隐状态表达,而不是一个近似值。隐状态 h_t 的作用是保存到目前为止所有的观测数据,尽管这种做法可能会导致计算资源和存储空间的大量消耗。需要明确的是,隐藏层和隐状态是两个完全不同的概念。如前文所述,隐藏层是指在输入与输出之间不直接暴露的层级,而隐状态是指在特定时间点,基于之前的数据计算出的当前状态,这是技术定义下的输入,并且这一状态的确定完全依赖之前的时间步数据。

循环神经网络(Recurrent Neural Networks,RNN)是具有隐状态的神经网络。在介绍循环神经网络模型之前,先回顾一下多层感知机模型。

对于只有单隐藏层的多层感知机,设隐藏层的激活函数为 φ,给定一个小批量样本 $\boldsymbol{X} \in \mathbf{R}^{n\times d}$,其中批量大小为 n,输入维度为 d,则隐藏层的输出 $\boldsymbol{H} \in \mathbf{R}^{n\times h}$ 通过下式计算:

$$\boldsymbol{H} = \varphi(\boldsymbol{X}\boldsymbol{W}_{xh} + \boldsymbol{b}_h)$$

上式中,拥有的隐藏层权重参数为 $\boldsymbol{W}_{xh} \in \mathbf{R}^{d\times h}$,偏置参数为 $\boldsymbol{b}_h \in \mathbf{R}^{1\times h}$,以及隐藏单元的数目为 h。因此求和时可以应用广播机制。接下来,将隐状态 $\boldsymbol{H}$ 用作输出层的输入。输

出层由下式给出：

$$\boldsymbol{O}=\boldsymbol{H}\boldsymbol{W}_{hq}+\boldsymbol{b}_{q}$$

其中,$\boldsymbol{O}\in\mathbf{R}^{n\times q}$ 是输出变量；$\boldsymbol{W}_{hq}\in\mathbf{R}^{h\times q}$ 是权重参数；$\boldsymbol{b}_{q}\in\mathbf{R}^{1\times q}$ 是输出层的偏置参数。如果是分类问题,可以用 Softmax($\boldsymbol{O}$)来计算输出类别的概率分布。

这完全类似于解决回归问题,只要可以随机选择"特征-标签"对,并且通过自动微分和随机梯度下降能够学习网络参数就可以了。

有了隐状态后,情况就完全不同了。假设在时间步 t 有小批量输入 $\boldsymbol{X}_{t}\in\mathbf{R}^{n\times d}$。换言之,对于 n 个序列样本的小批量,$\boldsymbol{X}_{t}$ 的每一行对应于来自该序列的时间步 t 处的一个样本。接下来,用 $\boldsymbol{H}_{t}\in\mathbf{R}^{h\times h}$ 表示时间步 t 的隐状态。与多层感知机不同的是,在这里保存了前一个时间步的隐状态 $\boldsymbol{H}_{t-1}$,并引入了一个新的权重参数 $\boldsymbol{W}_{hh}\in\mathbf{R}^{h\times h}$ 来描述如何在当前时间步中使用前一个时间步的隐状态。具体来说,当前时间步隐状态由当前时间步的输入与前一个时间步的隐状态一起计算得出：

$$\boldsymbol{H}_{t}=\varphi(\boldsymbol{X}_{t}\boldsymbol{W}_{xh}+\boldsymbol{H}_{t-1}\boldsymbol{W}_{hh}+\boldsymbol{b}_{h})$$

相较于之前的表达式,当前公式额外包含了一项 $\boldsymbol{H}_{t-1}\boldsymbol{W}_{hh}$,这一改变使得 h_{t} 的定义得以具体化。通过分析相邻时间步的隐状态 $\boldsymbol{H}_{t}$ 和 $\boldsymbol{H}_{t-1}$ 之间的相互作用,我们可以了解到这些状态是如何捕获并保持序列信息直至当前时间点的。它们就像是神经网络在当前时间步的状态记录或记忆,因此被称为隐状态。由于隐状态在当前时间步的定义与其在前一时间步的定义保持一致,上述公式中的计算过程形成了循环。正是基于这种循环计算的隐状态,神经网络得名循环神经网络。在循环神经网络中,执行这种计算的层被称为循环层。

循环神经网络的构建方法多种多样,上述公式定义的隐状态 RNN 是其中一种非常典型的架构。在时间步 t,输出层产生的输出与多层感知机中的计算过程相似：

$$\boldsymbol{O}_{t}=\boldsymbol{H}_{t}\boldsymbol{W}_{hq}+\boldsymbol{b}_{q}$$

循环神经网络的参数包括隐藏层的权重 $\boldsymbol{W}_{xh}\in\mathbf{R}^{d\times h}$,$\boldsymbol{W}_{hh}\in\mathbf{R}^{h\times h}$ 和偏置 $\boldsymbol{b}_{h}\in\mathbf{R}^{1\times h}$,以及输出层的权重 $\boldsymbol{W}_{hq}\in\mathbf{R}^{h\times q}$ 和偏置 $\boldsymbol{b}_{q}\in\mathbf{R}^{1\times q}$。值得一提的是,即使在不同的时间步,循环神经网络也总是使用这些模型参数。因此,循环神经网络的参数开销不会随着时间步的增加而增加。

图 5-8 展示了循环神经网络在 3 个相邻时间步的计算逻辑。在任意时间步 t,隐状态的计算可以被视为：

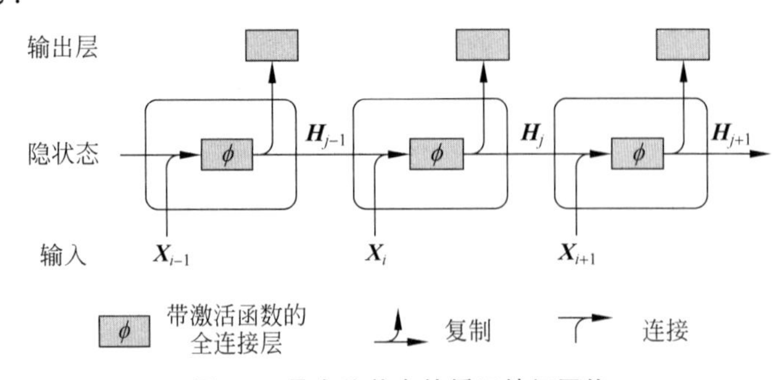

图 5-8 具有隐状态的循环神经网络

(1) 拼接当前时间步 t 的输入 $\boldsymbol{X}_{t}$ 和前一时间步 $t-1$ 的隐状态 $\boldsymbol{H}_{t-1}$；

(2) 将拼接的结果送入带有激活函数 φ 的全连接层。全连接层的输出是当前时间步 t

的隐状态 $\boldsymbol{H}_t$。

在本例中，模型参数是 $\boldsymbol{W}_{xh}$ 和 $\boldsymbol{W}_{hh}$ 的拼接，以及 $\boldsymbol{b}_h$ 的偏置，所有这些参数都来自定义 $\boldsymbol{H}_t$ 的公式。当前时间步 t 的隐状态 $\boldsymbol{H}_t$ 将参与计算下一时间步 $t+1$ 的隐状态 $\boldsymbol{H}_{t+1}$。而且 $\boldsymbol{H}_t$ 还将送入全连接输出层，用于计算当前时间步 t 的输出 $\boldsymbol{O}_t$。

基于循环神经网络的字符级语言模型的目标是通过考虑之前的词元以及当前的词元来预测接下来的词元，为此，原始的序列会向前移动一个词元位置作为目标标签。Bengio 及其同事首次提出利用神经网络进行语言建模的方法。现在，我们将探讨如何运用循环神经网络来构建这样一个语言模型。假设我们使用的小批量大小为 1，并且我们处理的文本序列是"machine"。为了简化模型训练的过程，可以考虑构建一个基于字符级的语言模型，这意味着我们将文本分解为字符而不是单词。图 5-9 展示了如何利用基于字符级的语言模型通过循环神经网络来预测下一个字符，其中输入序列为"machin"，而标签序列为"achine"。这种方法允许模型学习字符之间的模式，并据此预测文本序列中的下一个字符。

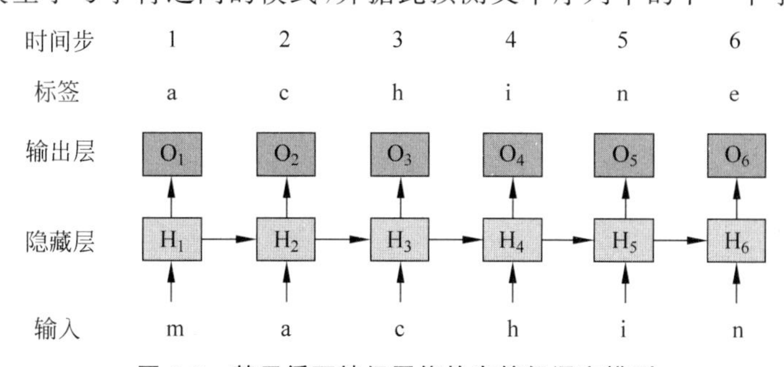

图 5-9　基于循环神经网络的字符级语言模型

在训练循环神经网络时，对每个时间步的输出层的输出应用 Softmax 函数，以便将输出转换为概率分布。接着，通过交叉熵损失函数来衡量模型输出与实际标签之间的差异。由于隐藏层中的隐状态是通过循环连接进行计算的，因此在图 5-9 所示的第 3 个时间步中，输出 O_3 是由前 3 个字符 m、a 和 c 共同决定的。由于在训练数据中，紧跟着 m、a、c 的下一个字符是 h，因此第 3 个时间步的损失将基于下一个字符的概率分布来计算，这个概率分布是由特征序列 m、a、c 以及当前时间步的标签 h 共同生成的。

在实际操作中，通常会使用大于 1 的小批量大小 n，这样可以通过同时处理多个数据样本来提高计算效率和稳定性。此外，每个词元都由一个 d 维的向量表示，这样的向量称为词元的嵌入(embedding)，它能够捕捉词元之间的语义关系。通过这种方式，循环神经网络能够学习如何根据给定的序列特征来预测下一个词元，从而逐步优化模型的性能。因此，在时间步 t 输入 $\boldsymbol{X}_t$ 将是一个 $n \times d$ 的矩阵。

评估模型性能的一个方法是使用序列的似然概率，但这个指标并不直观且难以直接比较。原因在于，较短的序列天生出现的概率更高，而像《战争与和平》这样的长文本出现的概率则相对较低。这种概率上的差异使得直接比较不同长度的文本序列变得不公平。

为了解决这个问题，我们可以借助信息论的概念。在 Softmax 回归的背景下，我们引入熵、惊异(surprise)和交叉熵等概念。如果我们的目标是压缩文本，那么我们可以根据当前的词元集合来预测下一个词元。一个优秀的语言模型应该能够更准确地预测下一个词元，因此在压缩序列时应该需要更少的信息(比特数)。因此，我们可以通过计算整个序列中

所有 n 个词元的交叉熵损失的平均值来评估模型的质量。这个平均交叉熵损失越低，表示模型对序列的预测越准确，从而也意味着模型的质量越高：

$$\frac{1}{n}\sum_{t=1}^{n} -\ln P(X_t \mid X_{t-1},\cdots,X_1)$$

在这个上下文中，P 代表语言模型给出的概率，而 X_t 是在时间步 t 观察到的具体词元。这种评估方式允许我们比较不同长度文档的性能，因为它考虑了模型预测下一个词元的准确性。在自然语言处理领域，科学家们通常更倾向于使用一个称为困惑度(perplexity)的指标来衡量模型的性能。

困惑度是一个衡量模型预测能力的指标，它反映了模型在预测下一个词元时的不确定性。一个较低的困惑度表示模型具有较高的预测准确性，因此是一个更好的语言模型。

现在，让我们开始从基础着手实现一个循环神经网络。这个网络将在 H. G. Wells 的《时光机器》文本数据集上进行训练。与之前的文本预处理步骤相同，我们首先需要读取并准备数据集。这包括将文本转换为模型可以理解的格式，通常是通过分词、建立词汇表，以及将文本转换为数字索引序列等步骤。完成这些预处理工作后，我们就可以开始构建和训练循环神经网络模型了。和前面文本预处理中介绍过的一样，先来读取数据集。

```
1.   %matplotlib inline                    # 在 Jupyter Notebook 中使用
2.   import math
3.   import torch
4.   from torch import nn
5.   from torch.nn import functional as F
6.   from d2l import torch as d2l
7.   batch_size, num_steps = 32, 35
8.   train_iter, vocab = d2l.load_data_time_machine(batch_size, num_steps)
```

在处理 train_iter 时，每个词元都被转换为一个数字索引。如果直接将这些索引输入神经网络中，可能会对学习过程造成困难。为了提高模型的表现力，通常会将每个词元表示为一个特征向量，这种表示方法称为独热编码(one-hot encoding)。独热编码的基本思想是，对于给定的词表大小 N[词汇表中不同词元的数量，记为 len(vocab)]，将每个词元的索引映射到一个长度为 N 的向量中，这个向量中除了与索引对应的位置为 1 外，其余位置都为 0。这样的向量称为该词元的独热向量。

在实际操作中，小批量数据的形状是一个二维张量，形式为(批量大小，时间步数)。使用 one_hot 函数可以将这样的二维张量转换为三维张量，其中最后一个维度的大小等于词表的大小[len(vocab)]。为了便于处理，通常需要调整输入张量的维度，以便得到一个形状为(时间步数，批量大小，词表大小)的张量。这样的形状调整使得我们可以更容易地沿着最外层维度(时间步)逐步更新小批量数据的隐状态。

接下来，我们需要初始化循环神经网络模型的参数。隐藏单元的数量 num_hiddens 是一个可以根据需要调整的超参数。在训练语言模型时，输入和输出都源自同一个词表，因此它们具有相同的维度，即词表的大小。这确保了模型的输入层和输出层能够正确地对接，使得模型能够有效地学习从输入序列到输出序列的映射。

```
9.   def get_params(vocab_size, num_hiddens, device):
10.          num_inputs = num_outputs = vocab_size
11.
```

```
12.         def normal(shape):
13.            return torch.randn(size = shape, device = device) * 0.01
14.
15.         # 隐藏层参数
16.         W_xh = normal((num_inputs, num_hiddens))
17.         W_hh = normal((num_hiddens, num_hiddens))
18.         b_h = torch.zeros(num_hiddens, device = device)
19.         # 输出层参数
20.         W_hq = normal((num_hiddens, num_outputs))
21.         b_q = torch.zeros(num_outputs, device = device)
22.         # 附加梯度
23.         params = [W_xh, W_hh, b_h, W_hq, b_q]
24.         for param in params:
25.            param.requires_grad_(True)
26.         return params
```

为了定义循环神经网络模型，首先需要一个 init_rnn_state 函数在初始化时返回隐状态。这个函数的返回是一个张量，张量全用 0 填充，形状为(批量大小，隐藏单元数)。同时还会遇到隐状态包含多个变量的情况，而使用元组可以更容易处理一些。

```
27.      def init_rnn_state(batch_size, num_hiddens, device):
28.         return (torch.zeros((batch_size, num_hiddens), device = device), )
```

下面的 rnn 函数定义了如何在一个时间步内计算隐状态和输出。循环神经网络模型通过 inputs 最外层的维度实现循环，以便逐时间步更新小批量数据的隐状态 $\boldsymbol{H}$。此外，这里使用 tanh 函数作为激活函数。

```
29.      def rnn(inputs, state, params):
30.         # inputs 的形状:(时间步数,批量大小,词表大小)
31.         W_xh, W_hh, b_h, W_hq, b_q = params
32.         H, = state
33.         outputs = []
34.         # X 的形状:(批量大小,词表大小)
35.         for X in inputs:
36.            H = torch.tanh(torch.mm(X, W_xh) + torch.mm(H, W_hh) + b_h)
37.            Y = torch.mm(H, W_hq) + b_q
38.            outputs.append(Y)
39.         return torch.cat(outputs, dim = 0), (H,)
```

定义了所有需要的函数之后，接下来创建一个类来包装这些函数，并存储从零开始实现的循环神经网络模型的参数。

```
40.      class RNNModelScratch: #@save     """从零开始实现的循环神经网络模型"""
41.         def __init__(self, vocab_size, num_hiddens, device,
42.                      get_params, init_state, forward_fn):
43.            self.vocab_size, self.num_hiddens = vocab_size, num_hiddens
44.            self.params = get_params(vocab_size, num_hiddens, device)
45.            self.init_state, self.forward_fn = init_state, forward_fn
46.
47.         def __call__(self, X, state):
48.            X = F.one_hot(X.T, self.vocab_size).type(torch.float32)
49.            return self.forward_fn(X, state, self.params)
50.
51.         def begin_state(self, batch_size, device):
52.            return self.init_state(batch_size, self.num_hiddens, device)
```

进入预测阶段,此处定义了一个函数,它的作用是基于用户输入的字符序列前缀来生成后续的字符。这个前缀是一个由多个字符组成的字符串。在处理前缀的每个字符时,模型会逐步传递并更新隐状态,但在开始的若干步骤中不产生输出。这一初始化阶段被称为预热期,模型在此时调整自身状态以适应上下文,而不进行预测。一旦预热期完成,模型的隐状态将更好地反映输入的上下文,此时模型开始进行预测并输出字符。

```
53.    def predict_ch8(prefix, num_preds, net, vocab, device):  #@save    """在 prefix 后
    面生成新字符"""
54.        state = net.begin_state(batch_size=1, device=device)
55.        outputs = [vocab[prefix[0]]]
56.        get_input = lambda: torch.tensor([outputs[-1]], device=device).reshape((1, 1))
57.        for y in prefix[1:]:                    # 预热期
58.            _, state = net(get_input(), state)
59.            outputs.append(vocab[y])
60.        for _ in range(num_preds):              # 预测 num_preds 步
61.            y, state = net(get_input(), state)
62.            outputs.append(int(y.argmax(dim=1).reshape(1)))
63.        return ''.join([vocab.idx_to_token[i] for i in outputs])
```

对于一个长度为 T 的序列,模型在迭代过程中会分别计算每个时间步的梯度,这会在反向传播中形成一条 $O(T)$ 长度的矩阵乘法操作链。当序列长度 T 较大时,这种方法可能会导致数值计算上的不稳定,如梯度爆炸或梯度消失的问题。为了维持循环神经网络模型的训练稳定性,通常会采用一些特殊的技术,其中之一就是梯度裁剪。

```
64.    def grad_clipping(net, theta):  #@save    """梯度裁剪"""
65.        if isinstance(net, nn.Module):
66.            params = [p for p in net.parameters() if p.requires_grad]
67.        else:
68.            params = net.params
69.        norm = torch.sqrt(sum(torch.sum((p.grad ** 2)) for p in params))
70.        if norm > theta:
71.            for param in params:
72.                param.grad[:] *= theta / norm
```

在开始模型训练之前,我们定义了一个特定的函数,这个函数负责在一个训练周期内对模型进行迭代训练。这种训练方式与常规的训练方式主要有以下三点区别。

(1) 由于不同的序列数据采样策略(如随机采样和顺序分区),隐状态的初始化方式会有所不同。

(2) 在对模型参数进行更新之前,会先对梯度进行裁剪,这样做是为了在梯度爆炸的情况下保持模型的稳定性。

(3) 使用困惑度作为评价模型性能的指标,这样可以确保不同长度的序列之间具有可比性。

具体来说,当采用顺序分区时,隐状态仅在每个周期的开始时进行初始化。由于小批量数据中的连续子序列样本是相邻的,前一个小批量数据中最后一个样本的隐状态会被用来初始化下一个小批量数据中的第一个样本的隐状态。这样的设计允许序列的历史信息在一个训练周期内传递。然而,由于隐状态的计算依赖整个周期内的所有小批量数据,这使得梯度计算变得复杂。为了简化计算,我们在处理每个小批量数据之前先进行梯度分离,确保隐状态的梯度计算仅局限于单个小批量数据的时间步内。

在随机抽样的情况下，由于样本是在随机位置抽取的，因此每个训练周期都需要重新初始化隐状态。模型参数的更新是通过一个更新函数来完成的，这个更新函数可以是自定义的，如 d2l.sgd，也可以是深度学习框架提供的优化算法。

```
73.    #@save
74.    def train_epoch_ch8(net, train_iter, loss, updater, device, use_random_iter):
       """训练网络一个迭代周期"""
75.        state, timer = None, d2l.Timer()
76.        metric = d2l.Accumulator(2)      # 训练损失之和,词元数量
77.        for X, Y in train_iter:
78.            if state is None or use_random_iter:
79.                # 在第一次迭代或使用随机抽样时初始化 state
80.                state = net.begin_state(batch_size=X.shape[0], device=device)
81.            else:
82.                if isinstance(net, nn.Module) and not isinstance(state, tuple):
83.                    # state 对于 nn.GRU 是个张量
84.                    state.detach_()
85.                else:
86.                    # state 对于 nn.LSTM 或对于我们从零开始实现的模型是个张量
87.                    for s in state:
88.                        s.detach_()
89.            y = Y.T.reshape(-1)
90.            X, y = X.to(device), y.to(device)
91.            y_hat, state = net(X, state)
92.            l = loss(y_hat, y.long()).mean()
93.            if isinstance(updater, torch.optim.Optimizer):
94.                updater.zero_grad()
95.                l.backward()
96.                grad_clipping(net, 1)
97.                updater.step()
98.            else:
99.                l.backward()
100.               grad_clipping(net, 1)
101.               # 因为已经调用了 mean 函数
102.               updater(batch_size=1)
103.           metric.add(l * y.numel(), y.numel())
104.       return math.exp(metric[0] / metric[1]), metric[1] / timer.stop()
```

循环神经网络模型的训练函数既支持从零开始实现，也可以使用高级 API 来实现。

```
105.    #@save
106.    def train_ch8(net, train_iter, vocab, lr, num_epochs, device,
107.                  use_random_iter=False):    """训练模型"""
108.        loss = nn.CrossEntropyLoss()
109.        animator = d2l.Animator(xlabel='epoch', ylabel='perplexity',
110.                                legend=['train'], xlim=[10, num_epochs])
111.        # 初始化
112.        if isinstance(net, nn.Module):
113.            updater = torch.optim.SGD(net.parameters(), lr)
114.        else:
115.            updater = lambda batch_size: d2l.sgd(net.params, lr, batch_size)
116.        predict = lambda prefix: predict_ch8(prefix, 50, net, vocab, device)
117.        # 训练和预测
118.        for epoch in range(num_epochs):
119.            ppl, speed = train_epoch_ch8(
```

```
120.                net, train_iter, loss, updater, device, use_random_iter)
121.            if (epoch + 1) % 10 == 0:
122.                print(predict('time traveller'))
123.                animator.add(epoch + 1, [ppl])
124.        print(f'困惑度 {ppl:.1f}, {speed:.1f} 词元/秒 {str(device)}')
125.        print(predict('time traveller'))
126.        print(predict('traveller'))
```

现在训练循环神经网络模型。因为在数据集中只使用了 10000 个词元,所以模型需要更多的迭代周期来更好地收敛。

```
127.    num_epochs, lr = 500, 1
128.    train_ch8(net, train_iter, vocab, lr, num_epochs, d2l.try_gpu())
```

最后检查一下使用随机抽样方法的结果。

```
129.    net = RNNModelScratch(len(vocab), num_hiddens, d2l.try_gpu(), get_params, init_rnn_
    state, rnn)train_ch8(net, train_iter, vocab, lr, num_epochs, d2l.try_gpu(),
130.                use_random_iter = True)
```

虽然上述从零实现的循环神经网络对了解知识内容具有指导意义,但并不方便。接下来将展示如何使用深度学习框架的高级 API 提供的函数更有效地实现相同的语言模型。仍然从读取时光机器数据集开始。

```
131.    import torch
132.    from torch import nn
133.    from torch.nn import functional as F
134.    from d2l import torch as d2l
135.    batch_size, num_steps = 32, 35
136.    train_iter, vocab = d2l.load_data_time_machine(batch_size, num_steps)
```

高级 API 提供了循环神经网络的实现。首先构造一个具有 256 个隐藏单元的单隐藏层的循环神经网络层,命名为 rnn_layer。目前还没有讨论多层循环神经网络的意义。在这个阶段,只需将多层理解为一层循环神经网络的输出被用作下一层循环神经网络的输入就足够了。同时使用张量来初始化隐状态,其形状为(隐藏层数,批量大小,隐藏单元数)。通过一个隐状态和一个输入就可以使用更新后的隐状态计算输出。需要强调的是,rnn_layer 的“输出”(Y)不涉及输出层的计算:它是指每个时间步的隐状态,这些隐状态可以用作后续输出层的输入。

```
137.    num_hiddens = 256
138.    rnn_layer = nn.RNN(len(vocab), num_hiddens)
139.    state = torch.zeros((1, batch_size, num_hiddens))
140.    X = torch.rand(size = (num_steps, batch_size, len(vocab)))
141.    Y, state_new = rnn_layer(X, state)
```

接着为一个完整的循环神经网络模型定义了一个 RNNModel 类。注意,rnn_layer 只包含隐藏的循环层,还需要创建一个单独的输出层。

```
142.    #@save
143.    class RNNModel(nn.Module):    """循环神经网络模型"""
144.        def __init__(self, rnn_layer, vocab_size, **kwargs):
145.            super(RNNModel, self).__init__(**kwargs)
146.            self.rnn = rnn_layer
```

```
147.         self.vocab_size = vocab_size
148.         self.num_hiddens = self.rnn.hidden_size
149.         # 如果 RNN 是双向的(之后将介绍),则 num_directions 应该是 2,否则应该是 1
150.         if not self.rnn.bidirectional:
151.             self.num_directions = 1
152.             self.linear = nn.Linear(self.num_hiddens, self.vocab_size)
153.         else:
154.             self.num_directions = 2
155.             self.linear = nn.Linear(self.num_hiddens * 2, self.vocab_size)
156.
157.     def forward(self, inputs, state):
158.         X = F.one_hot(inputs.T.long(), self.vocab_size)
159.         X = X.to(torch.float32)
160.         Y, state = self.rnn(X, state)
161.         # 全连接层首先将 Y 的形状改为(时间步数 * 批量大小,隐藏单元数)
162.         # 它的输出形状是(时间步数 * 批量大小,词表大小).
163.         output = self.linear(Y.reshape((-1, Y.shape[-1])))
164.         return output, state
165.
166.     def begin_state(self, device, batch_size=1):
167.         if not isinstance(self.rnn, nn.LSTM):
168.             # nn.GRU 以张量作为隐状态
169.             return  torch.zeros((self.num_directions * self.rnn.num_layers,
170.                                  batch_size, self.num_hiddens),
171.                                  device=device)
172.         else:
173.             # nn.LSTM 以元组作为隐状态
174.             return (torch.zeros((
175.                 self.num_directions * self.rnn.num_layers,
176.                 batch_size, self.num_hiddens), device=device),
177.                     torch.zeros((
178.                         self.num_directions * self.rnn.num_layers,
179.                         batch_size, self.num_hiddens), device=device))
```

使用前面代码中定义的超参数调用 train_ch8,并且使用高级 API 训练模型。

```
180. num_epochs, lr = 500, 1
181. d2l.train_ch8(net, train_iter, vocab, lr, num_epochs, device)
```

与从零开始的实现方式相比,由于深度学习框架的高级 API 对代码进行了更多的优化,该模型在较短的时间内达到了较低的困惑度。

5.2.2 现代循环神经网络

在之前的讨论中,通过循环神经网络构建了一个语言模型来处理文本数据。但对于序列学习任务,尤其是当序列较长时,循环神经网络可能不足以应对挑战。循环神经网络面临的常见问题包括数值稳定性问题,即便采用了梯度裁剪等策略,仍然可能需要更高级的模型结构。为了解决这些问题,门控循环单元(Gate Recurrent Unit,GRU)和长短期记忆网络(Long Short-Term Memory,LSTM)被提出并广泛应用。

此外,语言建模仅代表了序列学习任务的一方面。在更广泛的序列学习场景中,输入和输出通常都是可变长度的序列。为了处理这类问题,我们介绍了基于循环神经网络的"编码器-解码器"架构,这种架构能够有效地将输入序列编码为固定长度的表示,然后将这个表示解码为输出序列,从而适用多种序列到序列的任务。

GRU 与标准循环神经网络的核心差异在于:GRU 具备控制隐状态更新的门控机制。这使得模型能够决定何时保留当前隐状态,何时忽略新信息。这些决策是由模型学习得到的,有效解决了数值稳定性的问题。例如,模型可能在初始观测后选择不改变隐状态,或者忽略无关观测。此外,模型还能在必要时重置隐状态。

接下来,将从零开始实现 GRU 模型,并使用相同的时间机器数据集。

```
1.  import torch
2.  from torch import nn
3.  from d2l import torch as d2l
4.
5.  batch_size, num_steps = 32, 35
6.  train_iter, vocab = d2l.load_data_time_machine(batch_size, num_steps)
```

接下来初始化模型参数。从标准差为 0.01 的高斯分布中提取权重,并将偏置项设为 0,超参数 num_hiddens 定义隐藏单元的数量,实例化与更新门、重置门、候选隐状态和输出层相关的所有权重和偏置。

```
7.  def get_params(vocab_size, num_hiddens, device):
8.      num_inputs = num_outputs = vocab_size
9.
10.         def normal(shape):
11.             return torch.randn(size = shape, device = device) * 0.01
12.
13.         def three():
14.             return (normal((num_inputs, num_hiddens)),
15.                     normal((num_hiddens, num_hiddens)),
16.                     torch.zeros(num_hiddens, device = device))
17.
18.         W_xz, W_hz, b_z = three()          # 更新门参数
19.         W_xr, W_hr, b_r = three()          # 重置门参数
20.         W_xh, W_hh, b_h = three()          # 候选隐状态参数
21.         # 输出层参数
22.         W_hq = normal((num_hiddens, num_outputs))
23.         b_q = torch.zeros(num_outputs, device = device)
24.         # 附加梯度
25.         params = [W_xz, W_hz, b_z, W_xr, W_hr, b_r, W_xh, W_hh, b_h, W_hq, b_q]
26.         for param in params:
27.             param.requires_grad_(True)
28.         return params
```

然后定义模型。在实现中定义隐状态的初始化函数 init_gru_state。此函数返回一个形状为(批量大小,隐藏单元个数)的张量,张量的值全部为零。

```
29.     def gru(inputs, state, params):
30.         W_xz, W_hz, b_z, W_xr, W_hr, b_r, W_xh, W_hh, b_h, W_hq, b_q = params
31.         H, = state
32.         outputs = []
33.         for X in inputs:
34.             Z = torch.sigmoid((X @ W_xz) + (H @ W_hz) + b_z)
35.             R = torch.sigmoid((X @ W_xr) + (H @ W_hr) + b_r)
36.             H_tilda = torch.tanh((X @ W_xh) + ((R * H) @ W_hh) + b_h)
37.             H = Z * H + (1 - Z) * H_tilda
```

```
38.            Y = H @ W_hq + b_q
39.            outputs.append(Y)
40.        return torch.cat(outputs, dim = 0), (H,)
```

最后训练与预测的工作方式与门控循环单元中的实现方式完全相同。训练结束后,分别打印输出训练集的困惑度,以及前缀"time traveler"和"traveler"的预测序列上的困惑度。

```
41.     vocab_size, num_hiddens, device = len(vocab), 256, d2l.try_gpu()
42.     num_epochs, lr = 500, 1
43.     model = d2l.RNNModelScratch(len(vocab), num_hiddens, device, get_params, init_gru_
    state, gru)
44.     d2l.train_ch8(model, train_iter, vocab, lr, num_epochs, device)
```

还可以调用高级 API 来更简洁地实现 GRU。

```
45.     num_inputs = vocab_size
46.     gru_layer = nn.GRU(num_inputs, num_hiddens)
47.     model = d2l.RNNModel(gru_layer, len(vocab))
48.     model = model.to(device)
49.     d2l.train_ch8(model, train_iter, vocab, lr, num_epochs, device)
```

潜变量模型在处理长期依赖和短期信息丢失方面面临挑战。为了解决这些问题,长短期记忆网络被开发出来,它具备与门控循环单元类似的功能。

LSTM 的设计灵感来源于计算机逻辑门的概念。它引入了记忆单元,也称为单元,这是一种特殊的隐状态,用于存储额外信息。记忆单元由多个门控制。输出门负责决定何时从单元中输出信息,输入门决定何时向单元添加新数据,而遗忘门则管理着何时清除单元中的旧信息。这种设计模仿了 GRU 中的机制,通过专门的门控结构来决定何时保留或忽略输入信息。

接下来,从零开始实现长短期记忆网络。同样地,从加载时光机器数据集开始。

```
1.  import torch
2.  from torch import nn
3.  from d2l import torch as d2l
4.  batch_size, num_steps = 32, 35
5.  train_iter, vocab = d2l.load_data_time_machine(batch_size, num_steps)
```

接下来是模型参数的初始化。如前所述,超参数 num_hiddens 定义隐藏单元的数量。按照标准差 0.01 的高斯分布初始化权重,并将偏置项设为 0。

```
6.  def get_lstm_params(vocab_size, num_hiddens, device):
7.      num_inputs = num_outputs = vocab_size
8.
9.      def normal(shape):
10.             return torch.randn(size = shape, device = device) * 0.01
11.
12.         def three():
13.             return (normal((num_inputs, num_hiddens)),
14.                     normal((num_hiddens, num_hiddens)),
15.                     torch.zeros(num_hiddens, device = device))
16.
17.         W_xi, W_hi, b_i = three()        # 输入门参数
18.         W_xf, W_hf, b_f = three()        # 遗忘门参数
19.         W_xo, W_ho, b_o = three()        # 输出门参数
20.         W_xc, W_hc, b_c = three()        # 候选记忆元参数
```

```
21.        # 输出层参数
22.        W_hq = normal((num_hiddens, num_outputs))
23.        b_q = torch.zeros(num_outputs, device = device)
24.        # 附加梯度
25.        params = [W_xi, W_hi, b_i, W_xf, W_hf, b_f, W_xo, W_ho, b_o, W_xc, W_hc,
26.                  b_c, W_hq, b_q]
27.        for param in params:
28.            param.requires_grad_(True)
29.        return params
```

然后是定义模型。在初始化函数中,长短期记忆网络的隐状态需要返回一个额外的记忆元,单元的值为 0,形状为(批量大小,隐藏单元数)。因此得到以下的状态初始化。

```
30.    def init_lstm_state(batch_size, num_hiddens, device):
31.        return (torch.zeros((batch_size, num_hiddens), device = device),
32.                torch.zeros((batch_size, num_hiddens), device = device))
```

实际模型的定义与前面讨论的一样:提供 3 个门和 1 个额外的记忆元。请注意,只有隐状态才会传递到输出层,而记忆元 C_t 不直接参与输出计算。

```
33.    def lstm(inputs, state, params):
34.        [W_xi, W_hi, b_i, W_xf, W_hf, b_f, W_xo, W_ho, b_o, W_xc, W_hc, b_c,
35.        W_hq, b_q] = params
36.        (H, C) = state
37.        outputs = []
38.        for X in inputs:
39.            I = torch.sigmoid((X @ W_xi) + (H @ W_hi) + b_i)
40.            F = torch.sigmoid((X @ W_xf) + (H @ W_hf) + b_f)
41.            O = torch.sigmoid((X @ W_xo) + (H @ W_ho) + b_o)
42.            C_tilda = torch.tanh((X @ W_xc) + (H @ W_hc) + b_c)
43.            C = F * C + I * C_tilda
44.            H = O * torch.tanh(C)
45.            Y = (H @ W_hq) + b_q
46.            outputs.append(Y)
47.        return torch.cat(outputs, dim = 0), (H, C)
```

最后是训练与预测。通过实例化 RNNModelScratch 类来训练一个长短期记忆网络。

```
48.    vocab_size, num_hiddens, device = len(vocab), 256, d2l.try_gpu()
49.    num_epochs, lr = 500, 1
50.    model = d2l.RNNModelScratch(len(vocab), num_hiddens, device, get_lstm_params, init_
  lstm_state, lstm)
51.    d2l.train_ch8(model, train_iter, vocab, lr, num_epochs, device)
```

同样地,也可以利用高级 API 来简化 LSTM 模型。高级 API 封装了前文介绍的所有配置细节。这段代码的运行速度要快得多,因为它使用编译好的运算符,而不是 Python 来处理之前讨论的许多细节。

```
52.    num_inputs = vocab_size
53.    lstm_layer = nn.LSTM(num_inputs, num_hiddens)
54.    model = d2l.RNNModel(lstm_layer, len(vocab))
55.    model = model.to(device)
56.    d2l.train_ch8(model, train_iter, vocab, lr, num_epochs, device)
```

长短期记忆网络是一种标准的隐变量自回归模型,它通过关键的状态控制来处理序列数据。多年来,出现了多种 LSTM 的衍生版本,包括多层结构、残差连接以及各种正则化技术。尽管如此，由于需要处理序列数据的长距离依赖问题，训练 LSTM 和其他类似的序列模型(如 GRU)通常需要较高的计算成本。在后续章节中，我们将探讨一些先进的替代模型，如 Transformer，它们在处理序列数据方面提供了新的方法。

语言模型在自然语言处理领域扮演着基础角色，而机器翻译则被视为语言模型的最重要测试场景。机器翻译问题实质上是序列转换问题的核心，它涉及将输入序列转换为输出序列。

在神经网络用于端到端学习变得流行之前，统计方法在机器翻译领域占据主导地位。统计机器翻译依赖对翻译模型和语言模型等组件的统计分析，因此，基于神经网络的方法被特别称为神经机器翻译，以区分这两种不同的方法。

机器翻译任务涉及处理可变长度的输入和输出序列。为了解决这一问题，设计了一种包含编码器和解码器两个主要部分的架构。编码器负责接收一个可变长度的输入序列，并将其转换成一个固定形状的编码状态；解码器则将这个固定形状的编码状态转换为一个可变长度的输出序列。这被称为编码器-解码器(encoder-decoder)架构，如图 5-10 所示。

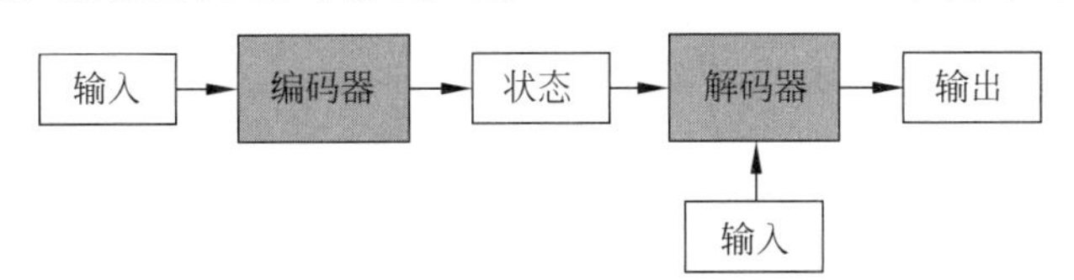

图 5-10 编码器-解码器架构

以英文到法文的机器翻译为例，考虑一个英文输入序列："They""are""watching""."。在这个编码器-解码器架构中，首先将这个可变长度的输入序列编码成一个固定的状态，然后逐步解码这个状态，逐个生成翻译后的输出序列："Ils""regardent""."。

由于编码器-解码器架构是构建后续章节中各种序列转换模型的基础，我们将其设计为一个易于后续代码实现的接口。

编码器部分的接口定义如下：编码器接收一个可变长度的序列作为输入 X。任何继承自 encoder 基类的模型都需要完成相应的代码实现，以确保能够将输入序列编码为一个固定形状的状态，供解码器使用。

```
1.  from torch import nn
2.
3.  #@save
4.  class Encoder(nn.Module):     """编码器 - 解码器架构的基本编码器接口"""
5.      def __init__(self, **kwargs):
6.          super(Encoder, self).__init__(**kwargs)
7.
8.      def forward(self, X, *args):
9.          raise NotImplementedError
```

解码器接口在设计时引入了一个 init_state 函数，这个函数的目的是将编码器的输出(enc_outputs)转换为解码器可以使用的编码状态。这个过程可能需要考虑额外的输入信息，如输入序列的有效长度，以确保解码器能够准确地处理变长的输入。

在解码过程中，解码器会在每个时间步接收两个输入：一个是上一个时间步生成的词元(作为当前时间步的输入)，另一个是编码后的状态。解码器将这两个输入映射到当前时间步的输出词元，从而逐步构建出一个长度可变的输出序列。这个过程会一直持续，直到生成一个结束符号或达到某个预设的最大长度为止。

```
10.    #@save
11.    class Decoder(nn.Module):    """编码器-解码器架构的基本解码器接口"""
12.        def __init__(self, **kwargs):
13.            super(Decoder, self).__init__(**kwargs)
14.
15.        def init_state(self, enc_outputs, *args):
16.            raise NotImplementedError
17.
18.        def forward(self, X, state):
19.            raise NotImplementedError
```

总而言之,编码器-解码器架构包含了一个编码器和一个解码器,并且还拥有可选的额外的参数。在前向传播中,编码器的输出用于生成编码状态,这个状态又被解码器作为其输入的一部分。

```
20.    #@save
21.    class EncoderDecoder(nn.Module):    """编码器-解码器架构的基类"""
22.        def __init__(self, encoder, decoder, **kwargs):
23.            super(EncoderDecoder, self).__init__(**kwargs)
24.            self.encoder = encoder
25.            self.decoder = decoder
26.
27.        def forward(self, enc_X, dec_X, *args):
28.            enc_outputs = self.encoder(enc_X, *args)
29.            dec_state = self.decoder.init_state(enc_outputs, *args)
30.            return self.decoder(dec_X, dec_state)
```

在线视频

5.3 文本情感分析

随着社交网络和在线评论平台的快速兴起,众多用户生成的评论信息被捕捉并存档。这些丰富的评论信息中潜藏着巨大的价值,能够为决策提供关键的支持。情绪分析致力于挖掘文本中所反映的情绪倾向,包括用户对商品、文章或在线论坛帖子的看法。这一技术在政治决策、金融市场分析和营销策略等多个行业得到了广泛应用,帮助分析大众对于特定政策、市场动态或产品的看法及情绪反应。

情绪分析通过将文本划分为明确的情绪类别,如正面或负面,从而简化了复杂的文本信息。这一过程可以被理解为一种文本的分类挑战,它涉及将不同长度的文本信息归纳为有限的、预定义的情绪类别。在接下来的章节中,我们将使用斯坦福大学提供的广泛电影评论数据集作为情绪分析的案例研究。该数据集涵盖了25000条来自IMDb的电影观众评论,这些评论被均匀地分配到训练和测试两个子集中。在这两个子集中,正面评论和负面评论的数量持平,从而确保了情绪极性的均衡代表性。

首先准备数据集,下载并将数据集替换为读者实际的aclImdb数据集放置位置。

```
1.  import os
2.  import torch
3.  from torch import nn
4.  from d2l import torch as d2l
```

```
5.
6.  data_dir = 'Your_Path_to_aclImdb'
```

接下来，读取训练和测试数据集。每个样本都是一个评论及其标签：1 表示“积极”，0 表示“消极”。

```
7.  #@save
8.  def read_imdb(data_dir, is_train):
9.      """读取 IMDb 评论数据集文本序列和标签"""
10.         data, labels = [], []
11.         for label in ('pos', 'neg'):
12.             folder_name = os.path.join(data_dir, 'train' if is_train else 'test',
13.                                        label)
14.             for file in os.listdir(folder_name):
15.                 with open(os.path.join(folder_name, file), 'rb') as f:
16.                     review = f.read().decode('utf-8').replace('\n', '')
17.                     data.append(review)
18.                     labels.append(1 if label == 'pos' else 0)
19.         return data, labels
20.
21.     train_data = read_imdb(data_dir, is_train=True)
22.     print('训练集数目:', len(train_data[0]))
23.     for x, y in zip(train_data[0][:3], train_data[1][:3]):
24.         print('标签:', y, 'review:', x[0:60])
```

然后预处理数据集，将每个单词作为一个词元，过滤掉出现不到 5 次的单词，从训练数据集中创建一个词表。词元化后绘制评论词元长度的直方图。结果显示评论的长度各不相同。为了每次处理一小批量这样的评论，通过截断和填充将每个评论的长度设置为 500。

```
25.     train_tokens = d2l.tokenize(train_data[0], token='word')
26.     vocab = d2l.Vocab(train_tokens, min_freq=5, reserved_tokens=['<pad>'])
27.
28.     d2l.set_figsize()
29.     d2l.plt.xlabel('# tokens per review')
30.     d2l.plt.ylabel('count')
31.     d2l.plt.hist([len(line) for line in train_tokens], bins=range(0, 1000, 50));
32.
33.     num_steps = 500  # 序列长度
34.     train_features = torch.tensor([d2l.truncate_pad(
35.         vocab[line], num_steps, vocab['<pad>']) for line in train_tokens])
36.     print(train_features.shape)
```

之后就可以创建数据迭代器。在每次迭代中，都会返回一小批量样本。

```
37.     train_iter = d2l.load_array((train_features,
38.         torch.tensor(train_data[1])), 64)
39.
40.     for X, y in train_iter:
41.         print('X:', X.shape, ', y:', y.shape)
42.         break
43.     print('小批量数目:', len(train_iter))
```

最后整合代码获得 load_data_imdb 函数。它返回训练和测试数据迭代器以及 IMDb 评论数据集的词表。

```
44.     #@save
```

```
45.     def load_data_imdb(batch_size, num_steps = 500):
46.         """返回数据迭代器和 IMDb 评论数据集的词表"""
47.         data_dir = 'Your_Path_to_aclImdb'
48.         train_data = read_imdb(data_dir, True)
49.         test_data = read_imdb(data_dir, False)
50.         train_tokens = d2l.tokenize(train_data[0], token = 'word')
51.         test_tokens = d2l.tokenize(test_data[0], token = 'word')
52.         vocab = d2l.Vocab(train_tokens, min_freq = 5)
53.         train_features = torch.tensor([d2l.truncate_pad(
54.             vocab[line], num_steps, vocab['<pad>']) for line in train_tokens])
55.         test_features = torch.tensor([d2l.truncate_pad(
56.             vocab[line], num_steps, vocab['<pad>']) for line in test_tokens])
57.         train_iter = d2l.load_array((train_features, torch.tensor(train_data[1])),
58.                                     batch_size)
59.         test_iter = d2l.load_array((test_features, torch.tensor(test_data[1])),
60.                                     batch_size,
61.                                     is_train = False)
62.         return train_iter, test_iter, vocab
```

接下来首先使用循环神经网络完成情感分析任务。

与词相似度和类比任务一样，可以将预先训练的词向量应用于情感分析，如图 5-11 所示。由于 IMDb 评论数据集不是很大，使用在大规模语料库上预训练的文本表示可以减少模型的过拟合。作为图 5-11 中所示的具体示例，此处将使用预训练的 GloVe 模型来表示每个词元，并将这些词元表示送入多层双向循环神经网络以获得文本序列表示，该文本序列表示将被转换为情感分析输出。

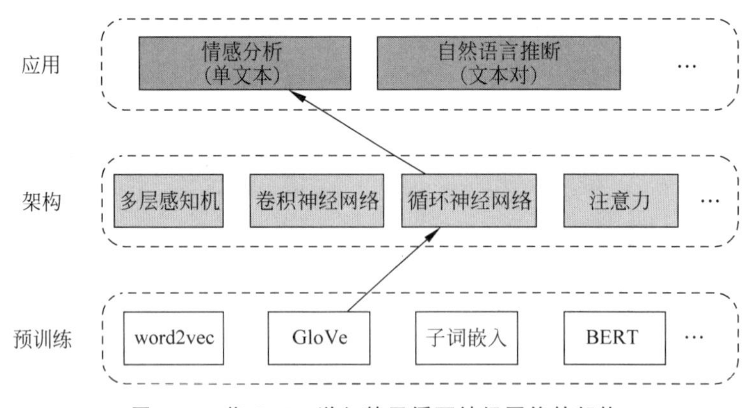

图 5-11　将 GloVe 送入基于循环神经网络的架构

```
1.  import torch
2.  from torch import nn
3.  from d2l import torch as d2l
4.
5.  batch_size = 32
6.  train_iter, test_iter, vocab = load_data_imdb(batch_size)
```

在文本分类任务(如情感分析)中，可变长度的文本序列将被转换为固定长度的类别。在下面的 BiRNN 类中，虽然文本序列的每个词元经由嵌入层(self. embedding)获得其单独的预训练 GloVe 表示，但是整个序列由双向循环神经网络(self. encoder)编码。更具体地说，双向长短期记忆网络在初始和最终时间步的隐状态(在最后一层)被连接起来作为文本序列的表示。然后，通过一个具有两个输出（“积极”和“消极”）的全连接层（self.decoder），将此单一文本表示转换为输出类别。

```
7.  class BiRNN(nn.Module):
8.      def __init__(self, vocab_size, embed_size, num_hiddens,
9.                   num_layers, **kwargs):
10.         super(BiRNN, self).__init__(**kwargs)
11.         self.embedding = nn.Embedding(vocab_size, embed_size)
12.         # 将 bidirectional 设置为 True 以获取双向循环神经网络
13.          self.encoder = nn.LSTM(embed_size, num_hiddens, num_layers = num_layers,
    bidirectional = True)
14.         self.decoder = nn.Linear(4 * num_hiddens, 2)
15.
16.     def forward(self, inputs):
17.         # inputs 的形状是(批量大小,时间步数)
18.         # 因为长短期记忆网络要求其输入的第一个维度是时间维
19.         # 所以在获得词元表示之前,输入会被转置
20.         # 输出形状为(时间步数,批量大小,词向量维度)
21.         embeddings = self.embedding(inputs.T)
22.         self.encoder.flatten_parameters()
23.         # 返回上一个隐藏层在不同时间步的隐状态,
24.         # outputs 的形状是(时间步数,批量大小,2 * 隐藏单元数)
25.         outputs, _ = self.encoder(embeddings)
26.         # 连接初始和最终时间步的隐状态,作为全连接层的输入,
27.         # 其形状为(批量大小,4 * 隐藏单元数)
28.         encoding = torch.cat((outputs[0], outputs[-1]), dim = 1)
29.         outs = self.decoder(encoding)
30.         return outs
```

接着构造一个具有两个隐藏层的双向循环神经网络来表示单个文本以进行情感分析。

```
31.     embed_size, num_hiddens, num_layers = 100, 100, 2
32.     devices = d2l.try_all_gpus()
33.     net = BiRNN(len(vocab), embed_size, num_hiddens, num_layers)
34.     def init_weights(m):
35.         if type(m) == nn.Linear:
36.             nn.init.xavier_uniform_(m.weight)
37.         if type(m) == nn.LSTM:
38.             for param in m._flat_weights_names:
39.                 if "weight" in param:
40.                     nn.init.xavier_uniform_(m._parameters[param])
41.     net.apply(init_weights);
```

下面为词表中的单词加载预训练的 100 维（需要与 embed_size 一致）的 GloVe 嵌入。打印词表中所有词元向量的形状。使用这些预训练的词向量来表示评论中的词元，并且在训练期间不要更新这些向量。

```
42.     glove_embedding = d2l.TokenEmbedding('glove.6b.100d')
43.
44.     embeds = glove_embedding[vocab.idx_to_token]
45.     embeds.shape
46.
47.     net.embedding.weight.data.copy_(embeds)
48.     net.embedding.weight.requires_grad = False
```

现在可以训练双向循环神经网络进行情感分析。

```
49.     lr, num_epochs = 0.01, 5
50.     trainer = torch.optim.Adam(net.parameters(), lr = lr)
51.     loss = nn.CrossEntropyLoss(reduction = "none")
52.     d2l.train_ch13(net, train_iter, test_iter, loss, trainer, num_epochs, devices)
```

定义以下函数来使用训练好的模型 net 预测文本序列的情感。

```
53.     #@save
54.     def predict_sentiment(net, vocab, sequence):
55.     """预测文本序列的情感"""
56.         sequence = torch.tensor(vocab[sequence.split()], device = d2l.try_gpu())
57.         label = torch.argmax(net(sequence.reshape(1, -1)), dim = 1)
58.         return 'positive' if label == 1 else 'negative'
```

最后用训练好的模型来对两个模型进行预测。

```
59.     predict_sentiment(net, vocab, 'this movie is so great')
60.     predict_sentiment(net, vocab, 'this movie is so bad')
```

除了使用循环神经网络,还可以使用卷积神经网络完成情感分析任务。之前探讨过使用二维卷积神经网络处理二维图像数据的机制,并将其应用于局部特征,如相邻像素。虽然卷积神经网络最初是为计算机视觉设计的,但它也被广泛用于自然语言处理。简单地说,只要将任何文本序列想象成一维图像即可。通过这种方式,一维卷积神经网络可以处理文本中的局部特征,如 n 元语法。

此处将使用 textCNN 模型来演示如何设计一个表示单个文本的卷积神经网络架构。与使用带有 GloVe 预训练的循环神经网络架构进行情感分析相比,唯一的区别在于架构的选择。

```
61.     batch_size = 32
62.     train_iter, test_iter, vocab = load_data_imdb(batch_size)
```

在介绍该模型之前,先看看一维卷积是如何工作的。请记住,这只是基于互相关运算的二维卷积的特例。如图 5-12 所示,在一维情况下,卷积窗口在输入张量上从左向右滑动。在滑动期间,卷积窗口中某个位置包含的输入子张量(例如,图 5-12 中的 0 和 1)和核张量(例如,图 5-12 中的 1 和 2)按元素相乘。这些乘法的总和在输出张量的相应位置给出单个标量值(例如,图 5-12 中的 $0\times1+1\times2=2$)。

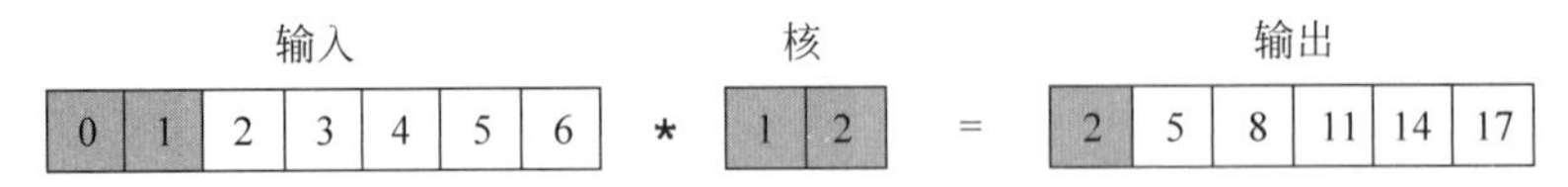

图 5-12 一维卷积工作原理

此处在下面的 corr1d 函数中实现了一维互相关。给定输入张量 $\boldsymbol{X}$ 和核张量 $\boldsymbol{K}$,它返回输出张量 $\boldsymbol{Y}$。对于任何具有多个通道的一维输入,卷积核需要具有相同数量的输入通道。然后,对于每个通道,对输入的一维张量和卷积核的一维张量执行互相关运算,将所有通道上的结果相加以产生一维输出张量。可以实现多个输入通道的一维互相关运算。

```
63.     def corr1d(X, K):
64.         w = K.shape[0]
65.         Y = torch.zeros((X.shape[0] - w + 1))
66.         for i in range(Y.shape[0]):
```

```
67.            Y[i] = (X[i: i + w] * K).sum()
68.        return Y
69.
70.    def corr1d_multi_in(X, K):
71.        # 首先,遍历'X'和'K'的第 0 维(通道维)。然后,把它们加在一起
72.        return sum(corr1d(x, k) for x, k in zip(X, K))
```

类似地,可以使用汇聚层从序列表示中提取最大值,作为跨时间步的最重要特征。textCNN 中使用的最大时间汇聚层的工作原理类似于一维全局汇聚。对于每个通道在不同时间步存储值的多通道输入,每个通道的输出是该通道的最大值。请注意,最大时间汇聚允许在不同通道上使用不同数量的时间步。

使用一维卷积和最大时间汇聚,textCNN 模型将单个预训练的词元表示作为输入,然后获得并转换用于下游应用的序列表示。

对于具有由 d 维向量表示的 n 个词元的单个文本序列,输入张量的宽度、高度和通道数分别为 n、1 和 d。textCNN 模型将输入转换为输出,如下所示:

(1) 定义多个一维卷积核,并分别对输入执行卷积运算。具有不同宽度的卷积核可以捕获不同数目的相邻词元之间的局部特征。

(2) 在所有输出通道上执行最大时间汇聚层,然后将所有标量汇聚输出连接为向量。

(3) 使用全连接层将连接后的向量转换为输出类别。Dropout 可以用来减少过拟合。

据此定义模型,在下面的类中实现 textCNN 模型。与双向循环神经网络模型相比,除了用卷积层代替循环神经网络层外,还使用了两个嵌入层:一个是可训练权重,另一个是固定权重。

```
73.    class TextCNN(nn.Module):
74.        def __init__(self, vocab_size, embed_size, kernel_sizes, num_channels,
75.                     **kwargs):
76.            super(TextCNN, self).__init__(**kwargs)
77.            self.embedding = nn.Embedding(vocab_size, embed_size)
78.            # 这个嵌入层不需要训练
79.            self.constant_embedding = nn.Embedding(vocab_size, embed_size)
80.            self.dropout = nn.Dropout(0.5)
81.            self.decoder = nn.Linear(sum(num_channels), 2)
82.            # 最大时间汇聚层没有参数,因此可以共享此实例
83.            self.pool = nn.AdaptiveAvgPool1d(1)
84.            self.relu = nn.ReLU()
85.            # 创建多个一维卷积层
86.            self.convs = nn.ModuleList()
87.            for c, k in zip(num_channels, kernel_sizes):
88.                self.convs.append(nn.Conv1d(2 * embed_size, c, k))
89.
90.        def forward(self, inputs):
91.            # 沿着向量维度将两个嵌入层连接起来
92.            # 每个嵌入层的输出形状都是(批量大小,词元数量,词元向量维度)连接起来
93.            embeddings = torch.cat((
94.                self.embedding(inputs), self.constant_embedding(inputs)), dim=2)
95.            # 根据一维卷积层的输入格式,重新排列张量,以便通道作为第 2 维
96.            embeddings = embeddings.permute(0, 2, 1)
97.            # 每个一维卷积层在最大时间汇聚层合并后,获得的张量形状是(批量大小,通道数,1)
98.            # 删除最后一个维度并沿通道维度连接
```

```
99.             encoding = torch.cat([
100.                torch.squeeze(self.relu(self.pool(conv(embeddings))), dim = -1)
101.                for conv in self.convs], dim = 1)
102.            outputs = self.decoder(self.dropout(encoding))
103.            return outputs
```

接下来创建一个 textCNN 实例。它有 3 个卷积层,卷积核宽度分别为 3、4 和 5,均有 100 个输出通道。

```
104.    embed_size, kernel_sizes, nums_channels = 100, [3, 4, 5], [100, 100, 100]
105.    devices = d2l.try_all_gpus()
106.    net = TextCNN(len(vocab), embed_size, kernel_sizes, nums_channels)
107.    def init_weights(m):
108.        if type(m) in (nn.Linear, nn.Conv1d):
109.            nn.init.xavier_uniform_(m.weight)
110.    net.apply(init_weights);
```

接下来加载预训练词向量。首先加载预训练的 100 维 GloVe 嵌入作为初始化的词元表示。这些词元表示(嵌入权重)在 embedding 中将被训练,在 constant_embedding 中将被固定。

```
111.    glove_embedding = d2l.TokenEmbedding('glove.6b.100d')
112.    embeds = glove_embedding[vocab.idx_to_token]
113.    net.embedding.weight.data.copy_(embeds)
114.    net.constant_embedding.weight.data.copy_(embeds)
115.    net.constant_embedding.weight.requires_grad = False
```

之后可以训练 textCNN 模型进行情感分析。

```
116.    lr, num_epochs = 0.001, 5
117.    trainer = torch.optim.Adam(net.parameters(), lr = lr)
118.    loss = nn.CrossEntropyLoss(reduction = "none")
119.    d2l.train_ch13(net, train_iter, test_iter, loss, trainer, num_epochs, devices)
```

同样地,可以使用训练好的模型对两个简单的句子进行预测。

```
120.    predict_sentiment(net, vocab, 'this movie is so great')
121.    predict_sentiment(net, vocab, 'this movie is so bad')
```

第6章

NLP预训练与注意力机制

CHAPTER 6

任务导入：

在自然语言处理(Natural Language Processing,NLP)领域,预训练和深度学习注意力机制是两个核心概念。预训练模型通过大规模语料库学习语言的通用表示,使其具备广泛的语义理解能力。而深度学习的注意力机制则模拟人类的注意力过程,有选择性地关注输入中的不同部分,使模型能够更好地处理长文本序列并捕捉重要信息。这两者的结合使得NLP系统在各种任务中表现出色,从语言理解到生成,皆能取得显著进展。

知识目标：

(1) 了解NLP预训练机制。
(2) 了解注意力机制。

能力目标：

(1) 能理解各种NLP预训练技术。
(2) 能使用注意力机制完成自然语言推断任务。

在线视频

6.1　任务导学：什么是模型预训练与自然语言推断

预训练过程通过使用大量文本资料对模型进行初步训练，使其掌握基本的语言知识。而微调则是在此基础上，针对特定任务对模型进行细化调整，以便更好地完成特定任务。通过学习本章节的内容，读者将能够深入理解预训练与微调的基本概念和技术，并将其应用于多种自然语言处理（NLP）任务，以提高模型的表现和工作效率。

自然语言推理（Natural Language Inference，NLI）任务致力于评估机器对自然语言文本的理解程度。在此任务中，系统需判断所提供前提与假设之间的逻辑联系，这通常包括3种类型：蕴含、矛盾和中立。例如，给定前提“一条狗在草地上奔跑”，如果假设是“一只动物在户外移动”，那么这两者之间存在蕴含关系；如果假设是“有人在厨房烹饪”，则是中立关系；而如果假设是“一只猫在休息”，则是矛盾关系。NLI任务对于推动自然语言理解的研究和解决语言推理问题具有关键作用，为研究人员提供了一个评估和测试的平台。

在线视频

6.2　任务知识

6.2.1　NLP预训练机制

当将每个单词或子词视为单个词元时，可以在大型语料库上使用word2vec、GloVe或子词嵌入模型预先训练每个词元的词元。经过预训练后，每个词元的表示可以是一个向量。但是，无论上下文是什么，它都保持不变。例如，“bank”（可以译作银行或者河岸）的向量表示在“go to the bank to deposit some money”（去银行存点钱）和“go to the bank to sit down”（去河岸坐下来）中是相同的。因此，许多较新的预训练模型使相同词元的表示适应于不同的上下文，其中包括基于Transformer编码器的更深的自监督模型BERT。在本章中将重点讨论如何预训练文本的这种表示。

词嵌入（Word Embeddings）通过将单词转换为实数向量的形式，为每个词赋予了能够体现其语义特征的向量表示。这一方法实现了将词汇嵌入一个连续的向量空间中，使得计算机能够有效地处理和解析文本信息。word2vec作为一种关键的词嵌入方法，主要包含Skip-gram和Continuous Bag of Words（CBOW）两种模型。

Skip-gram模型基于一个核心假设，即一个特定的单词能够有效地预测其周围的词汇。也就是说，模型的目标是基于一个特定的中心词来预测周围词汇的出现概率。这种模型非常适合分析大规模文本数据集，通过学习词汇间的相互作用来揭示它们的语义联系，如词汇间的相似性和语法结构。

与Skip-gram模型相对的CBOW模型，则是采用上下文中的词汇来预测中心词。具体来说，CBOW模型通过结合上下文中的词汇向量来推断目标词。与Skip-gram模型相比，CBOW模型更专注于捕捉局部上下文的含义，这使得它在某些特定的自然语言处理任务中可能更加有效。

尽管这两种模型都依赖上下文信息，但它们在处理上下文的方法上存在差异。Skip-gram模型侧重从中心词预测周围的词汇，而CBOW模型侧重从上下文词汇预测中心词。

通过这些模型的训练,我们可以获得丰富的高维词向量,这些向量能够在语义空间中有效地捕捉到词汇间的相似性和关联性,为自然语言处理任务提供了坚实的基础。

全局向量的词嵌入(Global Vectors for Word Representation,GloVe)是一种高效的词向量生成技术,它巧妙地融合了词汇共现矩阵的统计信息与平方损失函数,以此来捕捉单词间的复杂语义联系。

在探讨 GloVe 之前,我们先简要回顾一下 Skip-gram 模型。Skip-gram 模型通过预测给定单词周围的上下文词汇来学习词向量,其关键在于评估一个特定单词出现时,周围词汇的概率分布。然而,Skip-gram 模型采用的交叉熵损失函数在处理大规模文本数据时的效率并不理想。

GloVe 模型采取了一种创新的方法来克服这一挑战。它利用平方损失函数来逼近预先计算好的全局共现统计数据,如词汇间的共现频率。这种方法对于处理大型语料库更为有效,因为它能够更准确地反映单词间的关系,并且对稀有词汇的影响较小。

GloVe 模型的一个显著特点是其对称性。对于任何一个单词,无论是作为中心词还是上下文词,它的向量表示在数学上都是一致的。这意味着 GloVe 通过单一的向量空间来表达单词的意义,而不是为它们分配两组不同的向量。

此外,GloVe 模型通过考虑词-词共现概率的比例来揭示单词间的语义联系。这种比例作为模型输入,反映了单词间的关系。通过优化这些比例,GloVe 能够学习到更为精确的词向量表示。

综上所述,GloVe 以其结合全局统计数据和平方损失函数的独特方式,成为一种强大的词嵌入技术。它不仅能够有效地学习单词间的语义关系,而且能够生成适用于多种自然语言处理任务的高质量词向量。

前文探讨了几种在自然语言处理领域中用于生成词向量的模型。这些模型通过预训练过程生成了一个矩阵,矩阵中的每个条目对应于词表中的一个词的向量表示。值得注意的是,这些模型生成的词向量并不考虑词的上下文信息。

具体来说,word2vec 和 GloVe 模型为每个特定的词分配了一个固定的向量,这个向量与词的上下文无关。换句话说,对于词 x,这些模型提供了一个函数 $f(x)$,该函数的输出是基于词 x 本身,而不涉及任何上下文信息。然而,由于自然语言的复杂性和词义的多样性,这种不考虑上下文的词的表示方法存在一定的局限性。例如,单词“crane”在句子“a crane is flying”和“a crane driver came”中具有截然不同的含义,这表明词的表示应当能够根据其上下文而变化。

为了克服这一限制,研究者们发展了上下文敏感的词表示方法,这些方法能够根据词所在的上下文动态调整其表示。对于词 x,上下文敏感的表示可以由函数 $f[x,c(x)]$给出,其中 $c(x)$代表词 x 的上下文环境。目前,一些流行的上下文敏感词表示方法包括 TagLM (language-model-augmented sequence tagger,语言模型增强的序列标记器)、CoVe(Context Vectors,上下文向量)和 ELMo(Embeddings from Language Models,来自语言模型的嵌入)。这些方法通过结合词的上下文信息,能够更准确地捕捉词的语义,从而在自然语言处理任务中提供更丰富的语义表示。

ELMo 是一种先进的词嵌入技术,它通过考虑整个词汇序列来为序列中的每个单词生成一个独特的表示。这种方法利用了预训练的双向长短期记忆网络,将网络中所有中间层的表示汇总,以形成每个单词的最终表示。ELMo 的这种表示方式可以被整合到下游任务的监督模型中,通常是通过将其与原始的词向量(如 GloVe)结合使用。在整合过程中,ELMo 的双向 LSTM 模型的权重被固定,而下游任务的模型则针对特定任务进行优化。通过这种方式,ELMo 成功地提升了包括情感分析、自然语言推断在内的多种自然语言处理任务的性能。

尽管 ELMo 在多个任务中取得了显著的成效,但它仍然依赖为每个任务定制的模型架构。相较之下,GPT(Generative Pre-training Transformer,生成式预训练转换器)模型提出了一种通用的、与任务无关的上下文敏感词表示方法。GPT 基于 Transformer 架构的解码器部分,通过预训练语言模型来捕捉文本序列的统计特性。在应用于具体任务时,GPT 的输出会传递给一个额外的线性层,用于预测任务相关的标签。与 ELMo 不同的是,GPT 在下游任务的训练过程中会对 Transformer 解码器的所有参数进行微调。GPT 在包括自然语言推断、问答等在内的多项任务上进行了测试,并在大多数任务上取得了优异的表现,且对模型架构的改动很小。

然而,GPT 模型由于其自回归的特性,只能捕捉到单词左侧的上下文信息。例如,在句子"i went to the bank to deposit cash"和"I went to the bank to sit down"中,尽管单词"bank"在两个句子中有不同的含义,GPT 模型仍然会为"bank"生成相同的表示,因为它无法感知到单词右侧的上下文信息。这一点限制了 GPT 在处理某些类型的自然语言理解任务时的能力。

BERT(Bidirectional Encoder Representations from Transformer)是一种先进的自然语言处理技术,它融合了 ELMo 的双向上下文编码能力和 GPT 的任务无关性。BERT 的核心在于其使用预训练的 Transformer 编码器来生成基于双向上下文的词向量,这使得 BERT 在处理各种自然语言的任务时具有极大的灵活性,而无须对架构进行大量修改。

BERT 的一个显著特点是其对下游任务的处理方式。与 GPT 类似,BERT 在监督学习阶段会将表示输入一个附加的输出层,并根据任务需求对模型进行微调,另一个相似点是对预训练的 Transformer 编码器的所有参数进行微调,而输出层则针对特定任务从头开始训练。

在处理不同类型的 NLP 任务时,BERT 能够适应单文本输入或文本对输入。对于单文本任务,如情感分析,BERT 会创建一个特殊的输入序列,该序列由特殊类别词元"< cls >"、文本序列的标记以及分隔词元"< sep >"组成。而对于文本对任务,如自然语言推断,输入序列则包括"< cls >"、第一个文本序列的标记、分隔词元"< sep >"、第二个文本序列的标记以及另一个分隔词元"< sep >"。

为了区分不同的文本序列,BERT 引入了片段嵌入 eA 和 eB,分别应用于第一序列和第二序列的词元嵌入中。在处理单文本输入时,只有 eA 被使用。这种设计允许 BERT 明确地处理单文本或文本对,同时保持模型的一致性和效率。

下面的 get_tokens_and_segments 将一个句子或两个句子作为输入,然后返回 BERT 输入序列的标记及其相应的片段索引。

```
1.  import torch
2.  from torch import nn
3.  from d2l import torch as d2l
4.
```

```
5.  #@save
6.  def get_tokens_and_segments(tokens_a, tokens_b = None):
7.  """获取输入序列的词元及其片段索引"""
8.     tokens = ['<cls>'] + tokens_a + ['<sep>']
9.     # 0 和 1 分别标记片段 A 和 B
10.        segments = [0] * (len(tokens_a) + 2)
11.        if tokens_b is not None:
12.           tokens += tokens_b + ['<sep>']
13.           segments += [1] * (len(tokens_b) + 1)
14.        return tokens, segments
```

BERT 选择 Transformer 编码器作为其双向架构。在 Transformer 编码器中常见的是，位置嵌入被加入输入序列的每个位置。然而，与原始的 Transformer 编码器不同，BERT 使用可学习的位置嵌入。总之，图 6-1 表明 BERT 输入序列的嵌入是词元嵌入、片段嵌入和位置嵌入的和。

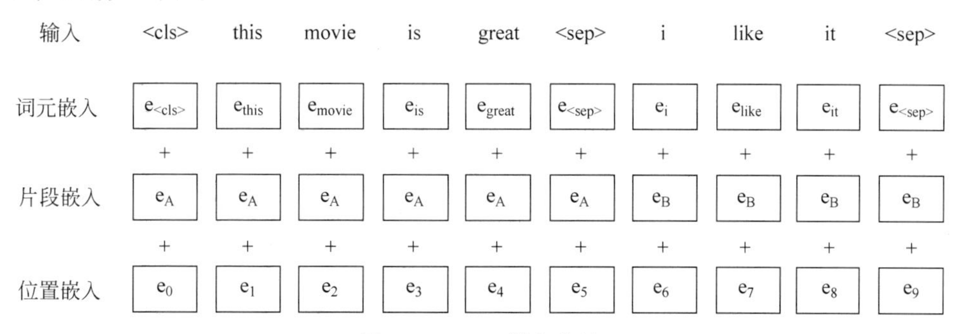

图 6-1　BERT 嵌入方法

下面的 BERTEncoder 类似于第 5 章提到的 TransformerEncoder 类。与 TransformerEncoder 不同，BERTEncoder 使用片段嵌入和可学习的位置嵌入。

```
15.     #@save
16.     class BERTEncoder(nn.Module):
17.         """BERT 编码器"""
18.         def __init__(self, vocab_size, num_hiddens, norm_shape, ffn_num_input, ffn_num_
    hiddens, num_heads, num_layers, dropout, max_len = 1000, key_size = 768, query_size = 768,
    value_size = 768, **kwargs):
19.             super(BERTEncoder, self).__init__(**kwargs)
20.             self.token_embedding = nn.Embedding(vocab_size, num_hiddens)
21.             self.segment_embedding = nn.Embedding(2, num_hiddens)
22.             self.blks = nn.Sequential()
23.             for i in range(num_layers):
24.                 self.blks.add_module(f"{i}", d2l.EncoderBlock(
25.                     key_size, query_size, value_size, num_hiddens, norm_shape,
26.                     ffn_num_input, ffn_num_hiddens, num_heads, dropout, True))
27.             # 在 BERT 中，位置嵌入是可学习的，因此创建一个足够长的位置嵌入参数
28.             self.pos_embedding = nn.Parameter(torch.randn(1, max_len,
29.                                                           num_hiddens))
30.
31.         def forward(self, tokens, segments, valid_lens):
32.             # 在以下代码段中，X 的形状保持不变：(批量大小，最大序列长度，num_hiddens)
33.             X = self.token_embedding(tokens) + self.segment_embedding(segments)
34.             X = X + self.pos_embedding.data[:, :X.shape[1], :]
35.             for blk in self.blks:
```

```
36.                X = blk(X, valid_lens)
37.            return X
```

假设词表大小为 10000,为了演示 BERTEncoder 的前向推断,在此处创建一个实例并初始化它的参数。

```
38.     vocab_size, num_hiddens, ffn_num_hiddens, num_heads = 10000, 768, 1024, 4
39.     norm_shape, ffn_num_input, num_layers, dropout = [768], 768, 2, 0.2
40.     encoder = BERTEncoder(vocab_size, num_hiddens, norm_shape, ffn_num_input, ffn_num_
    hiddens, num_heads, num_layers, dropout)
```

将 tokens 定义为长度为 8 的 2 个输入序列,其中每个词元是词表的索引。使用输入 tokens 的 BERTEncoder 前向推断返回编码结果,其中每个词元由向量表示,其长度由超参数 num_hiddens 定义。此超参数通常称为 Transformer 编码器的隐藏大小(隐藏单元数)。

```
41.     tokens = torch.randint(0, vocab_size, (2, 8))
42.     segments = torch.tensor([[0, 0, 0, 0, 1, 1, 1, 1], [0, 0, 0, 1, 1, 1, 1, 1]])
43.     encoded_X = encoder(tokens, segments, None)
44.     encoded_X.shape
```

BERTEncoder 的前向推断给出了输入文本的每个词元和插入的特殊标记“< cls >”及“< seq >”的 BERT 表示。接下来将使用这些表示来计算预训练 BERT 的损失函数。预训练包括以下两个任务:掩蔽语言模型和下一句预测。

(1) 掩蔽语言模型(Masked Language Modeling):语言模型使用左侧的上下文预测词元。为了双向编码上下文以表示每个词元,BERT 随机掩蔽词元并使用来自双向上下文的词元以自监督的方式预测掩蔽词元。此任务称为掩蔽语言模型。

在这个预训练任务中,将随机选择 15%的词元作为预测的掩蔽词元。要预测一个掩蔽词元而不使用标签作弊,一个简单的方法就是总是用一个特殊的“< mask >”替换输入序列中的词元。然而,人造特殊词元“< mask >”不会出现在微调中。为了避免预训练和微调之间的这种不匹配,如果为预测而屏蔽词元(例如,在“this movie is great”中选择掩蔽和预测“great”),则在输入中将其替换为:

80%时间为特殊的“< mask >“词元(例如,“this movie is great”变为“this movie is < mask >”;

10%时间为随机词元(例如,“this movie is great”变为“this movie is drink”);

10%时间内为不变的标签词元(例如,“this movie is great”变为“this movie is great”)。

请注意,在 15% 的时间中,有 10% 的时间插入了随机词元。这种偶然的噪声鼓励 BERT 在其双向上下文编码中不那么偏向掩蔽词元(尤其是当标签词元保持不变时)。

在这里实现了下面的 MaskLM 类来预测 BERT 预训练的掩蔽语言模型任务中的掩蔽标记。预测使用单隐藏层的多层感知机(self.mlp)。在前向推断中,它需要两个输入:BERTEncoder 的编码结果和用于预测的词元位置。输出是这些位置的预测结果。

```
45.     #@save
46.     class MaskLM(nn.Module):
47.         """BERT 的掩蔽语言模型任务"""
48.         def __init__(self, vocab_size, num_hiddens, num_inputs=768, **kwargs):
49.             super(MaskLM, self).__init__(**kwargs)
50.             self.mlp = nn.Sequential(nn.Linear(num_inputs, num_hiddens), nn.ReLU(), nn.
    LayerNorm(num_hiddens), nn.Linear(num_hiddens, vocab_size))
```

```
51.
52.        def forward(self, X, pred_positions):
53.            num_pred_positions = pred_positions.shape[1]
54.            pred_positions = pred_positions.reshape(-1)
55.            batch_size = X.shape[0]
56.            batch_idx = torch.arange(0, batch_size)
57.            # 假设 batch_size = 2,num_pred_positions = 3
58.            # 那么 batch_idx 是 np.array([0,0,0,1,1,1])
59.            batch_idx = torch.repeat_interleave(batch_idx, num_pred_positions)
60.            masked_X = X[batch_idx, pred_positions]
61.            masked_X = masked_X.reshape((batch_size, num_pred_positions, -1))
62.            mlm_Y_hat = self.mlp(masked_X)
63.            return mlm_Y_hat
```

为了演示 MaskLM 的前向推断,此处创建了其实例 mlm 并对其进行了初始化。回想一下,来自 BERTEncoder 的正向推断 encoded_X 表示两个 BERT 输入序列。将 mlm_positions 定义为在 encoded_X 的任一输入序列中预测的 3 个指示。mlm 的前向推断返回 encoded_X 的所有掩蔽位置 mlm_positions 处的预测结果 mlm_Y_hat。对于每个预测,结果的大小等于词表的大小。通过掩码下的预测词元 mlm_Y 的真实标签 mlm_Y_hat,可以计算在 BERT 预训练中的遮蔽语言模型任务的交叉熵损失。

```
64.    mlm = MaskLM(vocab_size, num_hiddens)
65.    mlm_positions = torch.tensor([[1, 5, 2], [6, 1, 5]])
66.    mlm_Y_hat = mlm(encoded_X, mlm_positions)
67.    mlm_Y_hat.shape
68.
69.    mlm_Y = torch.tensor([[7, 8, 9], [10, 20, 30]])
70.    loss = nn.CrossEntropyLoss(reduction = 'none')
71.    mlm_l = loss(mlm_Y_hat.reshape((-1, vocab_size)), mlm_Y.reshape(-1))
72.    mlm_l.shape
```

(2) 下一句预测(Next Sentence Prediction):尽管掩蔽语言模型能够编码双向上下文来表示单词,但它不能显式地构建文本对之间的逻辑关系。为了帮助理解两个文本序列之间的关系,BERT 在预训练中考虑了一个二元分类任务——下一句预测。在为预训练生成句子对时,有一半的时间它们确实是标签为"真"的连续句子;在另一半的时间中,第二个句子是从语料库中随机抽取的,标记为"假"。

下面的 NextSentencePred 类使用单隐藏层的多层感知机来预测第二个句子是不是 BERT 输入序列中第一个句子的下一个句子。由于 Transformer 编码器中的自注意力,特殊词元"< cls >"的 BERT 表示已经对输入的两个句子进行了编码。因此,多层感知机分类器的输出层(self.output)以 X 作为输入,其中 X 是多层感知机隐藏层的输出,而 MLP 隐藏层的输入是编码后的"< cls >"词元。可以看到,NextSentencePred 实例的前向推断返回每个 BERT 输入序列的二分类预测。

```
73.    #@save
74.    class NextSentencePred(nn.Module):
75.        """BERT 的下一句预测任务"""
76.        def __init__(self, num_inputs, **kwargs):
77.            super(NextSentencePred, self).__init__(**kwargs)
78.            self.output = nn.Linear(num_inputs, 2)
79.
```

```
80.        def forward(self, X):
81.            # X 的形状:(batchsize,num_hiddens)
82.            return self.output(X)
83.
84.    encoded_X = torch.flatten(encoded_X, start_dim = 1)
85.    # NSP 的输入形状:(batchsize,num_hiddens)
86.    nsp = NextSentencePred(encoded_X.shape[ - 1])
87.    nsp_Y_hat = nsp(encoded_X)
88.    nsp_Y_hat.shape
```

还可以计算两个二元分类的交叉熵损失。

```
89.    nsp_y = torch.tensor([0, 1])
90.    nsp_l = loss(nsp_Y_hat, nsp_y)
91.    nsp_l.shape
```

最后进行代码整合。

```
92.     #@save
93.     class BERTModel(nn.Module):
94.         """BERT 模型"""
95.         def __init__(self, vocab_size, num_hiddens, norm_shape, ffn_num_input, ffn_num_
    hiddens, num_heads, num_layers, dropout, max_len = 1000, key_size = 768, query_size = 768,
    value_size = 768, hid_in_features = 768, mlm_in_features = 768, nsp_in_features = 768):
96.             super(BERTModel, self).__init__()
97.             self.encoder = BERTEncoder(vocab_size, num_hiddens, norm_shape, ffn_num_
    input, ffn_num_hiddens, num_heads, num_layers, dropout, max_len = max_len, key_size =
    key_size, query_size = query_size, value_size = value_size)
98.             self.hidden = nn.Sequential(nn.Linear(hid_in_features, num_hiddens), nn.Tanh())
99.             self.mlm = MaskLM(vocab_size, num_hiddens, mlm_in_features)
100.            self.nsp = NextSentencePred(nsp_in_features)
101.
102.        def forward(self, tokens, segments, valid_lens = None,
103.                    pred_positions = None):
104.            encoded_X = self.encoder(tokens, segments, valid_lens)
105.            if pred_positions is not None:
106.                mlm_Y_hat = self.mlm(encoded_X, pred_positions)
107.            else:
108.                mlm_Y_hat = None
109.            # 用于下一句预测的多层感知机分类器的隐藏层,0 是"<cls>"标记的索引
110.            nsp_Y_hat = self.nsp(self.hidden(encoded_X[:, 0, :]))
111.            return encoded_X, mlm_Y_hat, nsp_Y_hat
```

6.2.2　注意力机制

在自然语言处理领域中，注意力机制扮演着至关重要的角色，它模仿了人类在阅读和理解文本时自然分配注意力的方式。这种机制赋予模型在处理输入数据时能够差异化地关注序列的不同部分的能力，从而在理解长文本和提取关键信息方面表现出色。注意力机制的关键在于，它允许模型在每个时间步骤上分配不同级别的关注，这有助于模型捕捉文本中的关键信息，尤其是在处理长序列时。

注意力机制的成功在于其能够适应输入数据的变化，动态地调整对不同部分的关注权重。这种动态调整的能力使得模型在处理各种 NLP 任务时更加灵活和精确。例如，在机器

翻译任务中，注意力机制可以帮助模型集中关注与当前翻译词汇最相关的输入词汇；在问答系统中，它可以帮助模型定位到问题中提及的关键信息所在的文本区域；在文本摘要任务中，注意力机制则有助于识别和提取文本中最重要的句子或短语。

与传统的序列处理模型相比，这些模型通常使用固定的权重分配，注意力机制提供了一种更为先进和有效的方法来处理序列数据。它不仅提高了模型的性能，还增强了模型在处理复杂和长文本时的能力，使得 NLP 模型在理解和生成自然语言方面更加接近人类的认知过程。

自主性的与非自主性的注意力提示解释了人类的注意力的方式，如图 6-2 所示。下面来看看如何通过这两种注意力提示，用神经网络来设计注意力机制的框架，首先，考虑一个相对简单的状况，即只使用非自主性提示。要想将选择偏向于感官输入，则可以简单地使用参数化的全连接层，甚至是非参数化的最大汇聚层或平均汇聚层。

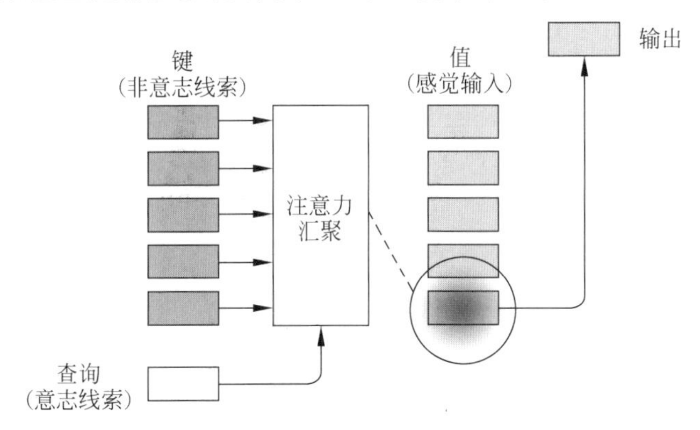

图 6-2　注意力机制

因此，是否包含自主性提示将注意力机制与全连接层或汇聚层区别开来。在注意力机制的背景下，自主性提示称为查询(query)。给定任何查询，注意力机制通过注意力汇聚(attention pooling)将选择引导至感官输入(sensory inputs，如中间特征表示)。在注意力机制中，这些感官输入称为值(value)。更通俗地说，每个值都与一个键(key)配对，这可以想象为感官输入的非自主提示。如图 6-2 所示，可以通过设计注意力汇聚的方式，便于给定的查询(自主性提示)与键(非自主性提示)进行匹配，这将引导得出最匹配的值(感官输入)。

接下来可视化注意力，如图 6-3 所示。平均汇聚层可以被视为输入的加权平均值，其中各输入的权重是一样的。实际上，注意力汇聚得到的是加权平均的总和值，其中权重是在给定的查询和不同的键之间计算得出的。为了可视化注意力权重，需要定义一个 show_heatmaps 函数。其输入 matrices 的形状是(要显示的行数，要显示的列数，查询的数目，键的数目)。

```
112.    #@save
113.    def show_heatmaps(matrices, xlabel, ylabel, titles = None, figsize = (2.5, 2.5), cmap =
    'Reds'):
114.    """显示矩阵热图"""
115.        d2l.use_svg_display()
116.        num_rows, num_cols = matrices.shape[0], matrices.shape[1]
117.        fig, axes = d2l.plt.subplots(num_rows, num_cols, figsize = figsize, sharex =
    True, sharey = True, squeeze = False)
118.        for i, (row_axes, row_matrices) in enumerate(zip(axes, matrices)):
```

```
119.            for j, (ax, matrix) in enumerate(zip(row_axes, row_matrices)):
120.                pcm = ax.imshow(matrix.detach().numpy(), cmap = cmap)
121.                if i == num_rows - 1:
122.                    ax.set_xlabel(xlabel)
123.                if j == 0:
124.                    ax.set_ylabel(ylabel)
125.                if titles:
126.                    ax.set_title(titles[j])
127.        fig.colorbar(pcm, ax = axes, shrink = 0.6);
```

下面使用一个简单的例子进行演示。在本例中,仅当查询和键相同时,注意力权重为1,否则为0。

```
128.    attention_weights = torch.eye(10).reshape((1, 1, 10, 10))
129.    show_heatmaps(attention_weights, xlabel = 'Keys', ylabel = 'Queries')
```

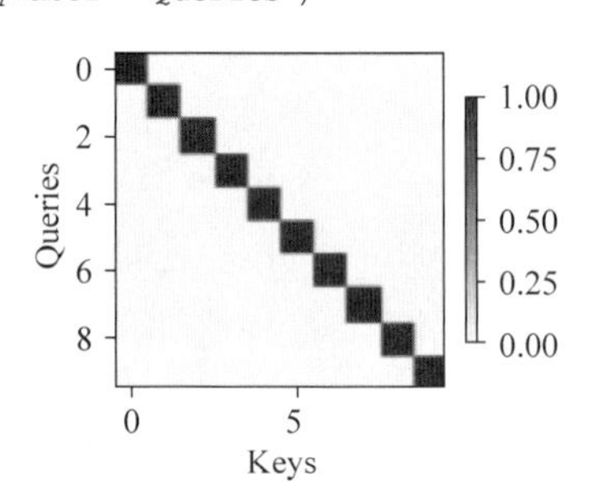

图 6-3 注意力可视化

框架下的注意力机制的主要成分:查询(自主提示)和键(非自主提示)之间的交互形成了注意力汇聚;注意力汇聚有选择地聚合了值(感官输入)以生成最终的输出。本节将介绍注意力汇聚的更多细节,以便从宏观上了解注意力机制在实践中的运作方式。具体来说,Nadaraya-Watson 核回归模型是一个简单但完整的例子,可以用于演示具有注意力机制的机器学习。

首先生成数据集:简单起见,考虑下面这个回归问题:给定的成对的“输入-输出”数据集$\{(x_1,y_1),(x_2,y_2),\cdots,(x_n,y_n)\}$,如何学习 f 来预测任意新输入 x 的输出?

根据下面的非线性函数生成一个人工数据集,其中加入的噪声项为 ε:$y_i=2\sin(x_i)+x_i^{0.8}+\epsilon$。其中 ε 服从均值为 0 和标准差为 0.5 的正态分布。在这里生成了 50 个训练样本和 50 个测试样本。为了更好地可视化之后的注意力模式,需要将训练样本进行排序。

```
1.  import torch
2.  from torch import nn
3.  from d2l import torch as d2l
4.  n_train = 50                                            # 训练样本数
5.  x_train, _ = torch.sort(torch.rand(n_train) * 5)        # 排序后的训练样本
6.  def f(x):
7.      return 2 * torch.sin(x) + x ** 0.8
8.  y_train = f(x_train) + torch.normal(0.0, 0.5, (n_train,)) # 训练样本的输出
9.  x_test = torch.arange(0, 5, 0.1)                        # 测试样本
10.     y_truth = f(x_test)                                 # 测试样本的真实输出
11.     n_test = len(x_test)                                # 测试样本数
12.     n_test
```

下面的函数将绘制所有的训练样本(样本由圆圈表示),不带噪声项的真实数据生成函数 f(标记为“Truth”),以及学习得到的预测函数(标记为“Pred”)。

```
13.     def plot_kernel_reg(y_hat):
14.         d2l.plot(x_test, [y_truth, y_hat], 'x', 'y', legend = ['Truth', 'Pred'], xlim = [0,
    5], ylim = [-1, 5])
15.         d2l.plt.plot(x_train, y_train, 'o', alpha = 0.5);
```

首先尝试非参数注意力汇聚，即根据输入的位置对输出 y_i 进行加权：

$$f(x)=\sum_{i=1}^{n}\frac{K(x-x_i)}{\sum_{j=1}^{n}K(x-x_j)}y_i$$

其中，K 是核(kernel)。上述公式所描述的估计器被称为 Nadaraya-Watson 核回归(Nadaraya-Watson kernel regression)。上述公式还可以重写成为一个更加通用的注意力汇聚(attention pooling)公式：

$$f(x)=\sum_{i=1}^{n}\alpha(x,x_i)y_i$$

如果一个键 x_i 越是接近给定的查询 x，那么分配给这个键对应值 y_i 的注意力权重就会越大，也就“获得了更多的注意力”。

值得注意的是，Nadaraya-Watson 核回归是一个非参数模型。因此上述公式是非参数的注意力汇聚(nonparametric attention pooling)模型。接下来将基于这个非参数的注意力汇聚模型来绘制预测结果。如图 6-4 所示，从绘制的结果会发现新的模型预测线是平滑的，并且比平均汇聚的预测更接近真实数据。

```
16.     # X_repeat 的形状:(n_test,n_train),
17.     # 每一行都包含着相同的测试输入(例如:同样的查询)
18.     X_repeat = x_test.repeat_interleave(n_train).reshape((-1, n_train))
19.     # x_train 包含着键。attention_weights 的形状:(n_test,n_train),
20.     # 每一行都包含着要在给定的每个查询的值(y_train)之间分配的注意力权重
21.     attention_weights = nn.functional.softmax(-(X_repeat - x_train)**2 / 2, dim=1)
22.     # y_hat 的每个元素都是值的加权平均值,其中的权重是注意力权重
23.     y_hat = torch.matmul(attention_weights, y_train)
24.     plot_kernel_reg(y_hat)
```

现在来观察注意力的权重，如图 6-5 所示。这里测试数据的输入相当于查询，而训练数据的输入相当于键。因为两个输入是经过排序的，因此由观察可知“查询-键”对越接近，注意力汇聚的注意力权重就越高。

```
25.     d2l.show_heatmaps(attention_weights.unsqueeze(0).unsqueeze(0),
26.                       xlabel='Sorted training inputs',
27.                       ylabel='Sorted testing inputs')
```

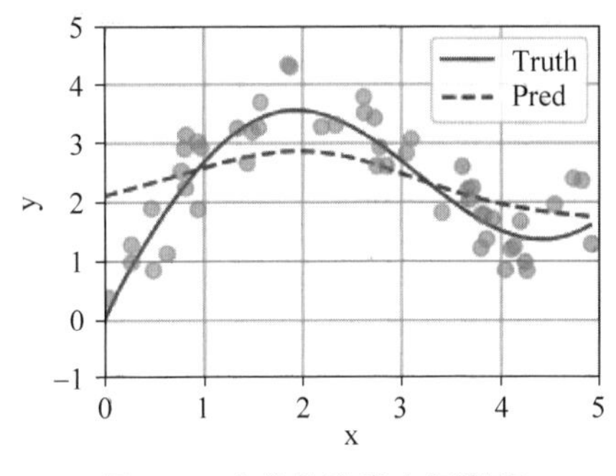

图 6-4　非参数注意力汇聚值

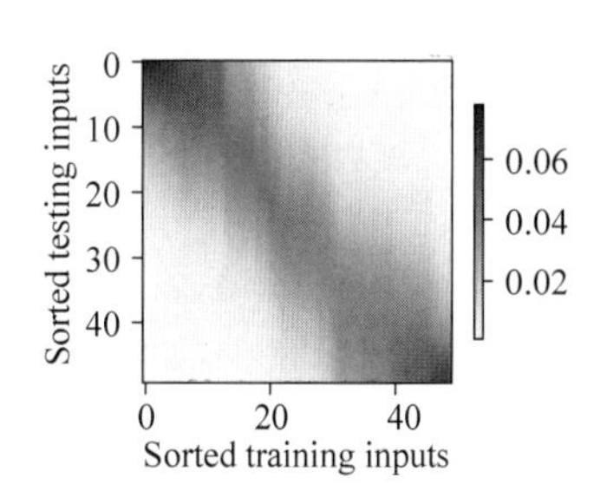

图 6-5　非参数注意力汇聚热力图

接下来介绍带参数注意力汇聚。非参数的 Nadaraya-Watson 核回归具有一致性(consistency)的优点：如果有足够的数据，此模型会收敛到最优结果。尽管如此还是可以

轻松地将可学习的参数集成到注意力汇聚中。

然后来定义带参数的注意力汇聚模型。使用小批量矩阵乘法,定义 Nadaraya-Watson 核回归的带参数版本代码如下:

```
28.     class NWKernelRegression(nn.Module):
29.         def __init__(self, **kwargs):
30.             super().__init__(**kwargs)
31.             self.w = nn.Parameter(torch.rand((1,), requires_grad=True))
32.
33.         def forward(self, queries, keys, values):
34.             # queries 和 attention_weights 的形状为(查询个数,"键-值"对个数)
35.             queries = queries.repeat_interleave(keys.shape[1]).reshape((-1, keys.shape[1]))
36.             self.attention_weights = nn.functional.softmax(
37.                 -((queries - keys) * self.w)**2 / 2, dim=1)
38.             # values 的形状为(查询个数,"键-值"对个数)
39.             return torch.bmm(self.attention_weights.unsqueeze(1),
40.                              values.unsqueeze(-1)).reshape(-1)
```

接下来,将训练数据集变换为键和值用于训练注意力模型。在带参数的注意力汇聚模型中,任何一个训练样本的输入都会和除自己以外的所有训练样本的"键-值"对进行计算,从而得到其对应的预测输出。

```
41.     # X_tile 的形状:(n_train,n_train),每一行都包含着相同的训练输入
42.     X_tile = x_train.repeat((n_train, 1))
43.     # Y_tile 的形状:(n_train,n_train),每一行都包含着相同的训练输出
44.     Y_tile = y_train.repeat((n_train, 1))
45.     # keys 的形状:('n_train','n_train'-1)
46.     keys = X_tile[(1 - torch.eye(n_train)).type(torch.bool)].reshape((n_train, -1))
47.     # values 的形状:('n_train','n_train'-1)
48.     values = Y_tile[(1 - torch.eye(n_train)).type(torch.bool)].reshape((n_train, -1))
```

训练带参数的注意力汇聚模型时,使用平方损失函数和随机梯度下降。

```
49.     net = NWKernelRegression()
50.     loss = nn.MSELoss(reduction='none')
51.     trainer = torch.optim.SGD(net.parameters(), lr=0.5)
52.     animator = d2l.Animator(xlabel='epoch', ylabel='loss', xlim=[1, 5])
53.
54.     for epoch in range(5):
55.         trainer.zero_grad()
56.         l = loss(net(x_train, keys, values), y_train)
57.         l.sum().backward()
58.         trainer.step()
59.         print(f'epoch {epoch + 1}, loss {float(l.sum()):.6f}')
60.         animator.add(epoch + 1, float(l.sum()))
```

如下所示,训练完带参数的注意力汇聚模型后可以发现:在尝试拟合带噪声的训练数据时,预测结果绘制的线不如之前非参数模型的平滑。

```
61.     # keys 的形状:(n_test,n_train),每一行都包含着相同的训练输入(例如,相同的键)
62.     keys = x_train.repeat((n_test, 1))
63.     # value 的形状:(n_test,n_train)
64.     values = y_train.repeat((n_test, 1))
65.     y_hat = net(x_test, keys, values).unsqueeze(1).detach()
66.     plot_kernel_reg(y_hat)
```

为什么新的模型更不平滑了呢？下面看一下输出结果的绘制图：与非参数的注意力汇聚模型相比，带参数的模型加入可学习的参数后，曲线在注意力权重较大的区域变得更不平滑。

```
67.    d2l.show_heatmaps(net.attention_weights.unsqueeze(0).unsqueeze(0), xlabel = 'Sorted
   training inputs', ylabel = 'Sorted testing inputs')
```

6.3 预训练 BERT 模型

为了预训练在 6.2 节中实现的 BERT 模型，需要以理想的格式生成数据集，以便于两个预训练任务：掩蔽语言模型和下一句预测。一方面，最初的 BERT 模型是在两个庞大的图书语料库和英语维基百科的合集上预训练的，但它很难吸引这本书的大多数读者。另一方面，现成的预训练 BERT 模型可能不适合医学等特定领域的应用。因此，在定制的数据集上对 BERT 进行预训练变得越来越流行。为了方便 BERT 预训练的演示，此处使用了较小的语料库 WikiText-2。

与用于预训练 word2vec 的 PTB 数据集相比，WikiText-2：①保留了原来的标点符号，适合下一句预测；②保留了原来的大小写和数字；③大了 1 倍以上。

在 WikiText-2 数据集中，每行代表一个段落，其中在任意标点符号及其前面的词元之间插入空格。保留至少有两句话的段落。

```
1.  import os
2.  import random
3.  import torch
4.  from d2l import torch as d2l
5.
6.  #@save
7.  def _read_wiki(data_dir):
8.     file_name = os.path.join(data_dir, 'wiki.train.tokens')
9.     with open(file_name, 'r', encoding = 'UTF - 8') as f:
10.           lines = f.readlines()
11.        # 大写字母转换为小写字母
12.        paragraphs = [line.strip().lower().split(' . ')
13.                   for line in lines if len(line.split(' . ')) >= 2]
14.        random.shuffle(paragraphs)
15.        return paragraphs
```

在下文中首先为 BERT 的两个预训练任务实现辅助函数。这些辅助函数会在稍后将原始文本语料库转换为理想格式的数据集时调用，以预训练 BERT。

(1) 生成下一句预测任务的数据：利用_get_next_sentence 函数生成二分类任务的训练样本。

```
16.    #@save
17.    def _get_next_sentence(sentence, next_sentence, paragraphs):
18.        if random.random() < 0.5:
19.           is_next = True
20.        else:
21.           # paragraphs 是三重列表的嵌套
22.           next_sentence = random.choice(random.choice(paragraphs))
```

```
23.            is_next = False
24.        return sentence, next_sentence, is_next
```

下面的函数通过调用_get_next_sentence 函数从输入 paragraph 生成用于下一句预测的训练样本。这里 paragraph 是句子列表,其中每个句子都是词元列表。自变量 max_len 指定预训练期间 BERT 输入序列的最大长度。

```
25.    #@save
26.    def _get_nsp_data_from_paragraph(paragraph, paragraphs, vocab, max_len):
27.        nsp_data_from_paragraph = []
28.        for i in range(len(paragraph) - 1):
29.            tokens_a, tokens_b, is_next = _get_next_sentence(
30.                paragraph[i], paragraph[i + 1], paragraphs)
31.            # 考虑 1 个'<cls>'词元和 2 个'<sep>'词元
32.            if len(tokens_a) + len(tokens_b) + 3 > max_len:
33.                continue
34.            tokens, segments = d2l.get_tokens_and_segments(tokens_a, tokens_b)
35.            nsp_data_from_paragraph.append((tokens, segments, is_next))
36.        return nsp_data_from_paragraph
```

(2) 生成掩蔽语言模型任务的数据:为了从 BERT 输入序列生成掩蔽语言模型的训练样本,定义了以下_replace_mlm_tokens 函数。在其输入中,tokens 是表示 BERT 输入序列的词元的列表,candidate_pred_positions 是不包括特殊词元的 BERT 输入序列的词元索引的列表(特殊词元在掩蔽语言模型任务中不被预测),以及 num_mlm_preds 指示预测的数量(选择 15%要预测的随机词元)。在定义掩蔽语言模型任务之后,在每个预测位置,输入可以由特殊的"掩码"词元或随机词元替换,或者保持不变。最后,该函数返回可能替换后的输入词元、发生预测的词元索引和这些预测的标签。

```
37.    #@save
38.    def _replace_mlm_tokens(tokens, candidate_pred_positions, num_mlm_preds,
39.                            vocab):
40.        # 为掩蔽语言模型的输入创建新的词元副本,其中输入可能包含替换的"<mask>"或
           # 随机词元
41.        mlm_input_tokens = [token for token in tokens]
42.        pred_positions_and_labels = []
43.        # 打乱后用于在掩蔽语言模型任务中获取 15%的随机词元进行预测
44.        random.shuffle(candidate_pred_positions)
45.        for mlm_pred_position in candidate_pred_positions:
46.            if len(pred_positions_and_labels) >= num_mlm_preds:
47.                break
48.            masked_token = None
49.            # 80%的时间:将词替换为"<mask>"词元
50.            if random.random() < 0.8:
51.                masked_token = '<mask>'
52.            else:
53.                # 10%的时间:保持词不变
54.                if random.random() < 0.5:
55.                    masked_token = tokens[mlm_pred_position]
56.                # 10%的时间:用随机词替换该词
57.                else:
58.                    masked_token = random.choice(vocab.idx_to_token)
59.            mlm_input_tokens[mlm_pred_position] = masked_token
60.            pred_positions_and_labels.append(
```

```
61.                (mlm_pred_position, tokens[mlm_pred_position]))
62.        return mlm_input_tokens, pred_positions_and_labels
```

通过调用前述的_replace_mlm_tokens 函数,以下函数将 BERT 输入序列(tokens)作为输入,并返回输入词元的索引(在可能的词元替换之后)、发生预测的词元索引以及这些预测的标签索引。

```
63.    #@save
64.    def _get_mlm_data_from_tokens(tokens, vocab):
65.        candidate_pred_positions = []
66.        # tokens 是一个字符串列表
67.        for i, token in enumerate(tokens):
68.            # 在掩蔽语言模型任务中不会预测特殊词元
69.            if token in ['<cls>', '<sep>']:
70.                continue
71.            candidate_pred_positions.append(i)
72.        # 掩蔽语言模型任务中预测 15% 的随机词元
73.        num_mlm_preds = max(1, round(len(tokens) * 0.15))
74.        mlm_input_tokens, pred_positions_and_labels = _replace_mlm_tokens(
75.            tokens, candidate_pred_positions, num_mlm_preds, vocab)
76.        pred_positions_and_labels = sorted(pred_positions_and_labels,
77.                                           key = lambda x: x[0])
78.        pred_positions = [v[0] for v in pred_positions_and_labels]
79.        mlm_pred_labels = [v[1] for v in pred_positions_and_labels]
80.        return vocab[mlm_input_tokens], pred_positions, vocab[mlm_pred_labels]
```

接下来将文本转换为预训练数据集。现在几乎已经准备好为 BERT 预训练定制一个 Dataset 类。在此之前仍然需要定义辅助函数_pad_bert_inputs 来将特殊的"<mask>"词元附加到输入。它的参数 examples 包含来自两个预训练任务的辅助函数_get_nsp_data_from_paragraph 和_get_mlm_data_from_tokens 的输出。

```
81.    #@save
82.    def _pad_bert_inputs(examples, max_len, vocab):
83.        max_num_mlm_preds = round(max_len * 0.15)
84.        all_token_ids, all_segments, valid_lens,  = [], [], []
85.        all_pred_positions, all_mlm_weights, all_mlm_labels = [], [], []
86.        nsp_labels = []
87.        for (token_ids, pred_positions, mlm_pred_label_ids, segments,
88.             is_next) in examples:
89.            all_token_ids.append(torch.tensor(token_ids + [vocab['<pad>']] * ( max_len -
    len(token_ids)), dtype = torch.long))
90.            all_segments.append(torch.tensor(segments + [0] * ( max_len - len(segments)),
    dtype = torch.long))
91.            # valid_lens 不包括'<pad>'的计数
92.            valid_lens.append(torch.tensor(len(token_ids), dtype = torch.float32))
93.            all_pred_positions.append(torch.tensor(pred_positions + [0] * ( max_num_mlm_
    preds - len(pred_positions)), dtype = torch.long))
94.            # 填充词元的预测将通过乘以 0 权重在损失中过滤掉
95.            all_mlm_weights.append( torch.tensor([1.0] * len(mlm_pred_label_ids) +
    [0.0] * ( max_num_mlm_preds - len(pred_positions)), dtype = torch.float32))
96.            all_mlm_labels.append(torch.tensor(mlm_pred_label_ids + [0] * ( max_num_mlm_
    preds - len(mlm_pred_label_ids)), dtype = torch.long))
97.            nsp_labels.append(torch.tensor(is_next, dtype = torch.long))
98.        return (all_token_ids, all_segments, valid_lens, all_pred_positions, all_mlm_
    weights, all_mlm_labels, nsp_labels)
```

将用于生成两个预训练任务的训练样本的辅助函数和用于填充输入的辅助函数放在一起,定义以下_WikiTextDataset 类为用于预训练 BERT 的 WikiText-2 数据集。通过实现__getitem__函数,可以任意访问 WikiText-2 语料库的一对句子生成的预训练样本(掩蔽语言模型和下一句预测)样本。

最初的 BERT 模型使用词表大小为 30000 的 WordPiece 嵌入。WordPiece 的词元化方法是用原有的字节对编码算法稍作修改。为简单起见,此处使用 d2l.tokenize 函数进行词元化。出现次数少于 5 次的不频繁词元将被过滤掉。

```
99.     #@save
100.    class _WikiTextDataset(torch.utils.data.Dataset):
101.        def __init__(self, paragraphs, max_len):
102.            # 输入 paragraphs[i]是代表段落的句子字符串列表;
103.            # 而输出 paragraphs[i]是代表段落的句子列表,其中每个句子都是词元列表
104.            paragraphs = [d2l.tokenize( paragraph, token = 'word') for paragraph in paragraphs]
105.            sentences = [sentence for paragraph in paragraphs for sentence in paragraph]
106.            self.vocab = d2l.Vocab(sentences, min_freq = 5, reserved_tokens = [ '<pad>',
    '<mask>', '<cls>', '<sep>'])
107.            # 获取下一句子预测任务的数据
108.            examples = []
109.            for paragraph in paragraphs:
110.                examples.extend(_get_nsp_data_from_paragraph(
111.                    paragraph, paragraphs, self.vocab, max_len))
112.            # 获取掩蔽语言模型任务的数据
113.            examples = [(_get_mlm_data_from_tokens(tokens, self.vocab) + (segments, is_
    next)) for tokens, segments, is_next in examples]
114.            # 填充输入
115.            (self.all_token_ids, self.all_segments, self.valid_lens,
116.            self.all_pred_positions, self.all_mlm_weights,
117.            self.all_mlm_labels, self.nsp_labels) = _pad_bert_inputs( examples, max_
    len, self.vocab)
118.
119.        def __getitem__(self, idx):
120.            return (self.all_token_ids[idx], self.all_segments[idx],
121.                    self.valid_lens[idx], self.all_pred_positions[idx], self.all_mlm_
    weights[idx], self.all_mlm_labels[idx], self.nsp_labels[idx])
122.
123.        def __len__(self):
124.            return len(self.all_token_ids)
```

通过使用_read_wiki 函数和_WikiTextDataset 类定义了下面的 load_data_wiki 来下载并生成 WikiText-2 数据集,并从中生成预训练样本。

```
125.    #@save
126.    def load_data_wiki(batch_size, max_len):
127.        """加载 WikiText - 2 数据集"""
128.        num_workers = 0
129.        data_dir = 'Your_Path_to_Data'
130.        paragraphs = _read_wiki(data_dir)
131.        train_set = _WikiTextDataset(paragraphs, max_len)
132.        train_iter = torch.utils.data.DataLoader(train_set, batch_size,
133.                                        shuffle = True, num_workers = num_workers)
134.        return train_iter, train_set.vocab
```

将批量大小设置为 512，将 BERT 输入序列的最大长度设置为 64，并且打印出小批量的 BERT 预训练样本的形状。注意，在每个 BERT 输入序列中，为掩蔽语言模型任务预测 10(64×0.15)个位置。最后来看一下词量，即使在过滤掉不频繁的词元之后，它仍然比 PTB 数据集大两倍以上。

```
135.     batch_size, max_len = 512, 64
136.     train_iter, vocab = load_data_wiki(batch_size, max_len)
137.
138.     for (tokens_X, segments_X, valid_lens_x, pred_positions_X, mlm_weights_X,
139.         mlm_Y, nsp_y) in train_iter:
140.         print(tokens_X.shape, segments_X.shape, valid_lens_x.shape,
141.             pred_positions_X.shape, mlm_weights_X.shape, mlm_Y.shape,
142.             nsp_y.shape)
143.         break
144.     len(vocab)
```

利用实现的 BERT 模型和从 WikiText-2 数据集生成的预训练样本，后续将在 WikiText-2 数据集上对 BERT 进行预训练。

首先，加载 WikiText-2 数据集作为小批量的预训练样本，用于掩蔽语言模型和下一句预测。批量大小是 128，BERT 输入序列的最大长度是 64。注意，在原始 BERT 模型中，最大长度是 512。

```
145.     import os
146.     import random
147.     import torch
148.     from torch import nn
149.     from d2l import torch as d2l
150.
151.     batch_size, max_len = 128, 64
152.     train_iter, vocab = load_data_wiki(batch_size, max_len)
```

原始 BERT 有两个不同模型尺寸的版本。基本模型（BERTBASE）使用 12 层（Transformer 编码器块）、768 个隐藏单元（隐藏大小）和 12 个自注意头。大模型（BERTLARGE）使用 24 层、1024 个隐藏单元和 16 个自注意头。值得注意的是，前者有 1.1 亿个参数，后者有 3.4 亿个参数。为了便于演示，此处定义了一个小的 BERT，使用了 2 层、128 个隐藏单元和 2 个自注意头。

```
153.     net = d2l.BERTModel(len(vocab), num_hiddens = 128, norm_shape = [128], ffn_num_input =
    128, ffn_num_hiddens = 256, num_heads = 2, num_layers = 2, dropout = 0.2, key_size = 128,
    query_size = 128, value_size = 128, hid_in_features = 128, mlm_in_features = 128, nsp_in_
    features = 128)
154.     devices = d2l.try_all_gpus()
155.     loss = nn.CrossEntropyLoss()
```

在定义训练代码实现之前，预先定义了一个辅助函数_get_batch_loss_bert。给定训练样本，该函数计算掩蔽语言模型和下一句子预测任务的损失。请注意，BERT 预训练的最终损失是掩蔽语言模型损失和下一句预测损失的和。

```
156.     #@save
157.     def _get_batch_loss_bert(net, loss, vocab_size, tokens_X,
158.                              segments_X, valid_lens_x,
159.                              pred_positions_X, mlm_weights_X,
```

```
160.                      mlm_Y, nsp_y):
161.        # 前向传播
162.        _, mlm_Y_hat, nsp_Y_hat = net(tokens_X, segments_X,
163.                                      valid_lens_x.reshape(-1),
164.                                      pred_positions_X)
165.        # 计算掩蔽语言模型损失
166.        mlm_l = loss(mlm_Y_hat.reshape(-1, vocab_size), mlm_Y.reshape(-1)) *\
167.        mlm_weights_X.reshape(-1, 1)
168.        mlm_l = mlm_l.sum() / (mlm_weights_X.sum() + 1e-8)
169.        # 计算下一句子预测任务的损失
170.        nsp_l = loss(nsp_Y_hat, nsp_y)
171.        l = mlm_l + nsp_l
172.        return mlm_l, nsp_l, l
```

通过调用上述两个辅助函数,下面的 train_bert 函数定义了在 WikiText-2(train_iter)数据集上预训练 BERT(net)的过程。训练 BERT 可能需要很长时间。以下函数的输入 num_steps 指定了训练的迭代步数,而不像 train_ch13 函数那样指定训练的轮数。

```
173.    def train_bert(train_iter, net, loss, vocab_size, devices, num_steps):
174.        net = nn.DataParallel(net, device_ids=devices).to(devices[0])
175.        trainer = torch.optim.Adam(net.parameters(), lr=0.01)
176.        step, timer = 0, d2l.Timer()
177.        animator = d2l.Animator(xlabel='step', ylabel='loss',
178.                                xlim=[1, num_steps], legend=['mlm', 'nsp'])
179.        # 掩蔽语言模型损失的和,下一句预测任务损失的和,句子对的数量,计数
180.        metric = d2l.Accumulator(4)
181.        num_steps_reached = False
182.        while step < num_steps and not num_steps_reached:
183.            for tokens_X, segments_X, valid_lens_x, pred_positions_X,\
184.                mlm_weights_X, mlm_Y, nsp_y in train_iter:
185.                tokens_X = tokens_X.to(devices[0])
186.                segments_X = segments_X.to(devices[0])
187.                valid_lens_x = valid_lens_x.to(devices[0])
188.                pred_positions_X = pred_positions_X.to(devices[0])
189.                mlm_weights_X = mlm_weights_X.to(devices[0])
190.                mlm_Y, nsp_y = mlm_Y.to(devices[0]), nsp_y.to(devices[0])
191.                trainer.zero_grad()
192.                timer.start()
193.                mlm_l, nsp_l, l = _get_batch_loss_bert(
194.                    net, loss, vocab_size, tokens_X, segments_X, valid_lens_x,
195.                    pred_positions_X, mlm_weights_X, mlm_Y, nsp_y)
196.                l.backward()
197.                trainer.step()
198.                metric.add(mlm_l, nsp_l, tokens_X.shape[0], 1)
199.                timer.stop()
200.                animator.add(step + 1,
201.                             (metric[0] / metric[3], metric[1] / metric[3]))
202.                step += 1
203.                if step == num_steps:
204.                    num_steps_reached = True
205.                    break
206.
207.        print(f'MLM loss {metric[0] / metric[3]:.3f}, '
208.              f'NSP loss {metric[1] / metric[3]:.3f}')
```

```
209.         print(f'{metric[2] / timer.sum():.1f} sentence pairs/sec on '
210.               f'{str(devices)}')
```

在预训练过程中,可以绘制出掩蔽语言模型损失和下一句预测损失。

```
211.     train_bert(train_iter, net, loss, len(vocab), devices, 50)
```

在预训练 BERT 之后,可以用它表示单个文本、文本对或其中的任何词元。下面的函数返回 tokens_a 和 tokens_b 中所有词元的 BERT(net)表示。

```
212.     def get_bert_encoding(net, tokens_a, tokens_b = None):
213.         tokens, segments = d2l.get_tokens_and_segments(tokens_a, tokens_b)
214.         token_ids = torch.tensor(vocab[tokens], device = devices[0]).unsqueeze(0)
215.         segments = torch.tensor(segments, device = devices[0]).unsqueeze(0)
216.         valid_len = torch.tensor(len(tokens), device = devices[0]).unsqueeze(0)
217.         encoded_X, _, _ = net(token_ids, segments, valid_len)
218.         return encoded_X
```

考虑"a crane is flying"这句话。回想一下讨论过的 BERT 的输入表示。插入特殊标记"< cls >"(用于分类)和"< sep >"(用于分隔)后,BERT 输入序列的长度为 6。因为 0 是"< cls >"词元,encoded_text[:, 0, :]是整个输入语句的 BERT 表示。为了评估一词多义词元"crane",还打印出了该词元的 BERT 表示的前 3 个元素。

```
219.     tokens_a = ['a', 'crane', 'is', 'flying']
220.     encoded_text = get_bert_encoding(net, tokens_a)
221.     # 词元:'< cls >','a','crane','is','flying','< sep >'
222.     encoded_text_cls = encoded_text[:, 0, :]
223.     encoded_text_crane = encoded_text[:, 2, :]
224.     encoded_text.shape, encoded_text_cls.shape, encoded_text_crane[0][:3]
```

现在考虑句子"a crane driver came"和"he just left"。类似地,encoded_pair[:, 0, :]是来自预训练 BERT 的整个句子对的编码结果。注意,多义词元"crane"的前 3 个元素与上下文不同时的元素不同。这支持了 BERT 表示是上下文敏感的。

```
225.     tokens_a, tokens_b = ['a', 'crane', 'driver', 'came'], ['he', 'just', 'left']
226.     encoded_pair = get_bert_encoding(net, tokens_a, tokens_b)
227.     # 词元:'< cls >','a','crane','driver','came','< sep >','he','just',
228.     # 'left','< sep >'
229.     encoded_pair_cls = encoded_pair[:, 0, :]
230.     encoded_pair_crane = encoded_pair[:, 2, :]
231.     encoded_pair.shape, encoded_pair_cls.shape, encoded_pair_crane[0][:3]
```

6.4 基于注意力机制的自然语言推断

在线视频

自然语言推断主要研究假设(hypothesis)是否可以从前提(premise)中推断出来,其中两者都是文本序列。换言之,自然语言推断决定了一对文本序列之间的逻辑关系。这类关系通常分为以下 3 种类型。

蕴含(entailment):假设可以从前提中推断出来。

矛盾(contradiction):假设的否定可以从前提中推断出来。

中性(neutral):所有其他情况。

自然语言推断一直是理解自然语言的中心话题。它有着广泛的应用,从信息检索到开放领域的问答。为了研究这个问题,将首先研究一个流行的自然语言推断基准数据集。

斯坦福自然语言推断语料库(Stanford Natural Language Inference,SNLI)是由500000多个带标签的英语句子对组成的集合。读者可以从本书的配套数据文件中找到SNLI数据集,之后将该数据集放置在适当的位置。

```
1.  import os
2.  import re
3.  import torch
4.  from torch import nn
5.  from d2l import torch as d2l
6.
7.  #@save
8.  data_dir = 'Your_Path_to_Dataset'
```

原始的SNLI数据集包含的信息比在实验中真正需要的信息丰富得多。因此,定义函数 read_snli 以仅提取数据集的一部分,然后返回前提、假设及其标签的列表。

```
9.  #@save
10.     def read_snli(data_dir, is_train):
11.         """将 SNLI 数据集解析为前提、假设和标签"""
12.         def extract_text(s):
13.             # 删除不会使用的信息
14.             s = re.sub('\\(', '', s)
15.             s = re.sub('\\)', '', s)
16.             # 用一个空格替换两个或多个连续的空格
17.             s = re.sub('\\s{2,}', ' ', s)
18.             return s.strip()
19.         label_set = {'entailment': 0, 'contradiction': 1, 'neutral': 2}
20.         file_name = os.path.join(data_dir, 'snli_1.0_train.txt'
21.                                  if is_train else 'snli_1.0_test.txt')
22.         with open(file_name, 'r') as f:
23.             rows = [row.split('\t') for row in f.readlines()[1:]]
24.         premises = [extract_text(row[1]) for row in rows if row[0] in label_set]
25.         hypotheses = [extract_text(row[2]) for row in rows if row[0] \
26.                       in label_set]
27.         labels = [label_set[row[0]] for row in rows if row[0] in label_set]
28.         return premises, hypotheses, labels
```

现在打印前3对前提和假设,以及它们的标签("0"、"1"和"2"分别对应于"蕴含"、"矛盾"和"中性")。训练集约有550000对,测试集约有10000对。训练集和测试集中的3个标签"蕴含"、"矛盾"和"中性"的数量是平衡的。

```
29.     train_data = read_snli(data_dir, is_train=True)
30.     for x0, x1, y in zip(train_data[0][:3], train_data[1][:3], train_data[2][:3]):
31.         print('前提:', x0)
32.         print('假设:', x1)
33.         print('标签:', y)
```

下面定义一个用于加载SNLI数据集的类。类构造函数中的变量 num_steps 指定文本序列的长度,使得每个小批量序列将具有相同的形状。换句话说,在较长序列中的前 num_steps 个标记之后的标记被截断,而特殊标记"<pad>"将被附加到较短的序列后,直到它们的长度变为 num_steps。通过实现__getitem__功能,可以任意访问带有索引 idx 的前提、假设和标签。

```
34.     #@save
35.     class SNLIDataset(torch.utils.data.Dataset):
36.         """用于加载 SNLI 数据集的自定义数据集"""
37.         def __init__(self, dataset, num_steps, vocab = None):
38.             self.num_steps = num_steps
39.             all_premise_tokens = d2l.tokenize(dataset[0])
40.             all_hypothesis_tokens = d2l.tokenize(dataset[1])
41.             if vocab is None:
42.                 self.vocab = d2l.Vocab(all_premise_tokens + \
43.                     all_hypothesis_tokens, min_freq = 5, reserved_tokens = ['< pad >'])
44.             else:
45.                 self.vocab = vocab
46.             self.premises = self._pad(all_premise_tokens)
47.             self.hypotheses = self._pad(all_hypothesis_tokens)
48.             self.labels = torch.tensor(dataset[2])
49.             print('read ' + str(len(self.premises)) + ' examples')
50.
51.         def _pad(self, lines):
52.             return torch.tensor([d2l.truncate_pad(
53.                 self.vocab[line], self.num_steps, self.vocab['< pad >'])
54.                              for line in lines])
55.
56.         def __getitem__(self, idx):
57.             return (self.premises[idx], self.hypotheses[idx]), self.labels[idx]
58.
59.         def __len__(self):
60.             return len(self.premises)
```

最后整合代码,获得 load_data_snli 方法。

```
61.     #@save
62.     def load_data_snli(batch_size, num_steps = 50):
63.         """下载 SNLI 数据集并返回数据迭代器和词表"""
64.         num_workers = 0
65.         data_dir = 'Your_Path_to_Data'
66.         train_data = read_snli(data_dir, True)
67.         test_data = read_snli(data_dir, False)
68.         train_set = SNLIDataset(train_data, num_steps)
69.         test_set = SNLIDataset(test_data, num_steps, train_set.vocab)
70.         train_iter = torch.utils.data.DataLoader(train_set, batch_size, shuffle = True,
   num_workers = num_workers)
71.         test_iter = torch.utils.data.DataLoader(test_set, batch_size,
72.                                                 shuffle = False,
73.                                                 num_workers = num_workers)
74.         return train_iter, test_iter, train_set.vocab
```

鉴于许多模型都是基于复杂而深度的架构,Parikh 等提出用注意力机制解决自然语言推断的问题,并称为"可分解注意力模型"。这使得模型没有循环层或卷积层,在 SNLI 数据集上以更少的参数实现了当时的最佳结果。本节将描述并实现这种基于注意力的自然语言推断方法(使用 MLP),如图 6-6 所示。

与保留前提和假设中词元的顺序相比,可以将一个文本序列中的词元与另一个文本序列中的每个词元注意,然后比较和聚合这些信息,以预测前提和假设之间的逻辑关系。与机器翻译中源句和目标句之间的词元对齐类似,前提和假设之间的词元对齐可以通过注意力

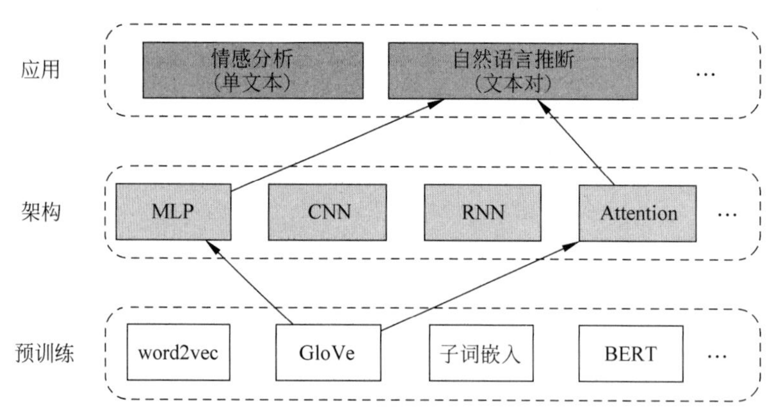

图 6-6 将预训练 GloVe 送入基于注意力和 MLP 的自然语言推断架构

机制灵活地完成。

图 6-7 描述了使用注意力机制的自然语言推断方法。从高层次上讲,它由 3 个联合训练的步骤组成:注意、比较和聚合。

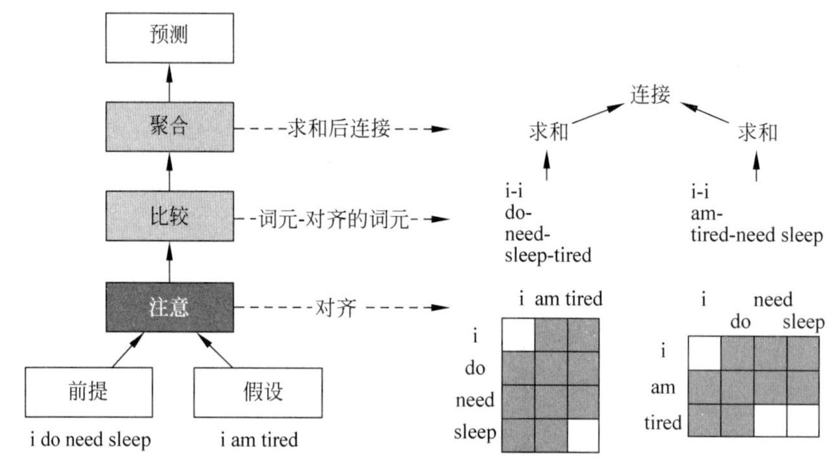

图 6-7 利用注意力机制进行自然语言推断

(1) 注意(Attending):第一步是将一个文本序列中的词元与另一个序列中的每个词元对齐。假设前提是"我确实需要睡眠",假设是"我累了"。由于语义上的相似性,不妨将假设中的"我"与前提中的"我"对齐,将假设中的"累"与前提中的"睡眠"对齐。同样,可能希望将前提中的"我"与假设中的"我"对齐,将前提中的"需要"和"睡眠"与假设中的"累"对齐。请注意,这种对齐是使用加权平均的"软"对齐,其中理想情况下较大的权重与要对齐的词元相关联。

接下来要更详细地描述使用注意力机制的软对齐。用 $A=(\boldsymbol{a}_1,\boldsymbol{a}_2,\cdots,\boldsymbol{a}_m)$ 和 $B=(\boldsymbol{b}_1,\boldsymbol{b}_2,\cdots,\boldsymbol{b}_n)$ 表示前提和假设,其词元数量分别为 m 和 n,其中 $\boldsymbol{a}_i,\boldsymbol{b}_j\in\mathbf{R}_d(i=1,2,\cdots,m,j=1,2,\cdots,n)$ 是 d 维的词向量。对于软对齐,将注意力权重 $\mathrm{e}_{ij}\in\mathbf{R}$ 计算为

$$\mathrm{e}_{ij}=f(\boldsymbol{a}_i)^{\mathrm{T}}f(\boldsymbol{b}_j)$$

其中函数 f 是在下面的 mlp 函数中定义的多层感知机。输出维度 f 由 mlp 的 num_hiddens 参数指定。

```
75.     def mlp(num_inputs, num_hiddens, flatten):
```

```
76.         net = []
77.         net.append(nn.Dropout(0.2))
78.         net.append(nn.Linear(num_inputs, num_hiddens))
79.         net.append(nn.ReLU())
80.         if flatten:
81.             net.append(nn.Flatten(start_dim = 1))
82.         net.append(nn.Dropout(0.2))
83.         net.append(nn.Linear(num_hiddens, num_hiddens))
84.         net.append(nn.ReLU())
85.         if flatten:
86.             net.append(nn.Flatten(start_dim = 1))
87.         return nn.Sequential( * net)
```

f 分别输入 a_i 和 b_j，而不是将它们放在一起作为输入。这种分解技巧导致 f 只有 $m+n$ 次计算(线性复杂度)，而不是 mn 次计算(二次复杂度)。

对注意力 e_{ij} 计算公式中的注意力权重进行规范化，我们计算假设中所有词元向量的加权平均值，以获得假设的表示，该假设与前提中索引 i 的词元进行软对齐：

$$\beta_i = \sum_{j=1}^{n} \frac{\exp(e_{ij})}{\sum_{k=1}^{n} \exp(e_{ik})} b_j$$

同样，我们计算假设中索引为 j 的每个词元与前提词元的软对齐：

$$\alpha_j = \sum_{i=1}^{m} \frac{\exp(e_{ij})}{\sum_{k=1}^{m} \exp(e_{kj})} a_i$$

下面定义 Attend 类来计算假设(beta)与输入前提 A 的软对齐以及前提(alpha)与输入假设 B 的软对齐。

```
88.   class Attend(nn.Module):
89.       def __init__(self, num_inputs, num_hiddens, * * kwargs):
90.           super(Attend, self).__init__( * * kwargs)
91.           self.f = mlp(num_inputs, num_hiddens, flatten = False)
92.
93.       def forward(self, A, B):
94.           # A/B 的形状:(批量大小,序列 A/B 的词元数,embed_size)
95.           # f_A/f_B 的形状:(批量大小,序列 A/B 的词元数,num_hiddens)
96.           f_A = self.f(A)
97.           f_B = self.f(B)
98.           # e 的形状:(批量大小,序列 A 的词元数,序列 B 的词元数)
99.           e = torch.bmm(f_A, f_B.permute(0, 2, 1))
100.          # beta 的形状:(批量大小,序列 A 的词元数,embed_size),
101.          # 意味着序列 B 被软对齐到序列 A 的每个词元(beta 的第 1 个维度)
102.          beta = torch.bmm(F.softmax(e, dim = - 1), B)
103.          # beta 的形状:(批量大小,序列 B 的词元数,embed_size),
104.          # 意味着序列 A 被软对齐到序列 B 的每个词元(alpha 的第 1 个维度)
105.          alpha = torch.bmm(F.softmax(e.permute(0, 2, 1), dim = - 1), A)
106.          return beta, alpha
```

(2) 比较：将一个序列中的词元与该词元软对齐的另一个序列进行比较。请注意，在软对齐中，一个序列中的所有词元(尽管可能具有不同的注意力权重)将与另一个序列中的词元进行比较。

在比较步骤中，将来自一个序列的词元的连结（运算符[·,·]）和来自另一个序列的对齐的词元送入函数 g（一个多层感知机）：

$$\boldsymbol{V}_{A,i} = g([\boldsymbol{a}_i, \boldsymbol{\beta}_i]), \quad i = 1, 2, \cdots, m$$

$$\boldsymbol{V}_{B,j} = g([\boldsymbol{b}_j, \boldsymbol{\alpha}_j]), \quad j = 1, 2, \cdots, n$$

$\boldsymbol{V}_{A,i}$ 是指，所有假设中的词元与前提中词元 i 软对齐，再与词元 i 比较；而 $\boldsymbol{V}_{B,j}$ 是指所有前提中的词元与假设中词元 j 软对齐，再与词元 j 比较。下面的 Compare 个类定义了比较步骤。

```
107.    class Compare(nn.Module):
108.        def __init__(self, num_inputs, num_hiddens, **kwargs):
109.            super(Compare, self).__init__(**kwargs)
110.            self.g = mlp(num_inputs, num_hiddens, flatten=False)
111.
112.        def forward(self, A, B, beta, alpha):
113.            V_A = self.g(torch.cat([A, beta], dim=2))
114.            V_B = self.g(torch.cat([B, alpha], dim=2))
115.            return V_A, V_B
```

（3）聚合：现在有两组比较向量 $\boldsymbol{V}_{A,i}(i=1,2,\cdots,m)$ 和 $\boldsymbol{V}_{B,j}(j=1,2,\cdots,n)$。在最后一步中，将聚合这些信息以推断逻辑关系。首先对这两组比较向量求和：

$$\boldsymbol{V}_A = \sum_{i=1}^{m} \boldsymbol{V}_{A,i} \quad \boldsymbol{V}_B = \sum_{j=1}^{n} \boldsymbol{V}_{B,j}$$

接下来将两个求和结果的连结提供给函数 h（一个多层感知器），以获得逻辑关系的分类结果：

$$\hat{y} = h([\boldsymbol{V}_A, \boldsymbol{V}_B])$$

聚合步骤在以下 Aggregate 类中定义。

```
116.    class Aggregate(nn.Module):
117.        def __init__(self, num_inputs, num_hiddens, num_outputs, **kwargs):
118.            super(Aggregate, self).__init__(**kwargs)
119.            self.h = mlp(num_inputs, num_hiddens, flatten=True)
120.            self.linear = nn.Linear(num_hiddens, num_outputs)
121.
122.        def forward(self, V_A, V_B):
123.            # 对两组比较向量分别求和
124.            V_A = V_A.sum(dim=1)
125.            V_B = V_B.sum(dim=1)
126.            # 将两个求和结果的连结送到多层感知器中
127.            Y_hat = self.linear(self.h(torch.cat([V_A, V_B], dim=1)))
128.            return Y_hat
```

对上述代码进行整合，通过将注意步骤、比较步骤和聚合步骤组合在一起，定义了可分解注意力模型来联合训练这 3 个步骤。

```
129.    class DecomposableAttention(nn.Module):
130.        def __init__(self, vocab, embed_size, num_hiddens, num_inputs_attend=100, num_
        inputs_compare=200, num_inputs_agg=400, **kwargs):
131.            super(DecomposableAttention, self).__init__(**kwargs)
132.            self.embedding = nn.Embedding(len(vocab), embed_size)
133.            self.attend = Attend(num_inputs_attend, num_hiddens)
134.            self.compare = Compare(num_inputs_compare, num_hiddens)
```

```
135.            # 有 3 种可能的输出:蕴含、矛盾和中性
136.            self.aggregate = Aggregate(num_inputs_agg, num_hiddens, num_outputs = 3)
137.
138.        def forward(self, X):
139.            premises, hypotheses = X
140.            A = self.embedding(premises)
141.            B = self.embedding(hypotheses)
142.            beta, alpha = self.attend(A, B)
143.            V_A, V_B = self.compare(A, B, beta, alpha)
144.            Y_hat = self.aggregate(V_A, V_B)
145.            return Y_hat
```

之后可以进行训练和评估模型。利用上面定义好的数据集处理函数。

```
146.    batch_size, num_steps = 128, 50
147.    train_iter, test_iter, vocab = load_data_snli(batch_size, num_steps)
```

使用预训练好的 100 维 GloVe 嵌入来表示输入词元。将向量 $\boldsymbol{a}_i$ 和 $\boldsymbol{b}_j$ 在注意部分的公式中的维数预定义为 100。上述公式中的函数 f 和比较中的函数 g 的输出维度被设置为 200。然后创建一个模型实例,初始化它的参数,并加载 GloVe 嵌入来初始化输入词元的向量。

```
148.    embed_size, num_hiddens, devices = 100, 200, d2l.try_all_gpus()
149.    net = DecomposableAttention(vocab, embed_size, num_hiddens)
150.    glove_embedding = d2l.TokenEmbedding('glove.6b.100d')
151.    embeds = glove_embedding[vocab.idx_to_token]
152.    net.embedding.weight.data.copy_(embeds);
```

与接收单一输入(如文本序列或图像)的 split_batch 函数不同,此处定义了一个 split_batch_multi_inputs 函数以小批量接收多个输入,如前提和假设。现在可以在 SNLI 数据集上训练和评估模型了。

```
153.    lr, num_epochs = 0.001, 4
154.    trainer = torch.optim.Adam(net.parameters(), lr = lr)
155.    loss = nn.CrossEntropyLoss(reduction = "none")
156.    d2l.train_ch13(net, train_iter, test_iter, loss, trainer, num_epochs, devices)
```

最后定义预测函数,输出一对前提和假设之间的逻辑关系。此处使用训练好的模型来获得对示例句子的自然语言推断结果。

```
157.     #@save
158.     def predict_snli(net, vocab, premise, hypothesis):
159.         """预测前提和假设之间的逻辑关系"""
160.         net.eval()
161.         premise = torch.tensor(vocab[premise], device = d2l.try_gpu())
162.         hypothesis = torch.tensor(vocab[hypothesis], device = d2l.try_gpu())
163.         label = torch.argmax(net([premise.reshape((1, - 1)),
164.                                  hypothesis.reshape((1, - 1))]), dim = 1)
165.         return 'entailment' if label == 0 else 'contradiction' if label == 1  else 'neutral'
166.    predict_snli(net, vocab, ['he', 'is', 'good', '.'], ['he', 'is', 'bad', '.'])
```

附录 A　阿尔法编程平台使用说明

阿尔法编程平台是一个专注于计算机类课程的在线实训平台。该平台内嵌云端编译器，用户无需安装任何开发环境，即可轻松登录并立即开始在线编程实践。此外，平台配备了强大的判题引擎，能够自动全面检查提交的代码，并即时提供详尽的错误反馈。用户还可以利用平台集成的高级分析模型，对编程问题进行精准剖析，有效提升学习效率。

阿尔法编程平台作为本书相配套的实训平台，其具体使用方法如下。

(1) 登录平台：通过阿尔法编程平台网址登录。如学校已开通专属域名，也可使用学校专属域名进行登录。

(2) 加入课堂：单击右上方【加入课堂】按钮，输入本书封底的兑换码，即可加入课堂，如图 A-1 所示。

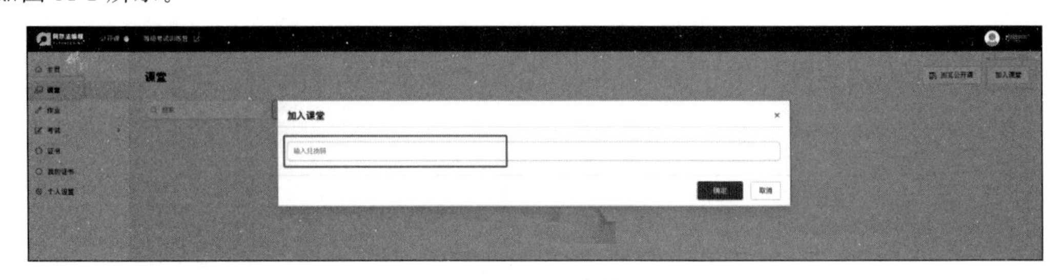

图 A-1　加入课堂

(3) 在线编程实训：如图 A-2 所示，单击【运行】按钮即可编译代码。单击【提交】按钮，平台将启动判题引擎，对代码进行全面检查并给出错误提示。使用者可以根据这些提示完善代码。此外，右上方的【小 a 助手】提供辅助辅导功能，为使用者提供解题思路或分析提交的代码。

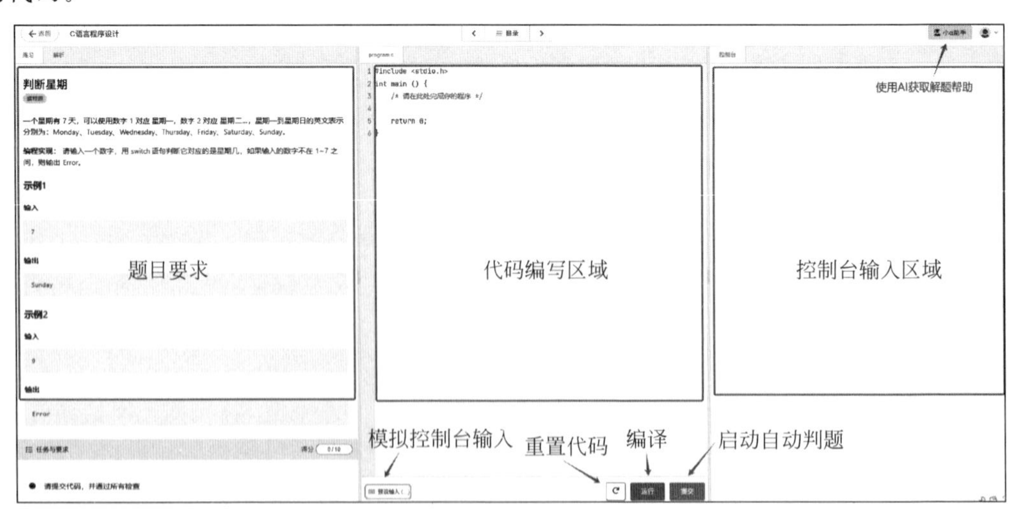

图 A-2　实训示例

图书资源支持

感谢您一直以来对清华版图书的支持和爱护。为了配合本书的使用,本书提供配套的资源,有需求的读者请扫描下方的"书圈"微信公众号二维码,在图书专区下载,也可以拨打电话或发送电子邮件咨询。

如果您在使用本书的过程中遇到了什么问题,或者有相关图书出版计划,也请您发邮件告诉我们,以便我们更好地为您服务。

我们的联系方式:

清华大学出版社计算机与信息分社网站:https://www.shuimushuhui.com/

地　　址:北京市海淀区双清路学研大厦 A 座 714

邮　　编:100084

电　　话:010-83470236　010-83470237

客服邮箱:2301891038@qq.com

QQ:2301891038(请写明您的单位和姓名)

资源下载:关注公众号"书圈"下载配套资源。

资源下载、样书申请

书圈

图书案例

清华计算机学堂

观看课程直播